全国高等职业教育计算机类规划教材·实例与实训教程系列

网络安全应用技术

张蒲生　主编

电子工业出版社
Publishing House of Electronics Industry
北京·BEIJING

内 容 简 介

本书以网络安全的实际案例为基础，介绍了网络安全技术的基本知识和基本技能，每章内容按照"案例背景→需求分析→解决方案→技术视角→实践操作（实验）→超越与提高"的梯次进行组织。

本书共分 9 章，主要内容包括网络安全技术基础、网络协议与分析、密码技术、网络应用服务的安全、网络防火墙技术、入侵检测技术、网络病毒及防范、网络攻击与防范、虚拟专用网技术及应用。

本书在内容编排上深入浅出、循序渐进、图文并茂，相应的实验内容能使读者快速地掌握网络安全的技术技能。本书的读者对象为高职高专院校计算机相关专业的学生，也可供相关人员自学或参考使用。

图书在版编目(CIP)数据

网络安全应用技术 / 张蒲生主编.—北京：电子工业出版社，2008.2

全国高等职业教育计算机类规划教材·实例与实训教程系列

ISBN 978-7-121-05874-5

I. 网… Ⅱ.张… Ⅲ.计算机网络－安全技术－高等学校：技术学校－教材 Ⅳ.TP393.08

中国版本图书馆 CIP 数据核字（2008）第 010372 号

策划编辑：左 雅
责任编辑：陈健德 王昭松
印 刷：北京季蜂印刷有限公司
装 订：三河市皇庄路通装订厂
出版发行：电子工业出版社
　　　　　北京市海淀区万寿路 173 信箱 邮编 100036
开 本：787×1 092 1/16 印张：17.5 字数：448 千字
印 次：2013 年 7 月第 8 次印刷
印 数：1 500 册 定价：35.00 元

序

20世纪90年代以来，以计算机和通信技术为推动力的信息产业在我国获得前所未有的发展，全国各企事业单位对信息技术人才求贤若渴，高等教育计算机及相关专业毕业生供不应求。随后几年，我国各高等院校、众多培训机构相继开设计算机及相关专业，积极扩大招生规模，不久即出现了计算机及相关专业毕业生供大于求的局面。纵观近十年的就业市场变化，计算机专业毕业生经历了"一夜成名、求之不得"的宠幸，也遭遇了"千呼百应、尽失风流"的冷落。

这个时代深深地镌刻着信息的烙印，这个时代是信息技术人才尽情展示才能的舞台。目前我国的劳动力市场，求职人数过剩，但满足企业要求的专业人才又很稀缺。这种结构性的人才市场供求矛盾是我国高等教育亟待解决的问题，更是"以人为本，面向人人"为目标的职业教育不可推卸的责任。

电子工业出版社，作为我国出版职业教育教材最早的出版社之一，是计算机及相关专业高等职业教材重要的出版基地。多年来，我们一直在教材领域为战斗在职业教育第一线的广大职业院校教育工作者贡献着我们的力量，积累了丰富的职业教材出版经验。目前，计算机专业高等教育正处于发展中的关键时期，我们有义务、有能力协同全国各高等职业院校，共同探寻适合社会发展需要的人才培养模式，建设满足高等职业教育需求的教学资源——这是我们出版"全国高等职业教育计算机类规划教材·实例与实训教程系列"的初衷。

关于本系列教材的出版，我们力求做到以下几点：

（1）面向社会人才市场需求，以培养学生技能为目标。工学结合、校企结合是职业教育发展的客观要求，面向就业是职业教育的根本落脚点。本系列教材内容体系的制定是广大高职教育专家、一线高职教师共同智慧的结晶。我们力求教材内容丰富而不臃肿、精简而不残缺，实用为主、够用为度。

（2）面向高职学校教师，以方便教学为宗旨。针对每个课程的教学特点和授课方法，我们为其配备相应的实训指导、习题解答、电子教案、教学素材、阅读资料、程序源代码、电子课件、网站支持等一系列教学资源，广大教师均可从华信教育资源网（www.huaxin.edu.cn）免费获得。

（3）面向高职学校学生，以易学、乐学为标准。以实例讲述理论、以项目驱动教学是本系列教材的显著特色。这符合现阶段我国高职学生的认知规律，能够提高他们的学习兴趣，增强他们的学习效果。

这是一个崭新的开始，但永远没有尽头。高等职业教育教材的建设离不开广大职业教育工作者的支持，尤其离不开众多高等职业院校教师的支持。我们诚挚欢迎致力于职业教育事业发展的有识之士、致力于高等职业教材建设的有才之士加入到我们的队伍中来，多批评，勤点拨，广结友，共繁荣，为我国高等职业教育的发展贡献我们最大的力量！

电子工业出版社高等职业教育分社

前　言

本书集网络安全技术的基础知识和实验操作为一体，每章内容按照"案例背景→需求分析→解决方案→技术视角→实践操作（实验）→超越与提高"的梯次进行组织。全书共分为 9章。第 1 章概要地描述网络安全的基本知识，介绍网络操作系统的安全策略管理；第 2 章介绍网络协议与分析，介绍 OSI 和 TCP/IP 参考模型各协议层的安全问题；第 3 章讲述密码技术的相关知识，介绍对称密码和非对称密码、数字签名和数字证书；第 4 章讨论网络应用服务的安全，包括文件系统 NTFS、Web 服务器与 FTP 服务器的安全配置；第 5 章介绍网络防火墙技术，说明天网防火墙、ISA 软件防火墙、硬件防火墙的配置和使用；第 6 章介绍入侵检测技术，通过实例解析入侵检测系统、基于网络的 IDS 和基于主机的 IDS；第 7 章讲述网络病毒特征及防范；第 8 章介绍网络攻击手法以及防范技术；第 9 章介绍 VPN 技术及其应用。

本书源于作者多年的网络安全技术课程教学经验以及对网络安全技术实验课程的探索，充分反映出作者独树一帜的见解。其主要特色包括以下几个方面。

◎　本书根据高职高专学生重操作、爱动手的特点，从实用性角度阐述网络安全的基本概念和实用技术，使学生在实践操作的过程中既锻炼动手能力又理解理论的内涵，同时提高学习的兴趣。

◎　本书采用案例驱动，通过再现学校、企业、政府机关的案例，深入浅出地逐层剖析网络安全管理相关的技术技能。

◎　本书根据高职院校的教学路线，章节内容突出"学以致用"，通过"边学边练、学中求练、练中求学，学练结合"实现"学得会，用得上"。

◎　本书概述了网络安全技术需要用到的基本知识，同时又紧紧地抓住实践操作这一关键环节。学生通过教材所提供的实验项目，能够顺利地进行网络安全技术实践与训练，掌握网络应用服务的安全配置，以及运用安全管理工具实施安全策略。

◎　本书涵盖了网络安全课程配套的实验，并针对每个实验项目具体说明了实验设备、实验环境、实验过程等方面的内容，教师可以根据先行课程和后续课程有选择地进行实验安排。

◎　本书中相关实验对实验环境的要求比较低，采用常见的设备和软件即可完成，便于实施。考虑到真实的实验环境具有投资大、效率低、管理难度大、可操作性差等诸多缺点，编者建议使用虚拟仿真软件 VMware Workstation 5.0 来构建一个虚拟的实验网络环境。

本书第 1 章、第 4 章、第 5 章、第 9 章由张蒲生老师编写，第 2 章、第 3 章、第 6 章由李丹老师编写，第 7 章、第 8 章由潘泽宏老师编写，全书由张蒲生教授统稿、定稿。在本书编写过程中，得到了编者所在学院和系里领导及同事的帮助和支持。其中石硕、叶廷东老师提供了部分资料并审阅了部分章节内容，杨立雄和姚世东老师提供了很多建设性意见并参与了一些编写工作，吴建宙老师参加了书稿的校对工作，黄柳老师为本书提出了宝贵的建议。在此向他们的辛勤劳动表示衷心的感谢。

由于编者学识有限，书中难免存在疏漏与错误之处，我们衷心希望，使用本书的各位读者能够对书中的不当之处给予批评指正，提出修改意见，也热切盼望从事高等职业教育的教师以及企事业的安全技术专家和我们联系，共同探讨网络安全技术的教学方案和教材编写等相关问题。

编　者

2007 年 12 月

目　　录

第1章 网络安全概述

Internet 在校园网中的应用，一方面给老师和学生的工作、学习带来了便利；另一方面 Internet 上泛滥的不良信息也带来了负面的影响，网瘾、色情、游戏、交友等问题深深地困扰着学校、老师和家长，水能载舟亦能覆舟，面对 Internet 这把"双刃剑"，如何才能兴利除弊？在这一章中：

你将学习

◇ 计算机及网络安全的含义。
◇ 网络安全技术的种类与发展。
◇ 网络安全的相关法律法规。

你将获取

△ 使用安全配置向导和基准安全分析器对网络安全问题进行处理的技能。
△ 使用安全审核、事件日志、系统监视器，寻找和分析威胁网络安全的原因。
△ 使用安全模板进行"安全配置和分析"的技能。

1.1 案例问题

1.1.1 案例说明

1. 背景描述

某高职院校创办于 1960 年，经过 40 多年的努力，在基础教学、职业教育及特长生培养等方面都取得了显著的成绩。同时，为了跟上教育信息化的步伐，学校于 2000 年建成了校园网，是国内较早一批进行信息化建设的学校，并在信息技术教育方面取得了突出成绩。目前，学校已经建成了千兆位主干网，通过 7 路光纤分别连接到 35 个多媒体教室、40 个计算机机房、21 个实验室、10 个课件室，以及各办公区域和普通教室等。为了让校园网能够高速地运转，学校还分别从教育网、ChinaNet 引入了 10M 和 12M 的光纤宽带。在日常教学工作中，同时联入网络的计算机最高峰时可达到 1600 台，平常也在 900 台左右，Internet 的使用率非常高。

在这样一个高度现代化、网络化的校园里，教师及学生都可以随时享受到 Internet 带来的便利。但是，Internet 上的信息良莠不齐，健康信息和不良信息都很容易被获取，而且，随着学生的计算机水平不断提高、老师在办公时对 Internet 越来越多的依赖，由 Internet 带来的隐患在校园网中一触即发！如何才能保证学生的成长不受影响？老师的办公环境不被破坏？面对 Internet 这把"双刃剑"，学校需要兴利除弊！

2. 需求分析

为了给广大的学生创造一个安全、健康的网络学习空间，为老师创造一个高效的工作环境，学校领导希望网络管理部门能够拿出相关的措施，从管理角度出发，在内容层面和人的行为等方面，帮助学校全面细致地实现上网行为管理、内容安全管理、带宽分配管理、网络应用管理、外发信息管理等功能。为了兴利除弊，必须对 Internet 加以控制，使其能够有效地预防网瘾、不良信息、游戏、交友等诸多因素带来的问题。对 Internet 的控制应该包括以下几方面。

（1）规范上网行为，尽量杜绝教师和学生访问与学习和工作无关的网站，提高老师的工作效率和学生的学习效率。

（2）在有关站点屏蔽 QQ、MSN、ICQ 等即时通信软件，避免不良网络行为的引诱。

（3）封锁网络游戏，使学生无法留恋于虚拟世界，把精力集中在学习上。

（4）师生们既要能够从服务器上下载教学资料和通过外网获取外部信息，又要能够阻止病毒、木马、色情等不良信息侵扰校园网。

（5）监视各种与校园网安全有关的事件，并对危及校园网安全的事件进行审核，以便及时地发现问题。

（6）建立和完善具有技术依据的管理制度，有效落实制定的安全策略。

3. 解决方案

既要使校园网络方便快捷，又要保证其安全，这是一个非常棘手的"两难选择"，而网络安全只能在"两难选择"所允许的范围内寻找支撑点。因此，任何一个计算机网络都不是绝对安全的。构建一个完整的校园网安全系统，至少需要有三个方面的考虑。

（1）社会的法律、法规以及学校的规章制度和安全教育等外部软件环境。需要从各个不同的角度宣传有关网络安全的法律法规，使教师和学生认识到采取有效措施来保证校园网络安全的重要性。同时，需要制定和完善网络安全的相关管理措施和规定，从而制止网络污染，阻止危害校园网安全、侵犯学校和他人利益的行为发生。

（2）网络安全技术方面的措施。如何杜绝不良网站的访问，降低计算机网络感染病毒和受到攻击的几率，同时网络游戏和网络聊天也被屏蔽在外，建立一个相对稳定的校园网安全框架，这些需要综合采用几种网络安全技术，如网络防毒、数据加密、身份认证、文件系统的保护、安全策略与安全模板的使用、审核和日志的启用以及防火墙技术等，才能保障校园网的带宽得到充分的利用，使得学校网络环境得到净化。

（3）网络管理员方面的技术与管理措施。网络管理员对网络系统的安全负有重要的责任，网络安全是网络管理中心的一项主要工作内容。网络管理员应当对网络结构、网络资源分布、网络用户类型与权限，以及网络安全的检测方法都了如指掌，能够及时采取必要的预防措施，同时还应具有紧急情况下处理故障的能力。当网络安全受到损害或出现问题的苗头时，网络管理员不但能够快速地侦探到校园网存在的潜在威胁，而且具有防范这些威胁的判断和预见能力。

1.1.2 思考与讨论

1. 阅读案例并思考以下问题

（1）当前校园网的信息交流是如何实现的？不安全的因素有哪些？

参考：

① Internet 具有的不安全性。最初，Internet 仅用于科研和学术组织内，它的技术基础存在不安全性。现在 Internet 是对全世界所有国家开放的网络，任何团体或个人都可以在网上方便地传送和获取各种各样的信息，具有开放性、国际性和自由性的特征，这就对网络安全提出了挑战。Internet 的不安全性主要表现在以下方面。

- 网络互联技术是全开放的，使得网络所面临的破坏和攻击来自各个方面。可能是来自物理传输线路的攻击，也可能来自对网络通信协议的攻击，以及对软件和硬件设施的攻击。
- 网络的国际性意味着网络的攻击不仅来自本地网络的用户，而且可能来自 Internet 上的任何一台机器，也就是说，网络安全面临的是国际化的挑战。
- 网络的自由性意味着最初网络对用户的使用并没有提供任何的技术约束，用户可以自由地访问网络，自由地使用和发布各种类型的信息。

另外，Internet 使用的基础协议 TCP/IP（传输控制协议/网际协议）、FTP（文件传送协议）、E-mail（电子邮件）、RPC（远程进程调用），以及 NFS（网络文件系统）等不仅是公开的，而且都存在许多安全漏洞。

② 操作系统存在的安全问题。操作系统软件自身的不安全性，以及系统设计时的疏忽或考虑不周而留下的"破绽"，都给网络安全留下了许多隐患。

操作系统的体系结构造成的不安全性是计算机系统不安全的根本原因之一。操作系统的程序是可以动态链接的，例如 I/O 的驱动程序和系统服务，这些程序和服务可以通过打"补丁"的方式进行动态链接。这种动态链接的方法容易被黑客所利用，并且也是计算机病毒产生的环境。另外，操作系统的一些功能也会带来不安全因素，例如支持在网络上传输可以执行的文件映像、网络加载程序等。

操作系统不安全的另一个原因在于它可以创建进程，支持进程的远程创建与激活，支持被创建的进程继承创建进程的权限，这些机制提供了在远端服务器上安装"间谍"软件的条件。若将间谍软件以打补丁的方式"打"在一个合法的用户上，尤其"打"在一个特权用户上，黑客或间谍软件就可以使系统进程与作业的监视程序都监测不到它的存在。

操作系统的无密码入口以及隐蔽通道（原是为系统开发人员提供的便捷入口）也是黑客入侵的通道。

③ 数据的安全问题。在网络中，数据是存放在数据库中的，供不同的用户共享。然而，数据库存在许多不安全因素。例如，授权用户超出了访问权限进行数据的更改活动；非法用户绕过安全内核窃取信息资源等。数据库的安全就是要保证数据的安全可靠和正确有效，即确保数据的安全性、完整性和并发控制。数据的安全性就是防止数据库被故意地破坏和非法地存取；数据的完整性是防止数据库中存在不符合语义的数据，以及防止由于错误信息的输入、输出而造成无效操作和错误结果；并发控制就是在多个用户程序并行存取数据时，保证数据库的一致性。

④ 传输线路的安全问题。尽管在光缆、同轴电缆、微波、卫星通信中窃听其中指定一路的信息是很困难的，但是从安全的角度来说，没有绝对安全的通信线路。

⑤ 网络安全管理问题。网络系统缺少安全管理人员，缺少安全管理的技术规范，缺少定期的安全测试与检查，缺少安全监控，这些都是网络安全管理问题。

（2）案例中所描述的校园网需要解决的主要问题是什么？根据你的理解，如何才能降低网络安全风险？

参考： 网络安全风险包括数据的安全风险和设备的安全风险。这里主要讨论数据的安全问题。

网络提供了本地或远程共享和传输数据的能力。同时，也正因为如此，网络又面临安全风险，数据可能被窃取、篡改或删除。

数据安全风险可能来源于校园网的外部，也可能来源于校园网的内部。可能是有意的攻击（包括恶作剧），也可能是无意造成的损害。风险可能是潜在的，也可能是现实的。如网络操作系统和应用软件的漏洞或"后门"常是攻击的突破口，这是潜在的风险；一旦受到攻击，就变成现实的风险。表 1.1 给出了风险的分类。

表 1.1 风险的分类

风 险 分 类	风 险 说 明	风 险 后 果
无意失误的风险	系统管理员安全策略设置不当；用户安全意识不强，用户密码选择不慎，账号随意转借他人或与他人共享等	经常出现的黑客攻入网络内部的事件，其中大部分就是因为安全措施不完善所导致的
恶意攻击的风险	此类攻击又可以分为破坏性攻击（它以各种方式有选择地破坏信息的有效性和完整性）和窃听性攻击（它是在不影响网络工作的情况下，进行截获、窃取、破译以获得未经授权的信息）	这是计算机网络所面临的最大威胁，敌对性的攻击和计算机犯罪就属于这一类
网络软件的漏洞和"后门"的风险	软件多少都存在"bug"，不可能没有缺陷和漏洞。而这些缺陷和漏洞恰恰是被攻击的首选目标。软件的"后门"是软件公司的设计编程人员为了自便或其他目的而设置的，一般不为外人所知	在特殊情况下（如恶性商业竞争或发生战争），"后门"就成了敌人攻击的通道

（3）假设你作为网络管理员，会对校园网系统的安全提出什么样的建议？

参考：安全的最终法则就是无论采取了什么样的高级安全措施都必须认为它是不够安全的，即安全是相对的，而不安全是绝对的。技术是手段，管理是基础，要想保障系统安全，网络系统安全管理需要贯穿于系统的日常运行维护和业务管理工作中，需要相应的管理和考核制度来配套。随着网络系统安全性的增强，在一定程度上会降低网络系统的易用性，这给工作带来难度，在实际工作中需要从以下几方面加强系统和数据安全。

① 切实执行安全管理制度，如校园网内明确要求的杜绝账号共享。

② 实施网络安全通告制度，安全问题列为各部门和各班级的考核指标之一，在使用防病毒、防火墙、入侵检测系统的过程中，对发现存在网络安全的问题，通过网络安全通告单的形式督促限期解决，到期未处理的通过网络中心集中解决。

③ 引入网络接入安全评估流程，对所有要接入 Internet 的系统进行安全评估，对有安全隐患的业务拒绝接入，提出整改意见。

（4）根据你所搜集的网络安全现状信息，说明网络安全的重要性。

参考：随着 Internet 的发展，网络在为社会和人们的生活带来极大方便和巨大利益的同时，也由于网络犯罪数量的与日俱增，使许多企业和个人遭受了巨大的经济损失。例如，在网络银行和电子现金交易等场合，出现了多起由于网络犯罪而引发的银行倒闭的事件。

1994 年年末，俄罗斯黑客弗拉基米尔·利文伙同朋友在圣彼得堡的一家小软件公司的联网计算机上，向美国花旗银行进行了一连串恶性攻击，以电子转账方式，从花旗银行在纽约的计算机主机里窃取了 180 万美元。

1996 年 8 月 17 日，美国司法部的网络服务器遭到黑客入侵，美国司法部主页被篡改，还留下大量攻击美国司法政策的文字，此事在当时成为轰动一时的新闻。

1996 年 2 月，刚开通不久的 Chinanet 网站就受到了攻击，且攻击得逞。1997 年年初，北京某 ISP 运营商被黑客成功侵入，并在清华大学"水木清华"BBS 的"黑客与解密"论坛张贴如何免费通过该 ISP 进入 Internet 的文章。

据不完全统计，我国的网络安全问题近年来呈逐年上升趋势，1998 年公安部有关部门受理网络犯罪案件仅 80 多起，1999 年增至 400 多起，2000 年剧增为 2700 多起，2001 年增加到 4500 多起，比 2000 年上升约 70%，2002 年又上升到 6600 多起， 2003 年仅上半年就有 4800 多起，比同期上升 77.1%。

有关黑客威胁的报道已经屡见不鲜，而内部工作人员的疏忽甚至有意充当间谍对网络安全已构成更大的威胁。内部工作人员能较多地接触内部信息，工作中的任何大意都可能给信息安全带来威胁。无论是有意的攻击，还是无意的错误操作，都会给系统带来不可估量的损失。虽然目前大多数的攻击者只是恶作剧似地使用篡改网站主页、拒绝服务等攻击，但当攻击者的技术达到某个层次后，他们就可以窃听网络上的信息，窃取用户密码、数据库等信息，还可以篡改数据库内容，伪造用户身份，否认自己的签名。更有甚者，可以删除数据库内容，摧毁网络结点，释放计算机病毒等。

现在的网络系统中存在着许多设计缺陷和情报机构有意埋伏的安全陷阱。例如，在 CPU 芯片中，发达国家利用现有技术条件，可以加入无线发射接收功能，在操作系统、数据库管理系统或应用程序中能够预先安置从事情报搜集、受控激发的破坏程序。通过这些功能，可以接收特殊病毒；接收来自网络或空间的指令来触发 CPU 的自杀程序；搜集和发送敏感信息；通过特殊指令在加密操作中将部分明文隐藏在网络协议层中传输等。而且，通过唯一识别 CPU 的序列号，可以主动、准确地识别、跟踪或攻击一个使用该芯片的计算机系统，根据预先的设定搜集敏感信息或进行定向破坏。

综上所述，网络必须有足够强大的安全措施。无论是局域网还是广域网，无论是单位还是个人，网络安全的目标是全方位地防范各种威胁以确保网络信息的保密性、完整性和可用性。

2．专题讨论

（1）计算机网络受到的安全威胁包括哪些？

提示：网络系统的安全威胁主要表现在主机可能会受到非法入侵者的攻击，网络中的敏感数据有可能泄露或被修改，从内部网向公共网传送的信息可能被他人窃听或篡改等。如表 1.2 列出了典型的网络安全威胁。

表 1.2　典型的网络安全威胁

威　　胁	描　　述
窃听	网络中传输的敏感信息被窃听
重传	攻击者事先获得部分或全部信息，以后将此信息发送给接收者
伪造	攻击者将伪造的信息发送给接收者
篡改	攻击者对合法用户之间的通信信息进行修改、删除、插入，再发送给接收者
非授权访问	通过假冒、身份攻击、系统漏洞等手段获取系统访问权，从而使非法用户进入网络系统读取、删除、修改、插入信息等
拒绝服务攻击	攻击者通过某种方法使系统响应减慢甚至瘫痪，阻止合法用户获得服务
行为否认	通信实体否认已经发生的行为
旁路控制	攻击者发掘系统的缺陷或安全脆弱性
电磁/射频截获	攻击者从电子或机电设备所发出的无线射频或其他电磁辐射中提取信息
人员疏忽	已授权人为了利益或由于粗心将信息泄露给未授权人

影响计算机网络安全的因素很多，如有意的或无意的、人为的或非人为的等，外来黑客对网络系统资源的非法使用更是影响计算机网络安全的重要因素。归结起来，网络安全的威胁主要有以下几个方面。

① 人为的疏忽。人为的疏忽包括失误、失职、误操作等。例如，操作员安全配置不当所造成的安全漏洞，用户安全意识不强，用户密码选择不慎，用户将自己的账户随意转借给他人或与他人共享等都会对网络安全构成威胁。

② 人为的恶意攻击。这是计算机网络所面临的最大威胁，敌人的攻击和计算机犯罪就属于这一类。此类攻击又可以分为以下两种。一种是主动攻击，它以各种方式有选择地破坏信息的有效性和完整性；另一类是被动攻击，它是在不影响网络正常工作的情况下，进行截获、窃取、破译以获得重要机密信息。这两种攻击均对计算机网络造成极大的危害，并导致机密数据的泄露。人为恶意攻击具有下述特性。

- 智能性。从事恶意攻击的人员大都具有相当高的专业技术和熟练的操作技能。他们的文化程度高，在攻击前都经过了周密预谋和精心策划。
- 严重性。涉及金融资产的网络信息系统被恶意攻击，往往会由于资金损失巨大，而使金融机构、企业蒙受重大损失，甚至破产，同时也影响了社会稳定。如美国资产融资公司计算机欺诈案涉及金额达上亿美元之巨，犯罪影响惊动全美。在我国也发生过数起计算机盗窃案，金额从数万到数百万人民币不等，给相关部门带来了严重的损失。
- 隐蔽性。人为恶意攻击的隐蔽性很强，不易引起怀疑，作案的技术难度大。一般情况下，其犯罪的证据存在于软件的数据和信息资料之中，若无专业知识很难获取侦破证据，而且作案人员可以很容易地毁灭证据，计算机犯罪的现场也不像传统犯罪现场那样明显。
- 多样性。随着计算机互联网的迅速发展，网络信息系统中的恶意攻击也随之发展变化。由于经济利益的强烈诱惑，近年来，各种恶意攻击主要集中在电子商务和电子金融领域。攻击手段日新月异，新的攻击目标包括偷税漏税，利用自动结算系统洗钱以及在网络上进行赢利性的商业间谍活动等。

③ 网络软件的漏洞。网络软件不可能无缺陷和漏洞，这些缺陷和漏洞恰恰是黑客进行攻击的首选目标。曾经出现的黑客攻入网络内部的事件大多是由于安全措施不完善导致的。另外，软件的隐秘通道都是软件公司的设计编程人员为了自己方便而设置的，一般不为外人所知，一旦隐秘通道被探知，后果将不堪设想，这样的软件不能保证网络安全。

④ 非授权访问。没有预先经过同意，就使用网络或计算机资源被视为非授权访问，如对网络设备及资源进行非正常使用，擅自扩大权限或越权访问信息等。主要包括假冒、身份攻击、非法用户进入网络系统进行违法操作，合法用户以未授权方式进行操作等。

⑤ 信息泄露或丢失。信息泄露或丢失是指敏感数据被有意或无意地泄露出去或者丢失，通常包括在传输中丢失或泄露，例如，黑客们利用电磁泄露或搭线窃听等方式截获机密信息，或通过对信息流向、流量、通信频度和长度等参数的分析，进而获取有用信息。

⑥ 破坏数据完整性。破坏数据完整性是指以非法手段窃得对数据的使用权，删除、修改、插入或重发某些重要信息，恶意添加、修改数据，以干扰用户的正常使用。

（2）"网络管理"与"安全管理"的区别与联系？

提示：安全管理平台是近年来信息安全厂商热炒的概念，并且由于技术的日益成熟，近年来已经从概念进入到产品部署以至应用的程度，其代表的厂商有国内的启明星辰公司、国外的 CA 公司；而网络管理则是在 20 世纪末从网络开始发展的那一刻起就已经被国外几个 IT 巨头一直热捧并已形成垄断格局的技术，其代表厂商有 IBM、HP、Cisco、CA 等。

不知道从什么时候开始，这两种技术在相互渗透，几乎所有的网管软件中都含有"安管"的功能；而几乎所有的安管软件中也含着"网管"的职能。由此，一轮由新兴的安全公司对老牌 IT 巨头发起的挑战拉开了帷幕，同时也让用户糊涂起来，究竟是上"安管"还是上"网管"？

① 新兴的安全管理厂商挑战网络管理巨头。也许是因为 IT 环境发生了巨大的变化，安全问题已经渗入到网络系统的各个层面的关系，老牌的网管巨头 IBM、HP、CA、Cisco 等对安全越来越重视，纷纷通过收购安全公司在自己的网管平台中增加了安全管理的功能，于是，整体喊出安全管理的口号。

CA 公司在不久前推出身份管理套件时，就强调了"安全管理+网络管理"的概念。

虽然老牌网络管理厂商力图将安全管理技术纳入自己的麾下，但同时，新兴的安全公司则开始与他们叫板，在安全管理平台中纳入了越来越多的网络管理功能。

国内一些安全公司推出的安全管理平台，不仅包括安全管理功能，还包括许多网络管理功能，目前已经运用在许多大型金融、电信等行业的用户中。

虽然两者有趋同的迹像，但差别依然是很大的。安全管理最重要的是对威胁的管理，它的侧重点关注在三个层次上。第一，资产层面，关注安全威胁对业务及资产的影响；第二，威胁层面，了解哪些威胁会影响业务及资产；第三，防护措施层面，怎样防护威胁，保护业务及资产。一句话概括，安全管理就是从保护业务及资产的层面进行的风险管理。而网络管理软件是从事件驱动的目的出发，强调三个方面的内容，即系统运维、系统故障处理和加强网络的性能。

换句话说，网络管理平台和安全管理平台的侧重点不一样。网络管理平台侧重于运维和故障排除上；而安全管理平台侧重的是资产和业务的安全风险以及威胁防护。因此，两者之间是无法互相替代的，它们是一种交叉的关系。

② 决定权在用户。究竟是上安全管理系统，还是上网络管理系统？这两者之间不存在竞争关系，而是一种互补的关系。

安全是另一门学科，需要长期的积累和对攻击信息的深入分析，网管平台中的安管功能不足以支撑保护网络的作用，国外大型安管平台对安全的管理无法达到细粒度，因此，独立安管平台有自己的市场。反之，安管平台中的网络管理也是比较简单的，如果用户需要提高网络性能，还是应该安装网管平台。

③ 一些迹象表明，两种管理平台同时并存的情况越来越多。目前，有的网络系统既存在安全管理平台，也存在网络管理平台，两个平台承担着不同的任务，由不同的人员维护和管理。还有的网络系统中，同时存在三个平台，即风险防护平台、网络维护平台和审计平台。这三个平台由不同的职能部门分管，从而保证一个系统的完整性。

两种平台究竟谁占主导，并没有一个绝对的定论，这取决于一个单位究竟哪种势力更强。一个将信息安全放在第一位的单位，例如电子政务系统，也许只需要安全管理平台就可以了；一个注重网络的性能而将安全放在第二位的单位，例如网站，也许只需要网络管理平台就可以了；而一个既注重安全又注重性能的单位，例如金融系统，则必须建立两套独立的管理平台。

1.2 技术视角

1.2.1 计算机安全

1. 计算机安全的定义

国际标准化组织 ISO 对计算机安全的定义是：计算机安全是指为了保护计算机数据处理系统而采用的各种技术和用于安全管理的措施，其目的是为了保护计算机硬件、软件和数据不会因为偶然或故意破坏等原因遭到破坏、更改和泄露。

2. 计算机安全的内容

计算机安全应当包括以下几项主要内容。

（1）物理安全。

① 环境安全。对系统所在环境的安全保护，确保计算机硬件设备安装和配置，以及计算机房和电源等的安全性。例如，区域保护和灾难保护（参见国家标准 GB 50173-93《电子计算机机房设计规范》、国标 GB 2887-89《计算站场地技术条件》、GB 9361-88《计算站场地安全要求》）。

② 设备安全。主要包括设备的防盗、防毁、防电磁信息辐射泄露、防止线路截获、抗电磁干扰及电源保护等，以及计算机在遇到突发事件时为了保护系统资源而采取的措施。例如，计算机遇到停电时的安全处理等。

③ 媒体安全。包括媒体数据的安全及媒体本身的安全。保护数据不被非法访问，并确保数据具有完整性、保密性和可用性。

（2）逻辑安全。计算机的逻辑安全是保护计算机系统软件、应用软件和开发工具的安全，使它们不被非法修改、复制和感染病毒等，可以通过设置密码、文件授权、账号存取等方法来实现。防止计算机黑客的入侵主要依赖计算机的逻辑安全。

（3）操作系统安全。操作系统是计算机应用的核心，因此操作系统的安全关系到计算机用户的程序、数据等的安全。安全性较高、功能较强的操作系统可以为计算机的每一位用户分配账户。通常，操作系统不允许一个用户修改由另一个用户产生的数据。

（4）联网安全。联网的安全性是进行网络通信的最基本保证，联网安全涉及的方面很多，技术丰富，具体可以归结为以下两方面的安全服务。第一，访问控制服务，用来保护计算机和联网资源不被非授权使用；第二，通信安全服务，用来认证数据机要性与完整性，以及各通信的可信赖性。

3. 破坏计算机安全的途径

破坏计算机安全的途径有以下几种。

① 窃取计算机用户的身份及密码。例如，窃取计算机用户名称和密码，并非法登录计算机，进而通过网络非法访问数据。

② 传播计算机病毒。例如，通过磁盘、网络等传输计算机病毒。

③ 计算机数据的非法截取和破坏。例如，通过截取计算机工作时产生的电磁波的辐射线，或通过通信线路破译计算机数据。

④ 偷窃存储有重要数据的存储介质。例如，光盘、磁带、硬盘和软盘等。

⑤ "黑客"非法入侵。例如，"黑客"通过非法途径入侵计算机系统。

4．保护计算机安全的措施

保护计算机安全的措施有以下几种。

① 物理措施。包括计算机机房的安全，严格的安全制度，采取防止窃听、防辐射等多种措施。

② 数据加密。对磁盘上的数据或通过网络传输的数据进行加密。

③ 防止计算机病毒。计算机病毒会对计算机系统和资源造成极大的危害，因此，防止计算机病毒是非常重要的防范措施，其主要措施是加强计算机的使用管理，选择较好的防病毒软件。

④ 采取安全访问措施。在各种计算机和网络操作系统中，广泛采取了安全访问的控制措施。例如，使用身份认证和密码设置，以及数据或文件的访问权限的控制等。

⑤ 采取其他安全访问措施。为确保数据完整性而采用的各种数据保护措施、制定安全制度和加强管理人员的安全意识等。例如，计算机的容错技术、数据备份和审计制度等。此外，还要加强安全教育，培养安全意识。

1.2.2 计算机网络安全

1．计算机网络安全的定义

网络安全的一个通用定义：网络安全是指网络系统的硬件、软件及其系统中的数据受到保护，不受偶然或恶意的原因而遭到破坏、更改、泄露，系统连续可靠正常地运行，网络服务不中断。

计算机网络安全是指利用网络管理控制和技术措施，保证在一个网络环境里，数据的保密性、完整性、可用性受到保护。要做到这一点，必须保证网络系统软件、应用软件、数据库系统具有一定的安全保护功能，并保证网络部件，如终端、调制解调器、数据链路的功能仅仅能被那些被授权的人访问。网络的安全问题实际上包括两方面的内容，一是网络的系统安全，二是网络的信息安全，而保护网络的信息安全是最终目的。

网络安全的具体含义随观察者角度的不同而不同。从用户（个人、企业等）的角度来说，希望涉及个人隐私或商业利益的信息在网络上传输时受到保密性、完整性和可用性的保护，避免其他人或对手利用窃听、冒充、篡改和抵赖等手段侵犯，即用户的利益和隐私不被非法窃取和破坏。从网络运行和管理者角度来说，希望网络的访问、读写等操作受到保护和控制，避免出现"后门"、病毒、非法存取、拒绝服务，网络资源非法占用和非法控制等威胁，制止和防御黑客的攻击。对安全保密部门来说，希望对非法的、有害的或涉及国家机密的信息进行过滤和防堵，避免机要信息泄露，避免对社会产生危害，避免给国家造成损失。从社会教育和意识形态角度来讲，网络上不健康的内容会对社会的稳定和人类的发展造成威胁，必须对其进行控制。

2．计算机网络安全的特征

由于计算机网络组建的基本目的是向网络用户提供网络上的共享资源（软件、硬件和信息资源），并向网络用户提供各种类型的服务。因而，网络安全就是确保网络服务的可用性和网络信息的完整性。

① 保密性。信息应具有不被泄露给非授权的用户、实体或过程，并被其利用的保密特性。

② 完整性。数据具有未经授权不能改变的特性，即信息在存储或传输的过程中具有保证不被修改、损坏和丢失的特性。

③ 可用性。通常是指网络中主机存放的静态信息具有可用性和可操作的特性。当需要时，能够存取所需要的信息。

④ 实用性。保证信息具有实用的特性。例如，信息加密的密钥不可丢失或泄露，丢失了密钥的信息就等于丢失了信息的实用性。

⑤ 真实性。信息的可信度，即保证信息具有完整、准确、在传递和存储过程中不被篡改等特性，还应具有对信息内容的控制权。

⑥ 占有性。存储信息的主机、磁盘和信息载体等不被盗用，并具有该信息的占有权，即保证不丧失对信息的所有权和控制权。

3．影响计算机网络安全的途径

（1）危害网络安全的三种人。

① 故意破坏者，即网络"黑客"。他们企图通过各种手段去破坏网络资源和信息，例如，篡改别人主页、修改系统配置和造成系统瘫痪等。

② 不遵守规则者。他们企图访问不允许他们进入的系统。其目的有时只是到网络中看看，有时只是想盗用别人的计算机资源，例如，CPU 使用时间。

③ 刺探秘密者。他们的目的非常明确，即通过非法的手段入侵他人的系统，进而窃取商业秘密和个人资料。

（2）破坏计算机网络安全的主要途径。

① 通过计算机辐射、接线头、传输线路截取信息。

② 绕过防火墙和用户账户密码，进入网络，进行非法及越权操作。例如，非法获取信息或修改数据，造成网络工作的混乱，甚至是严重的泄密事件。

③ 通过截获、窃听等手段破译数据。

④ "黑客"通过非法手段进入计算机网络。由于"黑客"具有较高的计算机及网络技术知识和使用技巧，因此，他们在破译网络的密码之后，就可以以合法用户的身份进入并使用该系统，进而取得更高的权限，对网络进行全面的破坏。例如，删除、修改网络中的数据资料等，致使网络数据部分或全部不能使用。

⑤ 向计算机网络注入病毒，造成网络瘫痪。

4．保障网络安全的技术

计算机网络安全强调的是通过采用各种安全技术和管理上的安全措施，确保网络数据的可用性、完整性和保密性，其目的是确保经过网络传输和交换的数据不会发生增加、修改、丢失和泄露等。因此，当前保障网络安全的技术主要有两种，即主动防御技术和被动防御技术。

（1）主动防御技术。主动防御技术一般采用数据加密、身份验证、存取控制、权限设置和虚拟网等技术来实现。

① 数据加密。密码技术被认为是解决网络安全问题的最好途径。目前对数据最为有效的保护手段就是加密，加密的方式可用不同手段来实现。这部分内容将在教材的第 3 章做介绍。

② 身份验证。身份验证强调一致性验证，验证要与一致性证明相匹配。身份验证包括验证依据、验证系统和安全要求。

③ 存取控制。存取控制规定何种主体对何种客体具有何种操作权力。存取控制是内部网络安全理论的重要方面，主要包括人员限制、数据标识、权限控制、控制类型和风险分析等。

④ 权限设置。规定合法用户访问网络信息资源的资格范围，即控制授权用户访问网络的资源，以及对资源能够进行何种操作。

⑤ 虚拟专用网。虚拟专用网 VPN 是在公网基础上进行逻辑分割而虚拟构建的一种特殊通信环境，使其具有私有性和隐蔽性。虚拟局域网 VLAN 通过物理网络的划分，控制网络流

量的流向，使其不流向非法用户，达到防范目的。这部分内容将在教材的第 9 章做介绍。

（2）被动防御技术。被动防御保护技术主要有防火墙技术、入侵检测系统、安全扫描器、密码验证、审计跟踪、物理保护及安全管理等。

① 防火墙技术。防火墙是内部网与 Internet 之间实施安全防范的系统，可被认为是一种访问控制机制，用于确定哪些内部服务允许外部访问，以及哪些外部服务允许内部访问。这部分内容将在教材的第 5 章做介绍。

② 入侵检测系统。入侵检测系统（Intrusion Detection System，IDS）是在系统中的检查位置执行入侵检测功能的程序或硬件执行体，可对当前的系统资源和状态进行监控，检测可能的入侵行为。这部分内容将在教材的第 6 章做介绍。

③ 安全扫描器。可自动检测远程或本地主机及网络系统的安全性漏洞的专用功能程序，可用于观察网络信息系统的运行情况。

④ 密码验证。利用密码检查器中的密码验证程序查验口令集中的薄弱子口令。防止攻击者假冒身份登入系统。

⑤ 审计跟踪。与安全相关的事件记录在系统日志文件中，事后可以对网络信息系统的运行状态进行详尽审计，帮助发现系统存在的安全弱点和入侵点，尽量降低安全风险。

⑥ 物理保护及安全管理。通过制定标准、管理办法和条例，对物理实体和信息系统加强规范管理，减少人为因素的影响。

1.3 校园网络安全配置的实验

若想保证校园网络的安全，必须能够防范来自校园网络内外的安全威胁。因此，网络管理员需要清楚威胁网络安全的来源，以及危害网络安全可能采用的方法。在这一节中通过实践来初步了解 Windows Server 2003 安全配置，如启用安全审核、事件日志、系统监视器，寻找和分析威胁网络安全的原因，使用安全模板进行网络"安全配置和分析"，以及使用安全配置向导和基准安全分析器对网络安全问题进行处理。

1.3.1 Windows Server 2003 安全配置

1．实验目的

通过实验，学会对 Windows Server 2003 操作系统的升级和漏洞修补，能够使用安全配置向导加强网络系统的安全，使用基准安全分析器对网络系统存在的安全问题进行处理。

2．实验条件

实验在一个局域网内进行，其中计算机已经安装 Windows 2000 Professional 或 Windows Server 2003 操作系统和网卡，并为每台计算机设置确定的 IP 地址，其中一台机器为服务器，其他机器作为客户机，服务器参数设置如表 1.3 所示。

表 1.3　服务器的参数设置

项　　目	数　　据
计算机名	GDQYJSJ（各组自行定义）
DNS 域名	gdqy.com（各组自行定义）
NETBIOS 名	gdqy（各组自行定义）

项 目	数 据
网络协议	TCP/IP
IP 地址	192.168.0.1（各组自行定义 IP 地址段）
子网掩码	255.255.255.0
管理员账户（Administrator）的密码	Administrator+1-2*3/4（请切记，也可以不留密码）
公司或组织的名称	gdqy（各组自行确定）
许可协议方式	每个服务器有 50 个同时连接
服务器类型	独立服务器（或域控制器）
安装文件系统	NTFS

各计算机之间如果采用硬件设备，两台主机通过交叉双绞线相连，或者两台主机与交换机相连，物理拓扑图如图 1.1 所示。

图 1.1　启用系统监视器的网络硬件连接

如果采用虚拟机环境，将两台虚拟机连接在虚拟交换机 Vmnet2 之上，并设为同一个网段，如图 1.2 所示。

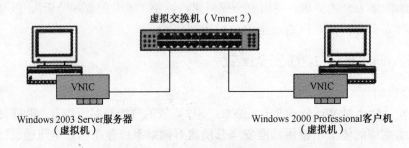

图 1.2　启用系统监视器的虚拟网络搭建

实验中服务器运行 Windows Server 2003 操作系统，并安装和配置 Web 和 FTP 服务，客户机运行 Windows 2000 Professional 操作系统。所以，需要准备 Windows Server 2003 和 Windows 2000 Professional 的 ISO 文件或安装光盘。

3．实验内容和步骤

（1）Windows Server 2003 系统升级。微软为了提高 Windows Server 2003 的安全进行了很多技术上的创新，Windows Server 2003 在安全方面比以前的 Windows 系统有很大的提高，但 Windows Server 2003 的安全问题同样不容忽视。

微软通常会不定期地推出针对系统更新的 Service Pack，Service Pack 的安装是系统安全必不可少的环节。Service Pack 的推出一般周期较长，像 Windows Server 2003 是 2003 年发行的，微软直到 2005 年 4 月才推出 Service Pack 1。针对系统漏洞方面的补丁，微软一般会单独提供补丁程序，如大家熟知的冲击波补丁就是单独提供的。

① 在线升级。在线升级步骤如下所述。

步骤 1：保证系统能接入 Internet，单击"开始"→"Windows Update"连接到微软的更新站点。

Windows Update 是用来升级系统的组件，通过它来更新系统，能够扩展系统的功能，让系统支持更多的软、硬件，解决各种兼容性问题，让系统更安全、更稳定。

步骤 2：在如图 1.3 所示的 Windows Update 页面中，出现"最新！今天就获得 Windows Update！"提示，单击"开始"按钮，搜索 Windows Update 软件的最新版本，系统需要一些检测时间，如果期间出现安全警告请按"确定"按钮，单击"快速"按钮将获取高优先级更新程序；单击"自定义"按钮将从适用于 Windows 和其他程序的可选更新程序和高优先级更新程序中选择，系统将自动下载程序并安装，期间可能会提示重启，请按系统提示操作。

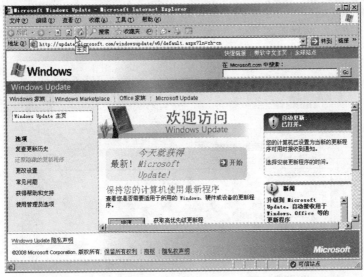

图 1.3　Windows Update 页面

② 离线升级。在线升级对网速要求较高，如果网速不稳定，很容易引起升级失败，也可以到微软的官方网站 http://www.microsoft.com/china/download/ 把需要更新的程序（如 Service Pack）下载后再进行升级。

③ 自动升级。设置方法：右击"我的电脑"→单击"属性"→打开"系统属性"对话框→选择"自动更新"选项卡，如图 1.4 所示。在"自动更新"选项卡中有四个选项，如果选择自动，则可以设置自动更新，并且可以设定自动更新的时间，当选择自动更新后，系统会从微软网站下载更新补丁包并且安装更新。选择第二个选项，系统会自动下载更新，但是下载完后会提示用户来安装下载的补丁。选择第三个选项，如果系统检测到有新的更新补丁，则会提示用户下载，并且由用户决定是否安装补丁包。第四个选项则

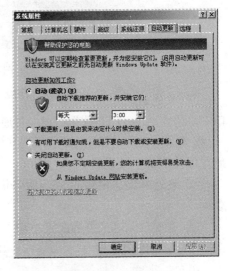

图 1.4　自动更新界面

是关闭自动更新，这样，用户可以通过手动更新来下载补丁包并且安装补丁包程序。

（2）Windows 安全配置向导的安装。微软在 Service Pack 1 新增了"安全配置向导"安全工具。安全配置向导可以对服务器角色、客户端角色、系统服务、端口、应用程序、网络安全、管理选项等内容进行配置，安全配置向导确定服务器所需的最少功能，禁用不必要的服务，减少系统受攻击面，从而提高系统的安全性。

安装 SP1 后，安全配置向导并没有安装，必须手动安装该程序。安全配置向导安装的操作步骤为：单击"开始"→"设置"→"控制面板"→"添加或删除程序"→"添加 Windows 组件"→"选择安全配置向导"→"下一步"→"完成"。

（3）Windows 安全配置向导的使用。假设服务器提供 Web 服务、FTP 服务，并允许远程桌面连接，要求用安全配置向导进行设置，对其他无关的服务全部禁止。操作步骤如下所述。

① 单击"开始"→"程序"→"管理工具"→运行"安全配置向导"→单击"下一步"开始配置。

② 在配置操作中选择"创建新的安全策略"→"下一步"→"选择服务器"按默认→"下一步"→"下一步"，在选择服务器角色中，选定"FTP 服务器"、"Web 服务器"、"中间层应用程序服务器（COM+/DTC）"、"应用程序服务器"，如图 1.5 所示。

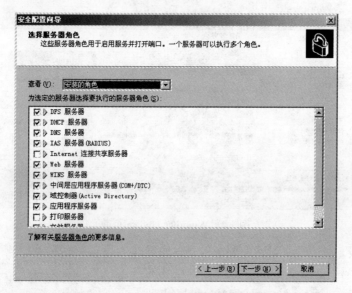

图 1.5　选择服务器角色

③ 其他的配置维持系统默认，单击"下一步"继续，在"打开端口并允许应用程序"窗口中，选定"20（FTP 数据信道（普通模式））"、"21（FTP 命令信道）"、"80（HTTP）"、"3389（远程桌面协议）"，如图 1.6 所示，其他的不选，单击"下一步"按钮继续配置，其他窗口配置保持默认参数设置。

④ 在选择动态内容的 Web 服务扩展中选择"Active Server Page"，单击"下一步"按钮继续。

⑤ 在安全策略文件名配置中输入策略文件名，如输入"myconfig.xml"，单击"下一步"按钮继续，如图 1.7 所示。

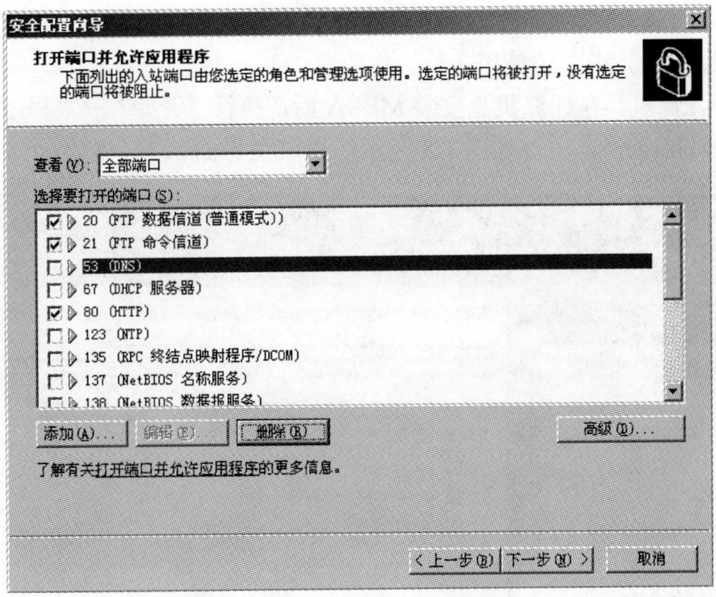

图 1.6　打开端口并允许应用程序

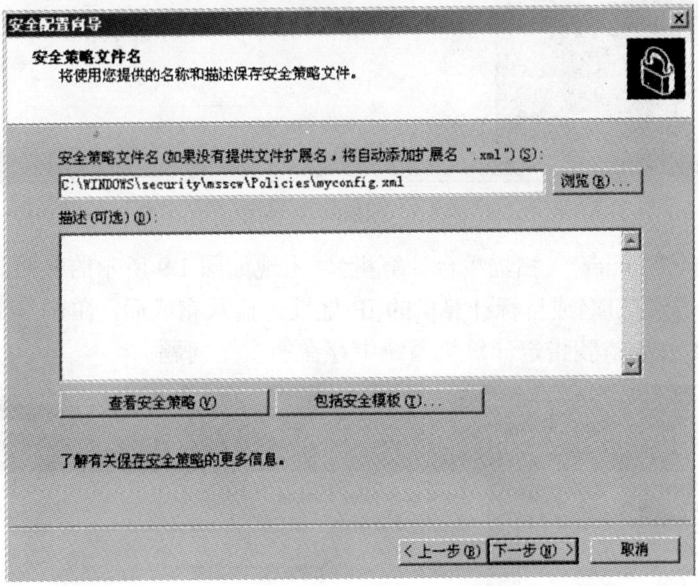

图 1.7　安全策略文件名

⑥ 在应用配置向导中选择"现在应用"→单击"下一步"→单击"完成"。

（4）MBSA 的下载和安装。微软为了提高 Windows 系统的安全性，陆续发行了很多免费的工具以帮助系统管理员分析当前的系统，以便管理员及时安装系统的补丁包。微软基准安全分析器（Microsoft Baseline Security Analyzer，简称 MBSA）可以运行在 Windows 2000、Windows XP 和 Windows 2003 系统上，并可以扫描系统中缺少的即时修补程序和存在的安全漏洞。MBSA 可以针对所扫描的每台计算机分别创建安全报告，并以 HTML 格式在图形用户界面中显示这些报告。

MBSA 是微软公司免费提供给所有用户的，目前的版本是 MBSA2.0，暂无中文版，可以从微软网站 http://download.microsoft.com/download/中免费下载到最新的版本。下载后双击"MBSASetup-EN.msi"程序开始安装→单击"NEXT"→"I accept the license agreement"→

单击"NEXT"→"Install"开始安装→按照系统默认选项就可以完成 MBSA 的安装。

（5）微软基准安全分析器的使用。

① 扫描单台计算机。在计算机上安装 MBSA 后，执行"开始"→"程序"→"Microsoft Baseline Security Analyzer"，出现如图 1.8 所示的程序主界面。

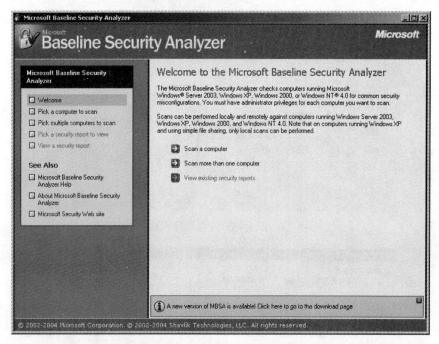

图 1.8　MBSA 主界面

选择"Scan a computer"（扫描单台计算机），出现如图 1.9 所示的界面，在 IP address 中输入要扫描的目标计算机名或目标计算机的 IP 地址，输入完成后，单击 Start Scan（开始扫描）按钮，MBSA 开始查找指定计算机系统中存在的安全问题。

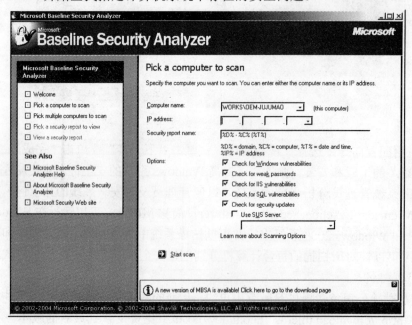

图 1.9　指定单台计算机

扫描完成后将显示扫描的结果。用户可以从报告中查看到目标计算机名称、IP 地址、生成报告的日期和 MBSA 工具的版本信息。在报告中可以看到 Security Update Scan Results（安全更新扫描结果）部分，如图 1.10 所示。在这里，显示目标计算机中没有安装的安全补丁，而这些补丁是微软公司已经公开发布并强烈建议用户安装的。如果用户不及时安装这些安全补丁，就可能会有恶意攻击者利用这些漏洞攻击系统。

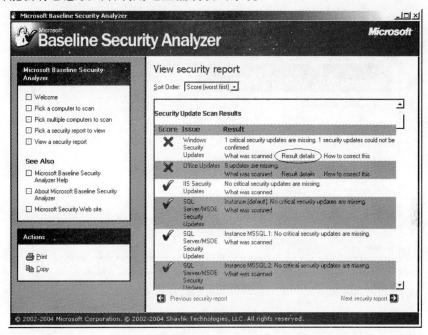

图 1.10　MBSA 单台计算机扫描结果

　　单击 Result Details（详细结果）按钮，出现如图 1.11 所示的对话框，这里可以查看该扫描项目报告的详细内容。

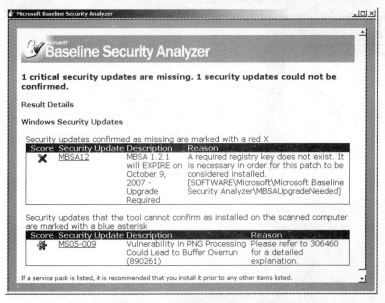

图 1.11　扫描的详细结果

　　单击 How to correct this（如何纠正问题）按钮，将会出现如图 1.12 所示的画面，可以看到 MBSA 关于如何提高系统安全性的建议，并附有详细的操作步骤。根据系统提供的安全建议进行操作，可以提高系统安全性，减少系统受攻击的可能。

②批量扫描计算机。管理员只需在一台计算机上安装 MBSA，就可以使用批量扫描的功能来检查网络中所有计算机的安全漏洞，这需要安装并运行 MBSA 的用户账户在其他计算机上具有管理权限。

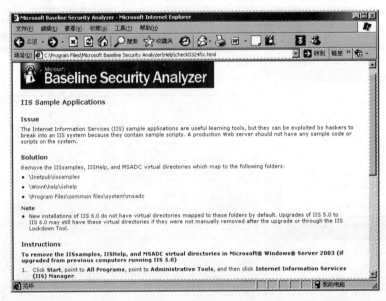

图 1.12　MBSA 安全建议

单击 MBSA 左边导航条中 Pick Multiple computers to scan 命令，进入如图 1.13 所示的画面中。在 Domain name（域名）中输入整个域的名称，MBSA 将扫描整个域中的所有计算机，

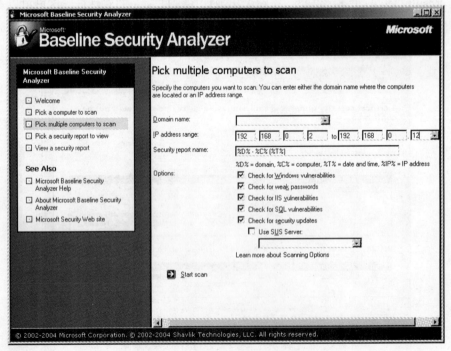

图 1.13　多台计算机扫描

也可以在 IP address range（IP 地址范围）中输入一个 IP 的地址范围，输入后单击 Start Scan 开始扫描多台计算机。

在扫描过程中，提示用户 MBSA 总共要扫描多少台计算机，以及当前扫描了多少台计算机。用户可以随时单击 stop 按钮，中止 MBSA 的扫描。

最后，MBSA 将报告目标计算机所存在的安全问题，根据 MBSA 的处理意见进行相应的处理。

1.3.2 使用安全审核和系统监视器

1．实验目的

通过实验，了解启用安全审核和查看安全事件日志的方法，学习配置系统监视器，能够使用系统监视器监视网络运行状态。

2．实验条件

使用安全审核和系统监视器的实验网络可以参照第 1.3.1 节的有关内容来构建。

安全审核是 Windows 的一项功能，负责监视各种与安全性有关的事件。监视系统事件对于检测入侵者以及危及系统数据安全性的尝试是非常必要的。

被审核的最普通的事件类型包括以下几类。

● 访问对象，例如，文件和文件夹。

● 用户和组账户的管理。

● 用户登录以及从系统注销时。

除了审核与安全性有关的事件，Windows 还生成安全日志，并提供了查看日志中所报告的安全事件的方法。

在特定动作执行或文件被访问时，可以指定将一个审核记录写入到一个安全事件的日志中。审计记录表明行为的执行、执行人以及执行的日期和时间。可以审计操作是否成功，所以审计跟踪能显示网络中的实际执行者以及未经许可的尝试者。

3．实验内容与步骤

（1）在计算机 A（Windows Server 2003）上，为计算机 B 建立账户，如用户名 jsj-b，密码 asdf。

（2）在计算机 A 上为失败登录尝试启用安全审核。在默认情况下，Windows Server 2003 不启用安全审核。必须通过 Microsoft 管理控制台（MMC）中的组策略管理单元启用所需的各种审核类型，也必须为常规区域或需要跟踪的特殊项目启用审核。

① 单击"开始"→"运行"→输入"mmc"→单击"确定"按钮。

② 在控制台菜单上，单击"添加/删除管理单元"，然后单击"添加"按钮，出现"添加/删除管理单元"对话框，单击"添加"按钮，出现"添加独立管理单元"对话框，选择"组策略对象编辑器"，然后单击"添加"按钮，出现选择"欢迎使用组策略向导"，单击"完成"按钮以添加本地计算机；也可以单击"浏览"按钮，然后在网络上选择另一台计算机。本实验只添加本地计算机 A。

③ 在"添加独立管理单元"对话框，单击"关闭"按钮，在"添加/删除管理单元"对话框，单击"确定"按钮。

④ 展开"本地计算机策略→计算机配置→Windows 设置→安全设置→本地策略"，单击"审核策略"按钮，如图 1.14 所示。

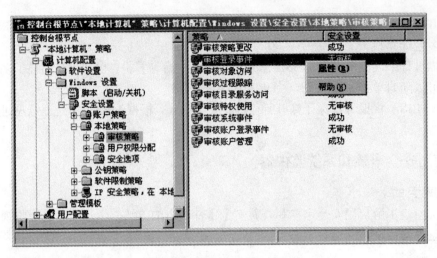

图 1.14　为本地计算机配置启用安全审核

　　⑤ 在详细信息窗格内，右击"审核登录事件"，单击"属性"按钮，出现"本地安全策略设置"对话框，在审核这些操作中选择"失败"，然后单击"确定"按钮。

　　设置资源审核是了解资源使用情况的最好办法。与审核系统事件一样，对资源审核也是基于审核事件的成功或失败操作。另外，为了在事件查看器中看到安全日志记录的资源使用行为，就必须在审核策略中打开对"审核对象访问"的审核，安全日志才记录资源审核的结果（只能在 NTFS 分区上设置资源审核，FAT 文件系统不支持审核）。

　　（3）使用"事件查看器"查看安全事件日志中"失败的登录尝试"记录。

　　① 从计算机 B 尝试登录到计算机 A 上，尝试几次使用非法用户名或密码登录。在登录失败后，用合法的用户名 jsj-b 和密码 asdf 登录到计算机 A 上。

　　也可在计算机 A 上注销或重启后登录（只用一台计算机进行本实验时就如此），使用非法用户名和密码，然后以合法身份登录进入系统。

　　② 单击"开始"→"程序"→"管理工具"→然后单击"事件查看器"，在左窗格中单击"安全性"，在事件查看器的右窗格中可以查看有效和失败登录尝试的具体记录。

　　③ 双击事件查看器中的失败审核项目以打开"事件属性"窗口。注意，描述部分告诉了登录失败的原因及输入的用户名，但没有告诉所输入的密码。

　　④ 单击"确定"按钮，关闭"事件属性"窗口。

　　（4）在计算机 A 上添加"错误登录"计数器。

　　① 单击"开始"→"程序"→"管理工具"→"性能"，右击系统监视器详细信息窗格并单击"添加计数器"按钮，出现如图 1.15 所示对话框。

　　② 要监视运行监视控制台的所有计算机，单击"使用本地计算机计数器"；要监视特定计算机，而不考虑运行监视控制台的位置，则可单击"从计算机中选择计数器"，并指定计算机名（默认情况下选中本地计算机名）。

　　在"性能对象"中，单击要监视的对象。默认情况下选中"处理器（Processor）"对象。本实验选择服务器（Server）对象。

　　需要监视所有计数器，选择"所有计数器"；只监视选定的计数器，选择"从列表中选择计数器"，然后选择要监视的计数器。默认情况下选中"%处理器时间"（%Processor Time）计数器。本实验选择"错误登录"（Errors Logon）记数器。

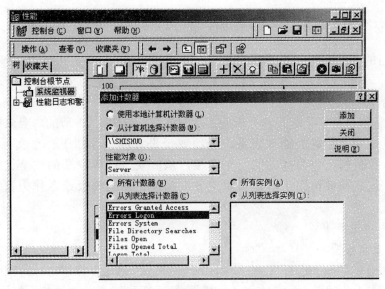

图 1.15　使用错误登录计数器

需要监视所选计数器的全部实例，单击"所有实例"；只监视所选的实例，可单击"从列表中选择实例"，然后选择要监视的实例。默认情况下选中"全部"（_Total）实例。有的记数器只有一个实例，则选择实例选项不起作用。

③ 单击"添加"按钮，完成系统监视器的配置。

（5）监视错误登录事件。

添加了"错误登录"记数器和"%处理器时间"记数器后，系统监视器对话框可选择图形或文字的形式反映服务器的不成功登录情况和 CPU 的工作情况。如图 1.16 所示的对话框是以图形中的图表方式来显示的。

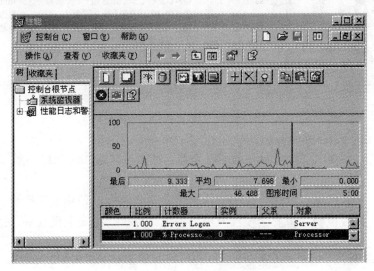

图 1.16　观察错误登录计数器

在计算机 B 上用非法的用户名或密码登录计算机 A，观察"错误登录"计数器图像的变化情况。

1.3.3 使用安全模板进行安全配置和分析

1. 实验目的

通过实验，学会使用安全模板文件来对 Windows 计算机进行安全配置和分析。

2. 实验条件

启用安全模板进行安全配置和分析的实验网络可以参照 1.3.1 节的内容来构建。

安全模板是安全配置的物理表现，一组安全设置应该存储于一个文件中。Windows 包括一组以计算机的角色为基础的安全模板，从低安全域客户端的安全设置到非常安全的域控制器。这些模板可用于创建自定义安全模板、修改模板或者作为自定义安全模板的基础。

3. 实验内容与步骤

（1）启用安全模板。

① 单击"开始"→"运行"，输入"mmc"，单击"确定"按钮，打开控制台。

② 在"控制台"菜单上，单击"添加/删除管理单元"，单击"添加"按钮，选择"安全模板"，单击"添加"→"关闭"→"确定"按钮，如图 1.17 所示。

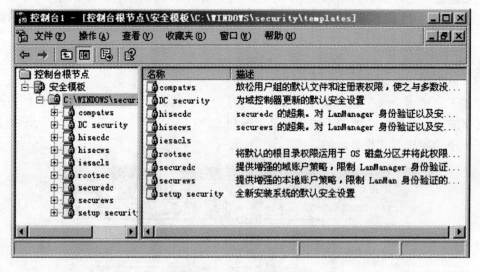

图 1.17 安全模板

③ 在"控制台"菜单上，单击"保存"按钮，输入指派给此控制台的名称，单击"保存"按钮。

在启动安全模板后，可以执行以下操作：定义安全模板、删除安全模板、刷新安全模板列表、设置安全模板说明、将安全模板应用到本地计算机、将安全模板导入到"组策略"对象和查看有效的安全设置。

④ 在控制台树中，单击"安全模板"节点，右击所要存储新模板的文件夹，然后单击"新加模板"。

⑤ 在"模板名"中，输入新安全模板的名称；在"描述"中，输入新安全模板的描述，然后单击"确定"按钮，如图 1.18 所示。

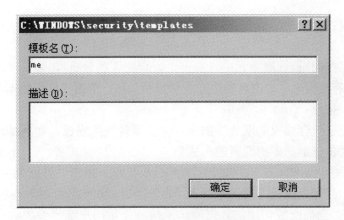

图 1.18 输入新安全模板名和描述

⑥ 展开新模板，然后单击"系统服务"，在详细信息窗格中，右击"COM+ Event System"组合键，然后单击"属性"，如图 1.19 所示。

图 1.19 右击"COM+ Event System"选择"属性"

⑦ 选择"在模板中定义这个策略设置"，然后单击启动模式，如图 1.20 所示。对于 COM+Event System，启动模式为"自动"。

（2）启用安全配置和分析。

① 单击"开始"→"运行"，输入"mmc"，单击"确定"按钮，打开控制台。

② 在"控制台"菜单上，单击"添加/删除管理单元"，单击"添加"按钮，选中"安全配置和分析"，单击"添加"→"关闭"→"确定"按钮。

③ 在"控制台"菜单上，单击"保存"按钮，输入指派给此控制台的名称，单击"保存"按钮。

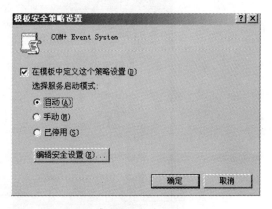

图 1.20 模板安全策略设置

控制台将出现在"我的文档"中，可以在桌面上或从"开始"菜单访问。

（3）设置安全数据库。

① 在安全配置和分析管理单元中，右击"安全配置和分析"，单击"打开数据库"。

② 要打开现有数据库，右击"安全配置和分析"项，单击"打开数据库"，选择数据库，然后单击"打开"按钮。

如果选择可能已包含模板的现有数据库，并且要替换此模板，而不是将它合并到已存储的模板中，选中"覆盖数据库中现有的配置"。

③ 要创建新的数据库，右击"安全配置和分析"项，单击"打开数据库"，输入新数据库名，然后单击"打开"按钮，如图1.21所示。

④ 如果这不是当前配置使用的数据库，系统将提示用户选择要加载到数据库的安全模板，选择要导入的安全模板，然后单击"打开"按钮。如图1.22所示，此数据库现在可以用于配置系统。

图1.21 "打开数据库"对话框

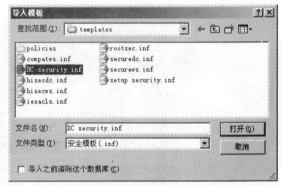

图1.22 "导入模板"对话框

（4）分析系统的安全性。

① 在"安全配置和分析"中，设置工作数据库（如果当前没有设置的话）。

② 右击"安全配置和分析"，单击"立即分析计算机"，如图1.23所示。

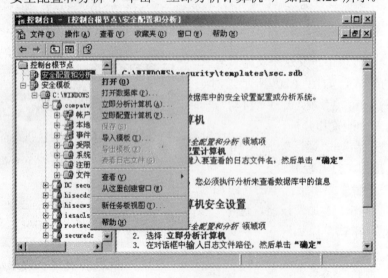

图1.23 "打开数据库"对话框

③ 单击"确定"按钮，使用默认的分析日志或输入日志的文件名和有效路径。

在分析过程中，将显示不同的安全区域，如图 1.24 所示。一旦分析操作完成，就可以检查日志文件或复查结果，如图 1.25 所示。

使用"安全配置和分析"，还可以执行以下任务：设置工作的安全数据库、导入安全模板、检查安全性分析结果、配置系统安全性、编辑基本安全配置、查看有效的安全设置和导出安全模板。

当需要进行自动任务分析时，自动的建立和应用模板、分析系统安全性，可以使用 Secedit.exe 命令工具，当对多台机器进行分析时，Secedit.exe 工具十分有用。

Secedit.exe 命令的语法如下所示。

Secedit /analyze [DB filename] [CFG filename] [log logpath] [verbose] [quiet]

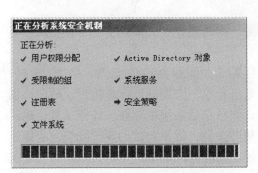

图 1.24　分析系统安全

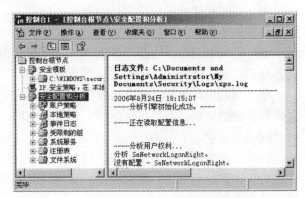

图 1.25　检查日志文件或复查结果

参数说明如表 1.4 所示。

表 1.4　参数的说明

/DB filename	提供到数据库的路径，此数据库包含执行分析的存储配置。该参数是必需的。如果 filename 指定了新数据库，也必须指定 CFG filename 参数
/CFG filename	该参数只有与/DB 参数一起使用才有效。它是到安全模板的路径，此安全模板将被导入到数据库中以用于分析。如果此参数没有指定，则根据已存储在数据库中的配置执行分析
/log logpath	此过程的日志文件的路径。如果不提供该参数，则使用默认文件
/verbose	在分析过程中需要更详细的信息
/quiet	不使用屏幕和日志文件的输出。使用安全配置和分析将仍然可以查看分析结果

1.4　超越与提高

1.4.1　网络安全立法

1．网络安全立法概述

从来没有哪一种事物像网络一样，在短短几十年之内全方位冲击着我们的生活。人们的阅读、交流、娱乐乃至商业活动越来越多地在网上进行，世界被网络紧紧地连在了一起。可是，在惊叹互联网创造的一个又一个奇迹时，请不要忘了，网络世界也有黑暗的一面，那就是网络犯罪。面对日益增多的网络犯罪，为了有效打击网络犯罪，制定相关的法律法规，成为遏制网络犯罪的有力武器，为此世界各国都制定了相关的法律。

2．我国立法情况

目前网络安全方面的相关条款已经写入《中华人民共和国宪法》。1982 年 8 月 23 日写入《中华人民共和国商标法》，1984 年 3 月 12 日写入《中华人民共和国专利法》，1988 年 9 月 5 日第七届全国人民代表大会常务委员会第三次会议通过的《中华人民共和国保守国家秘密法》，第三章第十七条提出"采用电子信息等技术存取、处理、传递国家秘密的办法，由国家保密部门会同中央有关机关规定"；1993 年 9 月 2 日颁布的《中华人民共和国反不正当竞争法》增加了网络安全方面的相关条款。

为了加强对计算机犯罪的打击力度，1997 年 10 月，我国第一次在修订刑法时增加了计算机犯罪的条款。

第二百八十五条：违反国家规定，侵入国家事务、国防建设、尖端科学技术领域的计算机信息系统的，处三年以下有期徒刑或者拘役。

第二百八十六条：违反国家规定，对计算机信息系统功能进行删除、修改、增加、干扰，造成计算机信息系统不能正常运行，后果严重的，处五年以下有期徒刑或者拘役，后果特别严重的，处五年以上有期徒刑；违反国家规定，对计算机信息系统中存储、处理或者传输的数据和应用程序进行删除、修改、增加的操作，后果严重的，依照前款的规定处罚，故意制作、传播计算机病毒等破坏性程序，影响计算机系统正常运行，后果严重的，依照第一款的规定处罚。

第二百八十七条：利用计算机实施金融诈骗、盗窃、贪污、挪用公款、窃取国家秘密或者其他犯罪的，依照本法有关规定定罪处罚。

3．国际立法情况

美国和日本是制定计算机网络安全相关法律走在前面的国家，而一些发展中国家和第三世界国家的计算机网络安全方面的相关法律还在不断完善之中。

欧洲共同体是一个在欧洲范围内具有较强影响力的政府间组织。为了在共同体内正常地进行信息市场运作，该组织在诸多问题上建立了一系列法律，具体包括：竞争（反托拉斯）法，产品责任、商标和广告规定法，知识产权保护法，保护软件、数据和多媒体产品及在线版权法，以及数据保护法、跨境电子贸易法、税收法、司法等。这些法律若与其成员国原有国家法律相矛盾，则必须以共同体的法律为准。

1.4.2　网络安全的相关法规

20 世纪 90 年代以来，网络得到迅速的使用和推广发展，网络的使用范围越来越广，同时安全问题也面临着严重的危机和挑战，单纯依靠技术水平的提高来保护安全不可能真正遏制网络破坏，必须迅速出台相应的法规来约束和管理网络的安全问题，让广大的网络使用者遵循一定的"游戏规则"。计算机网络安全方面的法规，已经写入国家条例和管理办法。

1．相关法规

（1）1989 年，公安部发布了《计算机病毒控制规定（草案）》。

（2）1991 年 6 月 4 日，国务院常委会议通过《计算机软件保护条例》。

（3）1994 年 2 月 18 日，国务院发布了《中华人民共和国计算机信息系统安全保护条例》。

（4）1996 年 2 月 1 日，国务院发布了《中华人民共和国计算机网络国际联网管理暂行规定》。

（5）1997 年 5 月 20 日，国务院信息化工作领导小组制定了《中华人民共和国计算机信息网络国际联网管理暂行规定实施办法》。1997 年 12 月 11 日国务院批准，1997 年 12 月 30 日公安部发布了《计算机信息网络国际联网安全保护管理办法》。1997 年，国务院信息化工作领导小组发布了《中国互联网络域名注册暂行管理办法》、《中国互联网络域名注册实施细则》。1997 年，原邮电部出台《国际互联网出入信道管理办法》。

（6）1999 年 10 月 7 日，《商用密码管理条例》颁布实施。

（7）2000 年 9 月 20 日，《互联网信息服务管理办法》正式实施；国家保密局发布《计算机信息网络国际联网安全保护管理办法》。2000 年 11 月，国务院新闻办公室和信息产业部联合发布了《互联网站从事登载新闻业务管理暂行规定》，信息产业部发布了《互联网电子公告服务管理规定》。2000 年 12 月 28 日，九届全国人大常委会通过了《全国人大常委会关于维护互联网安全的决定》。

（8）2006 年 5 月 10 日，国务院第 135 次常务会议通过，自 2006 年 7 月 1 日起施行《信息网络传播权保护条例》。

2．网络服务机构设立的条件

根据《中华人民共和国计算机网络国际联网管理暂行规定》，从事网络服务业必须具备以下几个条件。

● 是依法设立的企业法人或者事业法人。

● 具有相应的计算机信息网络、装备以及相应的技术人员和管理人员。

● 具有健全的安全保密管理制度和技术保护措施。

● 符合法律和国务院规定的其他条件。

2000 年 9 月 20 日公布施行《互联网信息服务管理办法》把互联网信息服务分为经营性和非经营性两类。经营性 Internet 信息服务，是指通过 Internet 向上网用户有偿提供信息或者网页制作等服务活动。非经营性 Internet 信息服务，是指通过 Internet 向上网用户无偿提供具有公开性、共享性信息的服务活动。

国家对经营性 Internet 信息服务实行许可制度；对非经营性 Internet 信息服务实行备案制度。未取得许可或者未履行备案手续的，不得从事 Internet 信息服务。

从事新闻、出版、教育、医疗保健、药品和医疗器械等 Internet 信息服务，依照法律、行政法规以及国家有关规定必须经有关主管部门审核同意，在申请经营许可或者履行备案手续前，应当依法经有关主管部门审核同意。

（1）从事经营性 Internet 信息服务应具备的条件。

除应当符合《中华人民共和国电信条例》规定的要求外，还应当具备下列条件。

● 有业务发展计划及相关技术方案。

● 有健全的网络与信息安全保障措施，包括网站安全保障措施、信息安全保密管理制度、用户信息安全管理制度。

● 服务项目属于本办法第五条规定范围的，已取得有关主管部门同意的文件。

（2）从事非经营性 Internet 信息服务应提交的材料。

应当向省、自治区、直辖市电信管理机构或者国务院信息产业主管部门办理备案手续。

办理备案时，应当提交下列材料。

- 主办单位和网站负责人的基本情况。
- 网站网址和服务项目。
- 服务项目属于本办法第五条规定范围的，已取得有关主管部门的同意文件。省、自治区、直辖市电信管理机构对备案材料齐全的，应当予以备案并编号。

（3）不得提供的信息。

- 反对宪法所确定的基本原则的。
- 危害国家安全，泄露国家机密，颠覆国家政权，破坏国家统一的。
- 损害国家荣誉和利益的。
- 煽动民族仇恨、民族歧视，破坏民族团结的。
- 破坏国家宗教政策，宣扬邪教和封建迷信的。
- 散布谣言，扰乱社会秩序，破坏社会稳定的。
- 散布淫秽、色情、赌博、暴力、凶杀、恐怖或者教唆犯罪的。
- 侮辱或者诽谤他人，侵害他人合法权益的。
- 含有法律、行政法规禁止的其他内容的。

3．计算机网络系统运行管理

根据《中华人民共和国计算机信息网络国际联网管理暂行规定实施办法》要求，国际出入口信道提供单位、互联单位和接入单位必须建立网络管理中心，健全管理制度，做好网络信息安全管理工作。

互联单位应当与接入单位签订协议，加强对本网络和接入网络的管理；负责接入单位有关国际联网的技术培训和管理教育工作；为接入单位提供公平、优质、安全的服务；按照国家有关规定向接入单位收取联网接入费用。接入单位应当服从互联单位和上级接入单位的管理；与下级接入单位签定协议，与用户签定用户守则，加强对下级接入单位和用户的管理；负责下级接入单位和用户的管理教育、技术咨询和培训工作；为下级接入单位和用户提供公平、优质、安全的服务；按照国家有关规定向下级接入单位和用户收取费用。

《中华人民共和国计算机信息系统安全保护条例》规定，对计算机信息系统中发生的案件，有关使用单位应当在 24 小时内向当地县级以上人民政府公安机关报告。对计算机病毒和危害社会公共安全的其他有害数据的防治研究工作，由公安部归口管理。国家对计算机信息系统安全专用产品的销售实行许可证制度。具体办法由公安部会同有关部门制定。

我国公安部发布的《计算机信息网络国际联网安全保护管理办法》对 BBS（Bulletin Board System）提出：建立计算机信息网络电子公告系统的用户登记和信息管理制度，具有对开放的 BBS 的一定的管制作用。为了进一步加强对 BBS 的管理，净化网络环境，我国信息产业部发布了《互联网电子公告服务管理规定》。规定指出：从事互联网信息服务，拟开展电子公告服务的，应当在向省、自治区、直辖市电信管理机构或者信息产业部申请经营性互联网信息服务许可或者办理非经营性互联网信息服务备案时，提出专项申请或者专项备案。

4．安全责任

我国 1997 年实行的新《刑法》规定了 5 种形式的计算机犯罪。

- 非法侵入计算机系统罪（第 285 条）。
- 破坏计算机信息系统功能罪（第 286 条第 1 款）。
- 破坏计算机数据、程序罪（第 286 条第 2 款）。

● 制作、传播计算机破坏性程序罪（第286条第3款）。

● 利用计算机实施的其他犯罪（第287条）。

根据《中华人民共和国计算机网络国际联网管理暂行规定》，从事国际联网业务的单位和个人，应当遵守国家有关法律、行政法规，严格执行安全保密制度，不得利用国际联网从事危害国家安全、泄露国家秘密等违法犯罪活动，不得制作、查阅、复制和传播妨碍社会治安的信息和淫秽色情等信息。

规定指出，计算机信息网络直接进行国际联网，必须使用邮电部国家公用电信网提供的国际出入口信道。任何单位和个人不得自行建立或者使用其他信道进行国际联网。已经进行国际联网的网络，根据国务院有关规定调整后，分别由邮电部、电子工业部，国家教育委员会和中国科学院管理。新建网络进行国际联网，必须报经国务院批准。

规定要求，用户应当服从接入单位的管理，遵守用户守则；不得擅自进入未经许可的计算机系统，篡改他人信息；不得在网络上散发恶意信息，冒用他人名义发出信息，侵犯他人隐私；不得制造、传播计算机病毒及从事其他侵犯网络和他人合法权益的活动。用户有权获得接入单位提供的各项服务；有义务交纳费用。

本 章 小 结

本章讨论了网络安全的一些问题，包括计算机及网络安全的定义、网络安全特征、网络安全的关键技术以及采取的保护措施等，使读者认识到网络安全的重要性，了解造成网络不安全的主要原因，以及网络面临的主要安全威胁，还有网络安全相关的法律法规和网络用户在保障网络安全方面的责任。

安全配置工具是供网络管理员进行安全配置的。可以使用安全模板管理单元来定义和使用安全模板，使用安全配置和分析管理单元来配置和分析本地的安全性，使用组策略管理单元来配置 Active Directory 中的安全性等。从网络管理员的身份出发，通过 Windows Server 2003 网络操作系统，使用安全配置向导、基准安全分析器、安全模板进行了安全配置和分析，实践了启用安全审核和查看安全事件日志的方法。

本 章 习 题

1. 每题有且只有一个最佳答案，请把正确答案的编号填在每题后面的括号中。

（1）Windows Server 2003 "本地安全策略"中不包括（　　　）。

A. 账户策略　　　B. 组策略　　　　C. 公钥策略　　　D. IP 安全策略

（2）加强计算机网络系统（　　　）是发现和查证计算机犯罪的有效措施。

A. 日志管理　　　B. 安全运行　　　C. 安全备份　　　D. 安全审计

（3）（　　　）是查找、分析网络系统安全事件的客观依据。

A. 审计日志　　　B. 记事本　　　　C. 安全审计　　　D. 注册表

（4）可在什么位置查看自己审核的文件夹和文件的失败访问尝试？（　　　）

A. 审核策略　　　　　　　　　B. 事件查看器

C. 安全配置工具箱　　　　　　D. 组策略管理单元

（5）要启用文件和文件夹的审核，需要使用哪些工具？（　　　）

A．资源管理器   B．安全模板
C．审核策略   D．账户策略

（6）如果本地机和域的策略出现冲突，会发生下列哪些现象？（   ）

A．本地计算机策略将起作用

B．域将起作用

C．两个策略中制约最多的策略起作用

D．两个策略中制约最少的策略起作用

2．将合适的答案填入空白处。

（1）安全审核系统是用来＿＿＿＿＿＿＿＿用户的活动及网络中系统范围内发生的事件。

（2）本地安全策略包括＿＿＿＿＿＿、＿＿＿＿＿＿、＿＿＿＿＿和＿＿＿＿＿＿。

（3）Windows Server 2003 中的组策略可分为＿＿＿＿＿＿＿和＿＿＿＿＿＿＿。

（4）微软基准安全分析器（MBSA）可运行在 Windows 2000/2003/XP 系统上，并可以扫描系统中缺少的＿＿＿＿＿＿＿＿＿和＿＿＿＿＿＿＿＿，还可以针对所扫描的计算机创建 HTML 格式的安全报告。

（5）与审核系统事件一样，对资源审核也是基于审核事件的＿＿＿＿＿或＿＿＿＿＿操作。

（6）微软通常会不定期地推出针对 Windows 系统更新的 Service Pack，离线升级是指登录到 http://www.microsoft.com/china/download/把＿＿＿＿＿＿＿＿下载后再进行升级。

3．简要回答下列问题。

（1）对我国在计算机网络安全方面的立法情况做一下综述。

（2）举例说明计算机网络面临的典型安全威胁。

（3）分析并说明学校校园网络的安全需求。

（4）网络安全主要有哪些关键技术？

（5）试说明安全模板的创建、删除、修改、应用的操作过程。

（6）如果在"本地安全策略"或"域安全策略"中启用"审核登录事件"，对登录是否成功都设置进行审核。然后，分别使用合法账户和非法账户登录网络或者本机系统，最后，用管理员账户登录系统后查看安全日志。请你实际操作看看有无相应的记录？如有记录，是一些什么记录？

第 2 章 网络协议与分析

如今，公司内部网络为领导和员工之间的交流和工作提供了高效、便捷的平台，大家可以通过内部网收发邮件、发布公告，以及传送文件，很多人在庆幸网络带来的好处的同时，也有一些人或公司在为网络带来的安全威胁担忧，甚至恐惧，因为内部员工利用内网便利，通过技术手段盗取商业机密并非难事。在这一章中：

你将学习

◇ TCP/IP 协议的缺陷。
◇ 协议层的安全隐患。
◇ 利用 TCP/IP 缺陷的网络攻击技术。

你将获取

△ 使用网络协议分析软件 sniffer pro 进行抓包、分析、流量监控的技能。
△ 使用网络监视器捕获、显示、分析本地网络数据包，检测硬件和软件问题的技能。

2.1 案例问题

2.1.1 案例说明

1. 背景描述

（1）某银行雇员张某是信息部的网络管理人员，凭借着自己掌握的网络操作技能，企图盗取公司的商业机密以谋取私利。他在自己的电脑上安装了网络嗅探器，目的是想截获 192.168.69.7（财务部）和网关 192.168.69.220（行长）之间的通信，由于银行内部是使用交换机进行互联的网络，所以简单地使用嗅探工具不会探测到其他主机之间的通信，于是张某又采用了 ARP 欺骗的中间人技术，这样他就可以冒充网关接收所有人的信息了，包括电子邮件和网页信息，从而成为了该银行的一大间谍，"隔空取物"般地拿走了商业机密。

（2）由于张某已不满足于仅窃听别人通信的内容了，他现企图闯入银行的重要服务器获取更多的内部机密，甚至于想在系统的某些程序上做些手脚，比如说，把某些企业与银行之间的信贷数据进行篡改，导致银行亏损，企业受益，从而张某向该企业收取报酬，那么张某就要得到该服务器的信任，获得合法的访问权限，于是张某就运用了 IP 欺骗的技术，骗过了防火墙的访问控制限制，堂而皇之地访问了不该访问的系统。

2. 需求分析

许多公司领导十分担心万一公司内部也存在像张某一样的人，那么公司的损失一定不堪想象，所以为了解决公司内部网络的安全问题，结合局域网的安全管理手段和技术，从内部网络的安全隐患考虑，为企业内部网络防止内部员工窃取机密设计合理的解决方案。此方案应包含以下几方面内容。

（1）防止员工窃听本不该他接收的报文。

（2）防止重要的服务器被攻击至瘫痪（接收大量 ping 包）。

（3）防止普通员工冒充管理员，以管理员的身份访问重要服务器。

（4）防止域名欺骗。

3．解决方案

要想完全解决公司内部网络的安全问题，绝对不会发生网络泄密的现象，抵御所有对内网的攻击，这是不可能的。只能尽量保证内网的安全，减少攻击的可能性。

（1）网络分段、利用交换机和路由器等设备对数据流进行限制、加密（采用一次性口令技术）和禁用杂错接点。

（2）拒绝网络上的所有 ICMP echo 响应。

（3）让路由器拒绝接收来自网络外部的 IP 地址与本地某一主机的 IP 地址相同的 IP 包的进入。

（4）让硬件地址常驻内存，并可以用 ARP 命令手工加入（特权用户才可以那样做）；也可以通过向 RARP 服务器询问来检查客户的 ARP 欺骗。因为 RARP 服务器保留着网络中硬件地址和 IP 的相关信息。

（5）通过设置主机忽略重定向信息，可以防止攻击者利用 ICMP 重定向报文进行路由器欺骗。

（6）使所有的 r*命令失效，让路由器拒绝来自外面的与本地主机有相同的 IP 地址的包。RARP 查询可用来发现与目标服务器处在同一物理网络的主机的攻击。另外 ISN 攻击可以通过让每一个连接的 ISN 随机分配，配合每隔半秒加 64000 来防止。

（7）使允许的半开连接的数量增加，允许连接处于半开状态的时间缩短。但这些并不能从根本上解决这些问题。实际上在系统的内存中有一个专门的队列包含所有的半开连接，这个队列的犬小是有限的，因而只要有意使服务器建立过多的半开连接就可以使服务器的这个队列溢出，从而无法响应其他客户的连接请求。

2.1.2　思考与讨论

1．阅读案例并思考以下问题

张某为什么凭借一点网络技术就可以轻而易举地盗取公司内网的机密，说明公司内部网络有很大的安全隐患，那么公司应该注意哪些安全隐患呢？

参考：在当今的网络互联时代，不少公司和解决方案提供商对确保数据安全性所采取的方法已经落后。通常讲的采用防火墙和 VPN 技术并不能彻底消除安全隐患，尤其是对隐藏在内部网络的合法攻击者，公司应采取何种对策呢？

为确保只有授权者和特许用户才能访问和交换干净的数据，许多公司部署了防火墙、入侵检测方案和防病毒软件。但是调查表明，只有 20%的数据破坏是由公司外部人所为。这等于说，即便充分利用现有技术也只能解决五分之一的安全问题。这些解决方案并不能消除来自内部授权用户的安全隐患。

内部安全危害分为三大类，分别是操作失误、存心捣乱及用户无知。

操作失误包括用户不经意获得了不应该拥有的权限，虽然自己没有恶意，但这些新授权的用户无意中会给数据和系统带来严重的破坏。正确的措施就是取消过高的权限。但基于查询的分析却无法显示谁拥有引发问题的权限，也无法显示是谁授予了这些权限。

以在职员工和已辞职员工的蓄意破坏为例，可能存在的企业内部安全漏洞包括：满腹牢骚的员工离开公司后设立特洛伊木马以获得访问权，在职员工被解雇或工作变动前造成严重破坏等；对用户和用户组权限管理不善，常常会导致员工离开后很长时间仍能访问极重要的公司系统。对这种恶意事件，正确措施包括取消权限、消除捣乱的机会、通知管理员，若有必要，收集证据把非法活动记录在案。传统的安全措施如入侵检测和基于查询的分析无法显示这类活动的作恶者。

还有目前比较流行的信息窃取，如本案例中的张某使用 ARP 欺骗中间人技术，盗取了公司机密，这是非常可怕的，解决的办法就是对信息进行加密传输。

对高度重视存储空间和工作效率的公司来说，由于员工无知引起的安全漏洞会造成极大的代价。如员工下载大量 MP3 和图像文件而使服务器不堪重负，负荷过重会危及整个网络的性能。合理的安全政策响应机制包括教育用户、删除违反政策的文件及通知管理员和管理部门。基于查询的分析就无法采取这些行动。

2．专题讨论

（1）根据你所学过的网络知识，比较一下 OSI 和 TCP/IP，并讨论各层次协议的运用。

提示：

① OSI 参考模型和 TCP/IP 具体层次。网络是分层的，每一层分别负责不同的通信功能。应用层、表示层、会话层、传输层被归为高层，而网络层、数据链路层、物理层被归为底层。高层负责主机之间的数据传输，底层负责网络数据传输。

表 2.1　OSI 参考模型各分层的主要功能和常见协仪

OSI 参考模型	主 要 功 能	常 见 协 议
应用层	提供应用程序间通信	HTTP，FTP
表示层	处理数据格式，数据加密等	NBSSL，LPP
会话层	建立、维护、管理会话	RPC，LDAP
传输层	建立主机端到端的连接	TCP，UDP
网络层	寻址和路由选择	IP，ICMP
数据链路层	提供介质访问和链路管理等	PPP
物理层	比特流传输	

表 2.2　TCP/IP 网络层次各分层的主要功能和常见协议

表 TCP/IP 网络层次	主 要 功 能	常 见 协 议
应用层	提供应用程序接口	HTTP，FTP
传输层	建立端到端的连接	TCP，UDP
互联网层	寻址和路由选择	IP，ICMP
网络接口层	二进制数据流传输和物理介质访问	PPP

② OSI 和 TCP/IP 的层次对应关系。

表 2.3 OSI 和 TCP/IP 的层次对应关系

OSI	TCP/IP
应用层+表示层+会话层	应用层
传输层	传输层
网络层	互联网层
数据链路层+物理层	网络接口层

层与层之间的联系是通过各层之间的接口来进行的，上层通过接口向下层提出服务请求，而下层通过接口向上层提供服务。两个用户计算机通过网络进行通信时，除物理层之外，其余各对等层之间均不存在直接的通信关系，而是通过各对等层之间的通信协议来进行通信，只有两物理层之间通过传输介质进行真正的数据通信。

（2）目前网络系统存在的漏洞有哪些？你认为哪一层协议存在最大的安全隐患？

提示： 网络是搭起信息系统的桥梁，网络的安全性是整个信息系统安全的主要环节，只有网络系统安全可靠，才能保证信息系统的安全可靠。网络系统也是非法入侵者主要攻击的目标。开放分布或互联网络存在的不安全因素主要体现在以下几方面。

① 协议的开放性。TCP/IP 协议不提供安全保证，网络协议的开放性方便了网络互联，同时也为非法入侵者提供了方便。非法入侵者可以冒充合法用户进行破坏，篡改信息，窃取报文内容。

② Internet 主机上有不安全业务，如远程访问。许多数据信息是明文传输，明文传输既提供了方便，也为入侵者提供了窃取条件。入侵者可以利用网络分析工具实时窃取网络上的各种信息，甚至可以获得主机系统网络设备的超级用户口令，从而轻易地进入系统。

③ Internet 连接是基于主机上用户的彼此信任，只要有一个主机被入侵，其他主机就可能受到攻击。

具体来说，网络系统存在以下三个方面的漏洞，它们是网络安全的最大隐患。

① 传输层漏洞。在 TCP/IP、路由器、交换机等环节都有漏洞存在。在 TCP/IP 上发现了100 多种安全弱点或漏洞。如 IP 地址欺骗、TCP 序号袭击、ICMP 袭击、IP 碎片袭击和 UDP欺骗等，在实现的协议族中，存在一个久为人知的漏洞，这个漏洞使得窃取 TCP 连接成为可能。当 TCP 连接正在建立时，服务器用一个含有初始序列号的回答报文来确认用户请求。这个序列号无特殊要求，只要是唯一的就可以了。客户端收到回答后，再对其确认一次，连接便建立了。TCP 协议规范要求每秒更换序列号 25 万次。但大多数的实现更换频率远小于此，而且下一个更换的数字往往是预知的。正是这种可预知服务器初始序列号的能力使得攻击可以完成，最安全的解决方法是用加密法产生初始序列号。

② 操作系统的漏洞。UNIX 系统可执行文件目录如/bin/who，可由所有的用户进行读访问，这就违背了"最少特权"的原则。有些用户可以从可执行文件中得到其版本号，从而知道它会具有什么样的漏洞。如通过 Telnet 就可知道 SENDMAIL 版本号。在 Windows 操作系统中，安全账户管理（SAM）数据库可以被以下用户所复制：Administrator 账户，Administrator组中的所有成员，备份操作员，服务器操作员，以及所有具有备份特权的人员。SAM 数据库的一个备份复制能够被某些工具所利用来破解口令。在对用户进行身份验证时，只能达到加密 RSA 的水平。在这种情况下，甚至没有必要使用工具来猜测那些明文口令。能解码 SAM数据库并能破解口令的工具有：PWDump 和 NTCrack。实际上，PWDump 的作者还有另一个

软件包——PWAudit，它可以跟踪由 PWDump 获取到的任何东西的内容。

③ 应用层漏洞。各种应用软件、防火墙软件、Web Server 应用软件、路由器软件等都隐含了很多漏洞，使黑客容易进入。例如，Windows 机器上的浏览器，都有一个相似的弱点，对于一个 HTML 页上的超级链接，浏览器都首先假设该链接是指向本地机器上的一个文件。如果这台机器是一个 SMB（指服务器消息块）服务器，它将随意发送用户的名字和口令。这种对身份验证的自动反应和发送对用户来说，是完全透明的，用户根本不知道什么事情发生。

2.2 技术视角

2.2.1 TCP/IP 协议以及工作原理

1. TCP/IP 协议概述

TCP/IP 协议（Transfer Control Protocol/Internet Protocol）叫做传输控制/网际协议，又叫网络通信协议，它是网络中使用的基本的通信协议。虽然从名字上看 TCP/IP 包括两个协议，即传输控制协议（TCP）和网际协议（IP），但 TCP/IP 实际上是一组协议，它包括上百种功能的协议，如远程登录、文件传输和电子邮件等，而 TCP 协议和 IP 协议是保证数据完整传输的两个基本的重要协议。通常说的 TCP/IP 是指 Internet 协议族，而不单单是指 TCP 和 IP 协议。

基于 TCP/IP 协议的网络结构如图 2.1 所示，TCP/IP 协议分为四层，即通信子网层、网络层、传输层和应用层，其中 IP 协议用来给各种不同的通信子网或局域网提供一个统一的互联平台，TCP 协议则用来为应用程序提供端到端的通信和控制功能。

2. TCP/IP 的层次结构

TCP/IP 协议采用了层次体系结构，遵循对等实体通信原则，由四个层次组成，从上而下包括应用层、传输层、网络层和网络接口层。

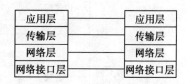

图 2.1 TCP/IP 协议的四层结构

（1）应用层（Application）。应用层将 OSI 的高层——应用层、表示层、会话层的功能结合起来，常见的如文件传输协议（FTP）、远程终端协议（Telnet）、简单电子邮件传输协议（SMTP）、域名系统（DNS）、简单网络管理协议（SNMP）、访问 WWW 站点的 HTTP 协议等。

（2）传输层（TCP 和 UDP）。传输层在功能上等价于 OSI 的传输层。在这一层上主要定义了两个传输协议。一个是可靠的面向连接的协议，称为传输控制协议（TCP），为了实现可靠性，传输层要进行收发确认，若数据包丢失，则进行重传、信息校验等。另一个是不可靠的无连接协议，称为用户数据报协议（UDP）。

（3）网络层（IP）。网络层在功能上等价于 OSI 网络层中与子网无关的部分。网络互联层是 TCP/IP 参考模型中非常重要的一层，这一层上的协议称为 IP 协议。它负责数据包的路由功能，以保证数据包能可靠地到达目标主机；若不能到达，则向源主机发送差错控制报文。网络层提供的服务是不可靠的，可靠性由传输层来实现。

（4）网络接口层（Host-to-network）。网络接口层在功能上等价于 OSI 的子网络技术功能层。它包括 OSI 模型网络层中与子网有关的下部子层、数据链路层和物理层。它是 TCP/IP

协议的底层，负责接收 IP 数据包，并通过网络发送这个 IP 数据包，或者从网络上接收物理帧，取出 IP 数据包，并把它交给 IP 层。网络接口一般是设备驱动程序，如以太网的网卡驱动程序等。

3．TCP/IP 的工作原理

虽然 OSI 是最早提出的理论上的标准，但是在实际中多是采用 TCP/IP 协议分层标准。TCP/IP 通常被认为是一个四层协议系统，TCP/IP 协议族是一组不同的协议组合在一起构成的协议族。

如图 2.2 所示，数据发送时是自上而下，层层加码；数据接收时是自下而上，层层解码。当应用程序用 TCP 传送数据时，数据被送入协议栈中，然后逐个通过每一层直到被当做一串比特流送入网络。其中每一层对收到的数据都要增加一些首部信息（有时还要增加尾部信息）。TCP 传给 IP 的数据单元称做 TCP 报文段或简称为 TCP 段。IP 传给网络接口层的数据单元称做 IP 数据报。通过以太网传输的比特流称做帧（Frame）。

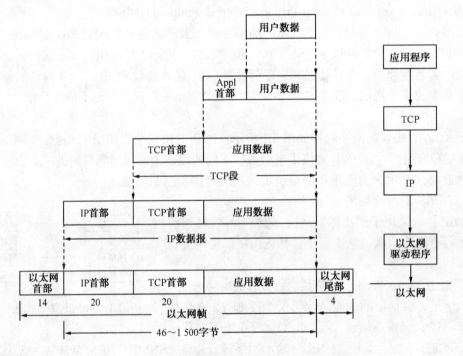

图 2.2　数据发送自上而下，层层加码

垂直方向的结构层次是当今普遍认可的数据处理的功能流程。每一层都有与其相邻层的接口。为了通信，两个系统必须在各层之间传递数据、指令、地址等信息，通信的逻辑流程与真正的数据流程是不同的。虽然通信流程垂直通过各层次，但每一层都在逻辑上能够直接与远程计算机系统的相应层直接通信。通信实际上是按垂直方向进行的，但在逻辑上通信是在同级进行的，如图 2.3 所示。

2.2.2　网络安全防范体系层次

作为全方位的、整体的网络安全防范体系也是分层次的，不同层次反映了不同的安全问题。根据网络的应用现状和网络的结构，将安全防范体系的层次划分为物理层安全、链路层安全、网络层安全、传输层安全和应用层安全。

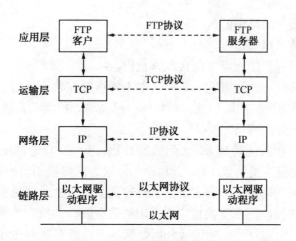

图 2.3 逻辑上的通信是在同级上完成的

1. 物理层安全

物理层是 OSI 的第一层，它虽然处于底层，却是整个开放系统的基础。物理层为设备之间的数据通信提供传输媒体及互联设备，为数据传输提供可靠的环境。物理层定义了数据传送与接收所需要的电与光信号、线路状态、时钟基准、数据编码和电路等，并向数据链路层设备提供标准接口。

该层的安全包括通信线路的安全、物理设备的安全、机房的安全等。物理层的安全主要体现在通信线路的可靠性（线路备份、网管软件、传输介质），软硬件设备的安全性（替换设备、拆卸设备、增加设备），设备的备份，防灾害能力、防干扰能力，设备的运行环境（温度、湿度、烟尘），不间断电源保障等。

2. 链路层安全

在物理媒体上传输的数据难免受到各种不可靠因素的影响而产生差错。为了弥补物理层上的不足，为上层提供无差错的数据传输，就要对数据进行检错和纠错。数据链路的建立、拆除以及对数据的检错、纠错是数据链路层的基本任务。

数据链路层的功能是为网络层提供服务，目的是从源系统网络层向目标系统网络层传输数据。在传输中，传输介质的不可靠因素尽可能地屏蔽起来，使高层协议不必考虑物理介质的可靠性，而把通道作为无差错的理想信道，并且在网络实体之间提供建立、维护和释放数据链路的功能和手段。

就安全而言，数据链路层（第二协议层）的通信连接是较为薄弱的环节。目前计算机局域网组网普遍采用的技术是以太网，传统的共享式以太网是基于广播式通信的，这就意味着在同一网段的所有网络接口都可以访问到物理媒体上传输的数据，而每一个网络接口都有唯一的硬件地址，即 MAC 地址，长度为 48bit，一般来说，每一块网卡的 MAC 地址都是不同的。

一个网络接口响应两种数据帧。一种是与自己硬件地址相匹配的数据帧；另一种是发向所有机器的广播数据帧。

网卡负责数据的收发，它接收传输来的数据帧，通过网卡内的程序查看数据帧的目的 MAC 地址，再根据网卡驱动程序设置的接收模式判断该不该接收，如果接收则接收后通知 CPU，否则丢弃该数据帧，因此丢弃的数据帧直接被网卡截断，计算机根本不知道。

网卡通常有四种接收方式。

（1）广播方式。接收网络中的广播信息。

（2）组播方式。接收组播数据。

（3）直接方式。只有目的网卡才能接收该数据。

（4）混杂模式。接收一切通过它的数据，而不管该数据是否传给它。

图 2.4 为一个简单的网络监听模式的拓扑图，机器 A、机器 B、机器 C 与交换机连接，交换机通过路由器访问外部网络。

假设管理员想从机器 A 上远程 telnet 到机器 B 进行管理，首先管理员 telnet 时，要输入 B 的用户名和密码，经过应用层协议 telnet、传输层协议、网络层 IP 协议、数据链路层协议一层层的包裹，最后送到物理层，接下来数据帧传输到交换机上，然后由交换机向每一个节点广播此数据帧，机器 B 接收到由交换机广播发出的数据帧，并检查数据帧中的地址是否和自己的地址匹配，如果匹配则对数据帧进行分析处理，而机器 C 同时也收到了该数据帧，也先将目的地址与自己的 MAC 地址相比较，如果不匹配则丢弃该数据帧。

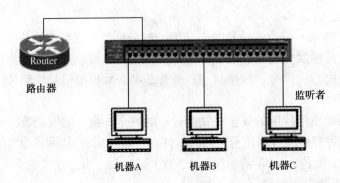

图 2.4 网络监听模式的拓扑图

而如果机器 C 的网卡接收模式为混杂模式，则它将所有接收到的数据帧（不论目的地址是否与自己的 MAC 地址相匹配）都交给上层协议软件处理。这样机器 C 就变成了此网络中的监听者，监听 A 和 B 主机的对话。

网络监听常常要保存大量的信息，并对其进行大量的整理，这会大大降低处于监听的主机与其他主机的响应速度，同时监听程序在运行的时候需要消耗大量的处理器的时间，如果在此时分析数据包，许多数据包也会因为来不及接收而被遗漏，所以监听程序一般会将监听到的包放在文件中，等待以后分析。

3. 网络层安全

网络层主要用于寻址和路由，它并不提供任何错误纠正和流控制的方法，它使用较高效的服务来传送数据报文。网络层协议将数据包封装成 IP 数据报，它有四个互联协议。

（1）网际协议（IP）。在主机和网络之间进行数据包的路由转发。

（2）地址解析协议（ARP）。获得同一物理网络中的硬件主机地址。

（3）网际控制报文协议（ICMP）。发送消息，并报告有关数据包的传送错误。

（4）互联组管理协议（IGMP）。IP 主机向本地多路广播路由器报告主机组成员。

下面将重点介绍 IP、ARP、ICMP 三种网络层协议。

（1）IP 协议。IP 地址是一个 32 位的地址，可以在 TCP/IP 网络中说明一台主机的唯一性。如图 2.5 所示，一个 IP 数据报报头的大小为 20 字节。IP 数据报报头中包含一些信息和控制字段，以及 32 位的源 IP 地址和 32 位的目的 IP 地址。这个字段包括一些信息，如 IP 的版本号、长度、服务类型和其他配置。每一个 IP 数据报都是单独的信息，从一个主机传递到另一个主机，主机把收到的 IP 数据报整理成一个可使用的形式。这种开放式的构造使得 IP 层很容易成为黑客的目标。

0		16		31
4 位版本	4 位首部长度	8 位服务类型 TOS	16 位总长度（字节数）	
16 位标识			3 位标识	13 位片偏移
8 位生存时间（TTL）		8 位协议	16 位首部校验和	
32 位源 IP 地址				
32 位目的 IP 地址				
选项（如果有）				
数据				

图 2.5　IP 数据报结构

黑客经常利用一种叫做 IP 欺骗的技术，把源 IP 地址替换成一个错误的 IP 地址，接收主机不能判断源 IP 地址是不正确的，并且上层协议必须执行一些检查来防止这种欺骗。在这层中经常被发现的另外一种策略是利用源路由 IP 数据报，仅仅被用于一个特殊的路径中传输，这种路径被称做源路由，这种数据报被用于击破安全措施，例如防火墙。

使用 IP 欺骗的攻击很有名的一种是 Smurf 攻击。一个 Smurf 攻击向大量的远程主机发送一系列的 ping 请求命令，黑客把源 IP 地址替换成想要攻击的目标主机的 IP 地址。所有的远程计算机都响应这些 ping 请求，然后对目标地址进行回复，而不是回复给攻击者的 IP 地址。目标 IP 地址将被大量的 ICMP 数据报淹没而不能有效工作。Smurf 攻击是一种拒绝服务攻击。

（2）ARP（地址解析协议）。ARP（Address Resolution Protocol）是地址解析协议，是一种将 IP 地址转化成物理地址 MAC 的协议。它靠维持在内存中保存的一张表来使 IP 得以在网络上被目标机器应答。

MAC 地址是 NIC（网络接口卡）的硬件地址。MAC 地址只用于在连接到同一个网络的计算机之间转发帧。它们不能向由路由器互连的其他网络上的计算机发送帧，必须使用 IP 寻址在路由器边界之间转发帧（假设为 TCP/IP 网络）。

为什么要将 IP 转化成 MAC 呢？简单地说，这是因为在 TCP 网络环境下，一个 IP 包走到哪里，需要怎么走，是靠路由表定义的，但是，当 IP 数据报到达该网络后，哪台机器响应这个 IP 数据报却是靠该 IP 数据报中所包含的 MAC 地址来识别，也就是说，只有机器的 MAC 地址和该 IP 数据报中的目的 MAC 地址相同的机器才会应答这个 IP 数据报。因为在网络中，每一台主机都会有发送 IP 数据报的时候，所以，在每台主机的内存中，都有一个 IP→MAC 的转换表，通常是动态的转换表（注意在路由中，该 ARP 表可以被设置成静态），也就是说，该对应表会被主机在需要的时候刷新。

机器是如何利用 ARP 进行工作的呢？某机器 A 要向主机 B 发送报文，会查询本地的 ARP 缓存表，找到 B 的 IP 地址对应的 MAC 地址后，就会进行数据传输。如果未找到，则 A 广播一个 ARP 请求报文（携带主机 A 的 IP 地址 Ia——物理地址 Pa），请求 IP 地址为 Ib 的主机 B 回答物理地址 Pb。网上所有主机包括 B 都收到 ARP 请求，但只有主机 B 识别自己的 IP 地址，于是向 A 主机发回一个 ARP 响应报文。其中就包含有 B 的 MAC 地址，A 接收到 B 的应答后，就会更新本地的 ARP 缓存。接着使用这个 MAC 地址发送数据（由网卡附加 MAC

地址)。因此，本地高速缓存的这个 ARP 表是本地网络流通的基础，而且这个缓存是动态的。ARP 的数据报结构如图 2.6 所示。

硬 件 类 型		协 议 类 型	
硬件地址长度	协议地址长度	操作　请求 1　回答 2	
发送站硬件地址（例如以太网是 6 字节）			
发送站协议地址（例如　IP 是 4 字节）			
目标硬件地址（例如　以太网是 6 字节）			
目标协议地址（例如　IP 是 4 字节）			

图 2.6　ARP 数据报结构

分别从本地通信（同网段主机通信）和远程通信（不同网络的主机通信）两种情况来进一步讲述 ARP 的工作原理。

如图 2.7 所示，两个 TCP/IP 主机，主机 A 和主机 B，都位于同一个物理网络上。主机 A 分配的 IP 地址是 10.0.0.99，主机 B 分配的 IP 地址是 10.0.0.100。

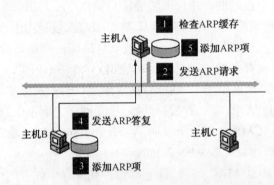

图 2.7　ARP 为本地通信解析 MAC 地址

当主机 A 要与主机 B 通信时，按照表 2.4 所示的步骤可以将主机 B 的 IP 地址（10.0.0.100）解析成主机 B 的硬件地址，主机 B 的硬件地址一旦确定，主机 A 就能向主机 B 发送 IP 数据报。

表 2.4　ARP 为本地通信解析 MAC 地址步骤

1	根据主机 A 上的路由表内容，IP 确定用于访问主机 B 的转发 IP 地址是 10.0.0.100，然后 A 主机在自己本地 ARP 缓存中检查主机 B 的匹配硬件地址
2	如果主机 A 在缓存中没有找到映射，它将询问"10.0.0.100 的硬件地址是什么"，从而将 ARP 请求帧广播到本地网络的所有主机，源主机 A 的硬件（MAC）和软件（IP）地址都包括在 ARP 请求中 本地网络上每台主机都接收到 ARP 请求，并且检查是否与自己的 IP 地址匹配，如果主机未找到匹配值，它将丢弃 ARP 请求
3	主机 B 确定 ARP 请求中的 IP 地址与自己的 IP 地址匹配，将主机 A 的硬件/软件地址映射添加到本地 ARP 缓存中
4	主机 B 将包含其硬件地址的 ARP 回复消息直接发送回主机 A
5	当主机 A 收到从主机 B 发来的 ARP 回复消息时，会用主机 B 的硬件/软件地址映射更新 ARP 缓存

那么当两台主机不在同一网络时，ARP 是如何为远程通信解析 MAC 地址的呢？

在这种情况下，ARP 解析本地网络上的路由器接口的 MAC 地址，如图 2.8 所示。

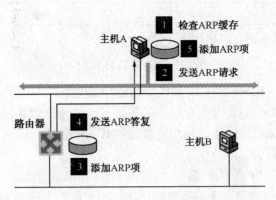

图 2.8　ARP 为远程通信解析 MAC 地址

在此例中，主机 A 分配的 IP 地址是 10.0.0.99，主机 B 使用的 IP 地址是 192.168.0.99。路由器的一个接口与主机 A 在同一物理网络上，使用的 IP 地址是 10.0.0.1。路由器的另一个接口与主机 B 在同一物理网络上，使用的 IP 地址是 192.168.0.1。

当主机 A 要与主机 B 通信时，按照表 2.5 所示的步骤可以将路由器接口 IP 地址（10.0.0.1）解析成硬件 MAC 地址，路由器接口 1 的 MAC 地址一旦确定，主机 A 就能向路由器发送 IP 数据报，为它找到路由器接口 1 的 MAC 地址。然后，路由器通过与本部分中讨论的相同的 ARP 过程将数据报转发到主机 B。

表 2.5　ARP 为远程通信解析 MAC 地址步骤

1	根据主机 A 上的路由表内容，IP 确定用于访问主机 B 的转发 IP 地址是 10.0.0.1，即默认网关的 IP 地址，然后主机 A 在自己本地 ARP 缓存中检查与 10.0.0.1 匹配的硬件地址
2	如果主机 A 在缓存中没有找到映射，它将询问"10.0.0.1 的硬件地址是什么"，从而将 ARP 请求帧广播到本地网络的所有主机，源主机 A 的硬件（MAC）和软件（IP）地址都包括在 ARP 请求中 本地网络上每台主机都接收到 ARP 请求，并且检查是否与自己的 IP 地址匹配，如果主机未找到匹配值，它将丢弃 ARP 请求
3	路由器确定 ARP 请求中的 IP 地址与自己的 IP 地址匹配，将主机 A 的硬件/软件地址映射添加到本地 ARP 缓存中
4	路由器将包含其硬件地址的 ARP 回复消息直接发送回主机 A
5	当主机 A 收到从路由器发来的 ARP 回复消息时，会用路由器 10.0.0.1 的硬件/软件地址映射更新 ARP 缓存

（3）ICMP（网际控制报文协议）。ICMP 经常被认为是 IP 层的一个组成部分，它传递差错报文以及其他需要注意的信息。

ICMP 报文通常被 IP 层或更高层协议（TCP 或 UDP）使用，一些 ICMP 报文把差错报文返回给用户进程，ICMP 报文是在 IP 数据报内部被传输的，如图 2.9 所示。

图 2.9　IP 数据报

ICMP 报文的格式如图 2.10 所示。

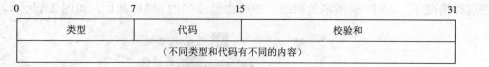

0	7	15	31
类型	代码	校验和	
(不同类型和代码有不同的内容)			

图 2.10   ICMP 数据报结构

网际控制信息协议（ICMP）在 IP 层检查错误和其他条件，一个 ICMP 信息是对于 IP 报头的扩展。一般的 ICMP 信息是非常有用的，例如，当 ping 一台主机想看它是否运行时，就正在产生一条 ICMP 信息，远程主机将用它自己的 ICMP 信息对 ping 请求做出回应。这种过程在多数网络中不成问题。

几乎所有的基于 TCP/IP 的机器都会对 ICMP echo 请求进行响应，所以如果一个敌意主机同时运行很多个 ping 命令，向一个服务器发送超过其处理能力的 ICMP echo 请求时，就可以淹没该服务器使其拒绝其他的服务。另外，ping 命令可以在得到允许的网络中建立秘密通道，从而可以在被攻击系统中开后门进行方便的攻击，如收集目标上的信息并进行秘密通信等，解决该漏洞的措施是拒绝网络上的所有 ICMP echo 响应。

4．传输层安全

传输层是两台计算机经过网络进行数据通信时，第一个端到端的层次，具有缓冲作用。当网络层服务质量不能满足要求时，它将服务加以提高，以满足高层的要求；当网络层服务质量较好时，它只用很少的工作。传输层还可进行复用，即在一个网络连接上创建多个逻辑连接。传输层也称为运输层。传输层只存在于端开放系统中，是介于低三层通信子网系统和高三层之间的一层，但却是很重要的一层。因为它是源端到目的端，对数据传送进行控制从低到高的最后一层。

在 TCP/IP 协议簇中，IP 提供在主机之间传送数据报的能力，每个数据报根据其目的主机的 IP 地址进行在 Internet 中的路由选择。传输层协议为应用层提供的是进程之间的通信服务。为了在给定的主机上能识别多个目的地址，同时允许多个应用程序在同一台主机上工作并能独立地进行数据报的发送和接收，TCP/UDP 提供了应用程序之间传送数据报的基本机制，它们提供的协议端口能够区分一台机器上运行的多个程序。

Internet 在传输层有两种主要的协议。一种是面向连接的协议 TCP；另一种是无连接的协议 UDP。由于 UDP 基本上是在 IP 的基础上增加一个短的报头而得到的，因此比较简单。

（1）TCP（Transfer Control Protocol）传输控制协议。TCP 传输控制协议是 TCP/IP 组中实现可靠数据传送的传输层协议，它通过顺序响应实现对应用程序的虚拟连接服务，在必要的时候进行报转发，与 IP 协议相结合，TCP 代表了网络协议的核心。TCP 数据报结构如图 2.11 所示。

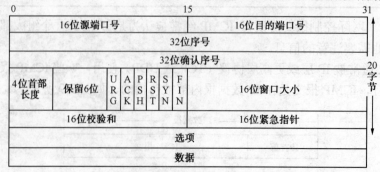

图 2.11   TCP 数据报结构

TCP 在传送数据时是分段进行的，主机交换数据必须建立一个会话。它用比特流通信，即数据被作为无结构的字节流，通过对每个 TCP 数据报传输的字段指定顺序号，以获得可靠性。TCP 是 OSI 参考模型中的第四层，使用 IP 的网间互联功能提供可靠的数据传输，IP 不停地把数据报放到网络上，而 TCP 负责确信数据报的到达。在协同 IP 的操作中，TCP 负责握手过程、报文管理、流量控制、错误检测和处理（控制），可以根据一定的编号顺序对非正常顺序的数据报给予重新排序。

TCP 保证可靠性的工作原理如下所述。

① 应用数据被分割成 TCP 认为最适合发送的数据块，这和 UDP 完全不同，应用程序产生的数据报长度将保持不变。由 TCP 传递给 IP 的信息单位称为数据段或段（segment）。

② 当 TCP 发出一个段后，它启动一个定时器，等待目的端确认收到这个报文段，如果不能及时收到一个确认，将重发这个报文段。

③ 当 TCP 收到发自 TCP 连接另一端的数据，它将发送一个确认，这个确认不是立即发送，通常将推迟几分之一秒。

④ TCP 将保持它首部和数据的检验和，这是一个端到端的检验和，目的是检测数据在传输过程中的任何变化。如果收到段的检验和有差错，TCP 将丢弃这个报文段和不确认收到此报文段（希望发送端超时并重发）。

⑤ 既然 TCP 报文段作为 IP 数据报来传输，而 IP 数据报的到达可能会失序，因此 TCP 报文段的到达也可能会失序。如果必要，TCP 将对收到的数据进行重新排序，将收到的数据以正确的顺序交给应用层。

⑥ TCP 还能提供流量控制。TCP 连接的每一方都有固定大小的缓冲空间，TCP 的接收端只允许另一端发送接收端缓冲区所能接纳的数据。这将防止较快主机致使较慢主机的缓冲区溢出。

虽然 TCP 协议在建立连接和传输数据方面保证了可靠性，但是它在建立连接的过程中的三次握手仍然被黑客利用，从而进行攻击。

（2）UDP（User Datagram Protocol）用户数据报协议。UDP 主要用来支持那些需要在计算机之间传输数据的网络应用，包括网络视频会议系统在内的众多的客户/服务器模式的网络应用都需要使用 UDP 协议。

UDP 协议的主要作用是将网络数据流量压缩成数据报的形式。一个典型的数据报就是一个二进制数据的传输单位。每一个数据报的前 8 个字节用来包含报头信息，剩余字节则用来包含具体的传输数据。

UDP 首部各字段如图 2.12 所示。

16位源端口号	16位目的端口号	8个字节
16位UDP长度	16位UDP校验和	
数据（如果有）		

图 2.12　UDP 首部

UDP 协议使用端口号为不同的应用保留其各自的数据传输通道。UDP 和 TCP 协议正是采用这一机制实现对同一时刻内多项应用同时发送和接收数据的支持。数据发送一方（可以是客户端或服务器端）将 UDP 数据报通过源端口发送出去，而数据接收一方则通过目标端口接收数据。有的网络应用只能使用预先为其预留或注册的静态端口；而另外一些网络应用则可以使用未被注册的动态端口。因为 UDP 报头使用两个字节存放端口号，所以端口号的有效范围是从 0～65 535。一般来说，大于 49 151 的端口号都代表动态端口。

UDP 协议使用报头中的校验值来保证数据的安全，校验值首先在数据发送方通过特殊的算法计算得出，在传递到接收方之后，还需要再重新计算。如果某个数据报在传输过程中被第三方篡改或者由于线路噪声等原因受到损坏，发送方和接收方的校验计算值将不会相符，由此 UDP 协议可以检测是否出错。

UDP 和 TCP 协议的主要区别是两者在实现信息的可靠传递方面不同。TCP 协议中包含了专门的传递保证机制，当数据接收方收到发送方传来的信息时，会自动向发送方发出确认消息，发送方只有在接收到该确认消息之后才继续传送其他信息，否则将一直等待直到收到确认信息为止。与 TCP 不同，UDP 协议并不提供数据传送的保证机制。如果从发送方到接收方的传递过程中出现数据报的丢失，协议本身并不能做出任何检测或提示。因此，通常人们把 UDP 协议称为不可靠的传输协议。

既然 UDP 是一种不可靠的网络协议，那么还有什么使用价值或必要呢？在有些情况下，UDP 协议可能会变得非常有用，因为 UDP 具有 TCP 所望尘莫及的速度优势。虽然 TCP 协议中植入了各种安全保障功能，但是在实际执行的过程中会占用大量的系统开销，无疑使速度受到严重的影响。反观 UDP，由于排除了信息可靠传递机制，将安全和排序等功能移交给上层应用来完成，极大地降低了执行时间，使速度得到保证。

5. 应用层安全

该层的安全问题主要由提供服务所采用的应用软件和数据的安全性产生，包括 Web 服务、电子邮件系统、DNS 等，此外，还包括病毒对系统的威胁。

网络层和传输层的安全协议允许为主机和进程之间的数据通道增加安全属性。本质上，这意味着真正的数据通道还是建立在主机和进程之间，但却不可能区分在同一通道上传输的一个具体文件的安全性要求。比如说，如果一个主机与另一个主机之间建立起一条安全的 IP 通道，那么所有在这条通道上传输的 IP 包都要自动地被加密；同样，如果一个进程和另一个进程之间通过传输层安全协议建立起了一条安全的数据通道，那么两个进程间传输的所有消息就都要自动地被加密。

如果现在想要区分一个具体文件的不同的安全性要求，那就必须借助于应用层的安全性。提供应用层的安全服务实际上是最灵活的处理单个文件安全性的手段。例如，一个电子邮件系统可能需要对将发出的信件的个别段落实施数据签名，较低层的协议提供的安全功能一般不会知道要发出的信件的段落结构，从而不可能知道该对哪一部分进行签名，只有应用层是唯一能够提供这种安全服务的层。

一般来说，在应用层提供安全服务有几种可能的做法。第一个想到的做法大概就是对每个应用（及应用协议）分别进行修改，一些重要的 TCP/IP 应用已经这样做了，在 RFC 1421 至 1424 中，IETF 规定了私用强化邮件（PEM）来为基于 SMTP 的电子邮件系统提供安全服务。

建立一个符合 PEM 规范的 PKI 需要一个过程，因为它需要多方在一个共同点上达成信任。作为一个中间步骤，Phil Zimmermann 开发了一个软件包，叫做 PGP（Pretty Good Privacy），第 3 章将介绍 PGP 软件进行邮件加密的过程。

2.3 协议层安全的相关实验

在 IT 领域中，网络管理员的工作是繁重且辛苦的，原因在于导致网络问题的原因是极其复杂的，而有些问题貌似网络问题，其实是另有原因，从而给网络管理工作增添了很多负担。那么怎样才能快速且正确地判断是否是网络出了问题，以及如何确保网络高性能、高可靠性地运行？sniffer 工具的使用应该是网管人员掌握的一门技能。

Sniffer 软件是 NAI 公司推出的功能强大的协议分析软件。本节针对用 Sniffer Pro 网络分析器进行故障解决，利用 Sniffer Pro 网络分析器的强大功能和特征，解决网络问题，将介绍一套合理的故障解决方法。

与 Netxray 比较，Sniffer 支持的协议更丰富，例如，PPPOE 协议等在 Netxray 下并不支持，而在 Sniffer 上能够进行快速解码分析。Netxray 不能在 Windows 2000 和 Windows XP 上正常运行，而 Sniffer Pro 4.6 以上版本可以运行在各种 Windows 平台上。Sniffer 软件比较大，运行时需要的计算机内存比较大，否则运行比较慢，这也是它与 Netxray 相比的一个缺点。

另外现在也有很多其他的协议分析软件，比如国外的 EtherPeek，还有国内自主研发的科来网络分析系统等，这些软件在检测某些特定攻击方面各有优势，但是 Sniffer 出现的较早，功能相对强大，所以仅以它为例讲解，其他的系统请读者自学。

Sniffer 工作在局域网的环境中，sniffer 将网络接口设定为混合模式。这样，它就可以监听到所有流经同一网段的数据包，不管它的接受者或发送者是不是运行 sniffer 的主机。sniffer 工作在网络环境中的底层，它会拦截所有的正在网络上传送的数据，并且通过相应的程序处理，可以实时分析这些数据的内容，进而分析所处的网络状态和整体布局。Sniffer 软件具有捕获和分析网络流量、利用专家分析系统诊断问题、实时监控网络活动、收集网络利用率和错误等功能，相关功能的详细介绍可以参考 Sniffer 的在线帮助。

2.3.1 使用 Sniffer 工具进行捕包分析

1．实验目的

通过实验，掌握 Sniffer 抓包工具的基本使用方法，以及使用 Sniffer 捕获的报文进行网络流量的监控、网络状况和性能的判断。

2．实验条件

实验需要搭建一个局域网环境，各个计算机（已经安装 Windows 2000 Professional 或 Windows Server 2003 操作系统和网卡）通过交换机连接，每台计算机设置确定的 IP 地址，在其中一台计算机上安装 Sniffer Pro 协议分析软件，通过它捕获的报文进行协议的分析，同时进行网络性能和数据流量的监控，观察业务运行的状态。图 2.13 为采用交换机连接计算机的实验拓扑图。

如果采用虚拟机环境，则将两台虚拟机连接在虚拟交换机 Vmnet1 之上，并设为同一个网段，如图 2.14 所示。

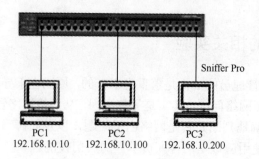

图 2.13 局域网进行网络监听

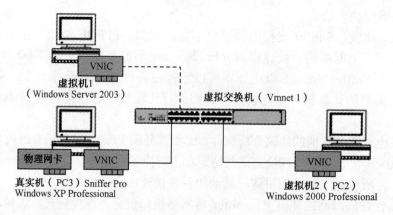

图 2.14 虚拟机环境进行网络监听

3. 实验内容和步骤

（1）在进行流量捕获之前首先选择网卡，确定从计算机的哪个网卡上接收数据。位置为 File→Select Settings，选择网络适配器后才能正常工作，如图 2.15 所示。

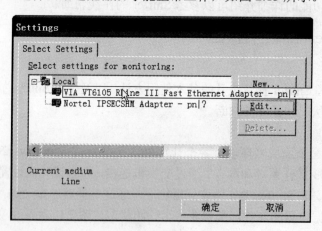

图 2.15 选择网卡

（2）报文捕获功能可以在报文捕获面板中完成。图 2.16 所示是捕获面板的功能图，图中显示的是处于开始状态的面板。

（3）网络监视面板。Dashboard 可以监控网络的利用率、流量及错误报文等内容，如图 2.17 所示。

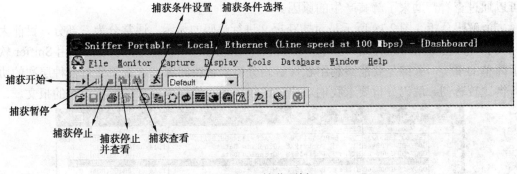

图 2.16　捕获面板

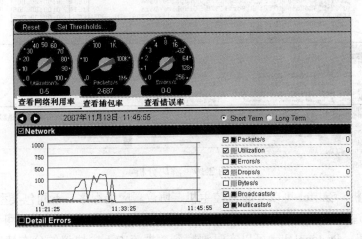

图 2.17　网络监视面板

（4）专家分析。Sniffer 软件提供了强大的分析能力和解码功能。如图 2.18 所示，对于捕获的报文提供了一个 Expert 专家分析系统进行分析，还有解码选项及图形和表格的统计信息。

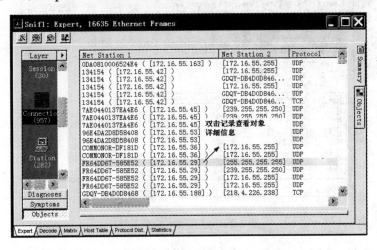

图 2.18　专家诊断

专家分析系统提供了一个智能的分析平台，对网络上的流量进行了一些分析。对于分析出的诊断结果可以查看在线帮助获得。

对于某项统计分析，可以通过用鼠标双击此条记录来查看详细的统计信息，对于每一项还可以通过查看帮助来了解其产生的原因。

（5）解码分析。图 2.19 所示是对捕获报文进行解码的显示，通常分为三部分，目前大部分此类软件结构都采用这种结构显示。工具软件只是提供一个辅助的手段，使用 Sniffer 软件是很简单的事情，关键是要能够利用软件解码分析来解决问题，这就需要对各种层次的协议了解得比较透彻。解码分析要求我们对协议比较熟悉，这样才能看懂解析出来的报文。

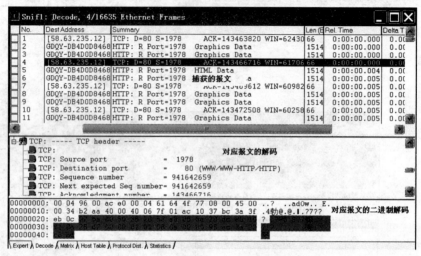

图 2.19　解码分析

（6）统计分析。Sniffer 可以实时监控主机、协议、应用程序、不同包类型等的分布情况。其中，Matrix 通过连线，可以形象地看到不同主机之间的通信；Host Table 可以查看通信量最大的前 10 位主机；Protocol dist 可以实时观察到数据流中不同协议的分布情况。

（7）设置捕获条件。基本的捕获条件有两种，如图 2.20 所示。

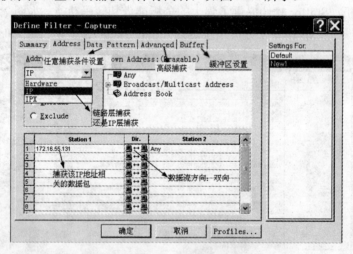

图 2.20　定义基本捕获条件

① 链路层捕获。按源 MAC 和目的 MAC 地址进行捕获，输入方式为十六进制连续输入，例如，00E0FC123456。

② IP 层捕获。按源 IP 和目的 IP 进行捕获。输入方式为点间隔方式，例如，172.16.55.131。如果选择 IP 层捕获条件，则 ARP 等报文将被过滤掉。

（8）高级捕获条件。在"Advance"页面下，可以编辑协议捕获条件，如图 2.21 所示。

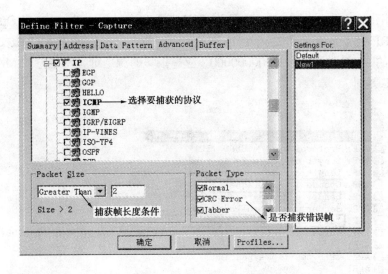

图 2.21　定义高级捕获

在协议选择树中，可以选择需要捕获的协议条件，如果什么都不选，则表示忽略该条件，捕获所有的协议。在捕获帧长度条件下，可以捕获等于、小于、大于某个值的报文。在是否捕获错误帧一栏，可以选择当网络上有如下错误时是否捕获。保存过滤规则"Profiles"按钮可以将当前设置的过滤规则进行保存，在捕获主面板中，可以选择所保存的捕获条件。

（9）数据报文的解码。Sniffer 在解码表中分别对每一个层次协议进行解码分析，如链路层、网络层、传输层和应用层协议等，Sniffer 可以针对众多协议进行详细的结构化解码分析，并通过树形结构良好地表现出来，图 2.22 为解码 IP 包实例。

图 2.22 为 Sniffer 对 IP 协议首部的解码分析结构，与 IP 首部各个字段相对应，并给出了各个字段值所表示含义的英文解释。例如，图 2.22 报文协议（Protocol）字段的编码为 0x11，通过 Sniffer 解码分析转换为十进制的 17，代表 UDP 协议。其他字段的解码含义与此类似，只要对协议理解得比较清楚，对解码内容的理解就会变得很容易。

```
IP: ----- IP Header -----
IP:
IP: Version = 4, header length = 20 bytes
IP: Type of service = 00
IP:       000. .... = routine
IP:       ...0 .... = normal delay
IP:       .... 0... = normal throughput
IP:       .... .0.. = normal reliability
IP:       .... ..0. = ECT bit - transport protocol will ignore the CE bit
IP:       .... ...0 = CE bit - no congestion
IP: Total length    = 165 bytes
IP: Identification  = 38476
IP: Flags           = 0X
IP:       .0.. .... = may fragment
IP:       ..0. .... = last fragment
IP: Fragment offset = 0 bytes
IP: Time to live    = 1 seconds/hops
IP: Protocol        = 17 (UDP)
IP: Header checksum = 4FC4 (correct)
IP: Source address = [172.16.55.45], 7AE0440137EA4E6
IP: Destination address = [239.255.255.250]
IP: No options
IP:
UDP: ----- UDP Header -----
UDP:
UDP: Source port      = 4441
UDP: Destination port = 1900
```

图 2.22　解码 IP 包

图 2.23 和图 2.24 分别为 Sniffer 解码的 ARP 请求和应答报文的结构。当 Opcode 字段为 1 时，表示该 ARP 报文为请求报文；当 Opcode 字段值为 2 时，表示该 ARP 报文为应答报文。请求报文的目的 MAC 地址为 000000000000，应答报文的源地址（发送方的 MAC）即是请求方询问的 MAC 地址。

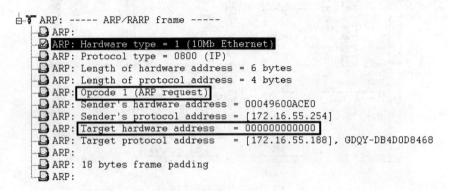

```
白▼ ARP: ----- ARP/RARP frame -----
   ARP:
   ARP: Hardware type = 1 (10Mb Ethernet)
   ARP: Protocol type = 0800 (IP)
   ARP: Length of hardware address = 6 bytes
   ARP: Length of protocol address = 4 bytes
   ARP: Opcode 1 (ARP request)
   ARP: Sender's hardware address = 00049600ACE0
   ARP: Sender's protocol address = [172.16.55.254]
   ARP: Target hardware address   = 000000000000
   ARP: Target protocol address   = [172.16.55.188], GDQY-DB4D0D8468
   ARP:
   ARP: 18 bytes frame padding
   ARP:
```

图 2.23　ARP 请求报文解码

```
白▼ ARP: ----- ARP/RARP frame -----
   ARP:
   ARP: Hardware type = 1 (10Mb Ethernet)
   ARP: Protocol type = 0800 (IP)
   ARP: Length of hardware address = 6 bytes
   ARP: Length of protocol address = 4 bytes
   ARP: Opcode 2 (ARP reply)
   ARP: Sender's hardware address = 000461644F77
   ARP: Sender's protocol address = [172.16.55.188], GDQY-DB4D0D8468
   ARP: Target hardware address   = 00049600ACE0
   ARP: Target protocol address   = [172.16.55.254]
   ARP:
   ARP: 18 bytes frame padding
   ARP:
```

图 2.24　ARP 应答报文解码

2.3.2　捕获 FTP 数据包并进行分析

1．实验目的

通过实验，掌握使用 Sniffer 捕获特定协议数据包的一般方法，并对数据包进行协议分析，发现有价值的信息。

2．实验条件

使用 Sniffer 捕获 FTP 数据包的实验网络可参看 2.3.1 的实训环境来构建，如图 2.14 所示。A 主机 IP 地址为 172.16.55.188，Sniffer Pro 服务器的 IP 地址为 172.16.55.18。

3．实验内容和步骤

（1）假设安装 Sniffer Pro 的服务器，监视主机 A（IP：172.16.55.188）的活动，首先在嗅探器上选中 Monitor 菜单下的 Matrix，此时可以看到网络中的 Traffic Map 视图，如图 2.25 所示，可以单击左下角的 MAC、IP 或 IPX，使 Traffic Map 视图显示相应主机的 MAC 地址、IP 地址或 IPX 地址。

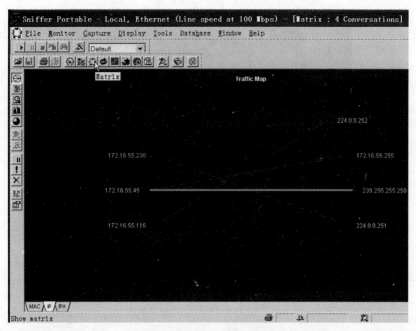

图 2.25　显示当前交通图

（2）单击菜单中的 Capture→Define Filter→Advanced，再选中 IP→TCP→FTP，如图 2.26 所示，然后单击"确定"按钮。

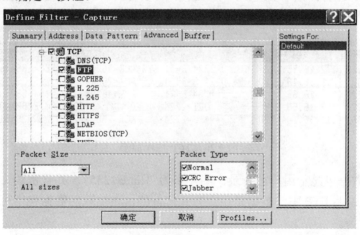

图 2.26　选择捕获 FTP 协议

（3）回到 Traffic Map 视图中，用鼠标选中要捕捉的 A 主机 IP 地址 172.16.55.188，选中后 IP 地址以白底高亮显示。此时，单击鼠标右键，选中"Capture"或者单击捕获报文快捷键中的"开始"按钮，如图 2.27 所示，Sniffer 则开始捕捉 172.16.55.188 主机的有关 FTP 协议的数据包。

（4）现在 A 主机开始登录一个 FTP 服务器 211.66.184.220，A 在 IE 地址栏内输入"ftp://ftp2.gdqy.edu.cn"，FTP 服务器要求输入用户名和密码，客户端 A 输入用户名"linda1235"，密码"12345"，登录 FTP 服务器成功，可以浏览和下载服务器上的文件。同时 Sniffer 也在对此次活动进行记录和捕包。

（5）Sniffer Pro 服务器此时从 Capture Panel 中看到捕获数据包已经达到一定数量，单击"Stop and Display"按钮，停止抓包。

图 2.27　选择捕获 B 主机相关的报文

（6）Sniffer Pro 停止抓包后，单击窗口左下角的 "Decode" 选项，窗中会显示所捕捉的数据，并分析捕获的数据包，如图 2.28 所示。

① 在捕获报文的窗口中数据包是 TCP 连接，可以看到端口 21，说明连接的是 FTP 服务器。

② 捕获的数据包显示了 TCP 连接过程中的三次握手。

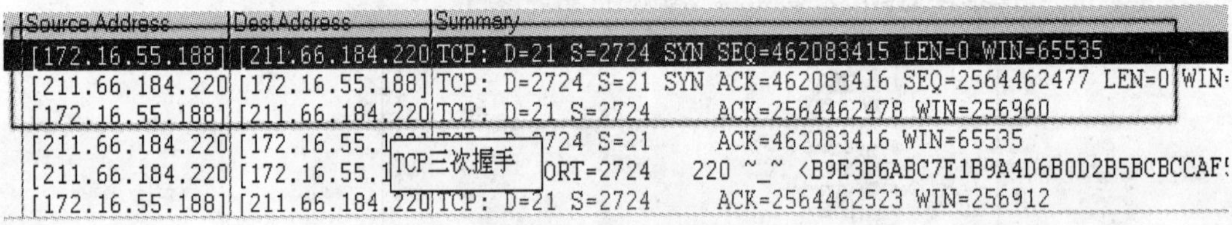

Source Address	Dest Address	Summary
[172.16.55.188]	[211.66.184.220]	TCP: D=21 S=2724 SYN SEQ=462083415 LEN=0 WIN=65535
[211.66.184.220]	[172.16.55.188]	TCP: D=2724 S=21 SYN ACK=462083416 SEQ=2564462477 LEN=0 WIN:
[172.16.55.188]	[211.66.184.220]	TCP: D=21 S=2724　　ACK=2564462478 WIN=256960
[211.66.184.220]	[172.16.55.1]	TCP: D=2724 S=21　　ACK=462083416 WIN=65535
[211.66.184.220]	[172.16.55.1]	ORT=2724　220 ~_~ <B9E3B6ABC7E1B9A4D6B0D2B5BCBCCAF5
[172.16.55.188]	[211.66.184.220]	TCP: D=21 S=2724　　ACK=2564462523 WIN=256912

（中间标注：TCP三次握手）

图 2.28　TCP 三次握手

③ 其中一数据包显示用户已登录，用户名为 "linda1235"，并且密码为 "12345"，如图 2.29 所示。这正说明 FTP 中的数据是明文方式传输的，在捕获的数据包中可以分析到被监听的主机的任何行为。

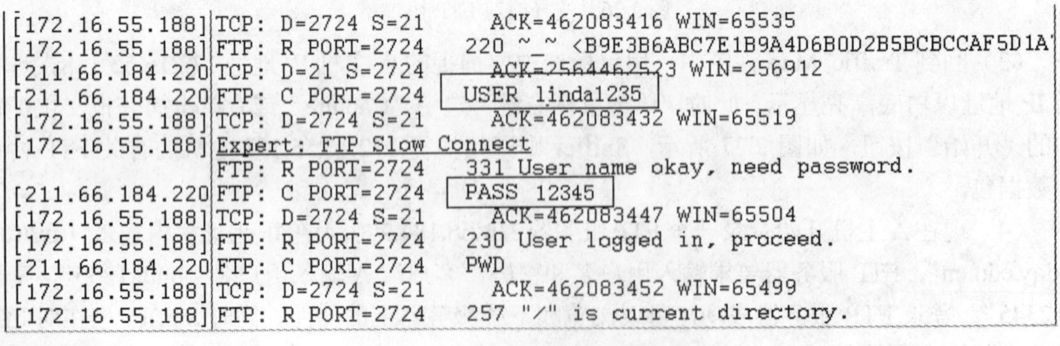

```
[172.16.55.188] TCP: D=2724 S=21      ACK=462083416 WIN=65535
[172.16.55.188] FTP: R PORT=2724      220 ~_~ <B9E3B6ABC7E1B9A4D6B0D2B5BCBCCAF5D1A1
[211.66.184.220] TCP: D=21 S=2724     ACK=2564462523 WIN=256912
[211.66.184.220] FTP: C PORT=2724     USER linda1235
[172.16.55.188] TCP: D=2724 S=21      ACK=462083432 WIN=65519
[172.16.55.188] Expert: FTP Slow Connect
                FTP: R PORT=2724      331 User name okay, need password.
[211.66.184.220] FTP: C PORT=2724     PASS 12345
[172.16.55.188] TCP: D=2724 S=21      ACK=462083447 WIN=65504
[172.16.55.188] FTP: R PORT=2724      230 User logged in, proceed.
[211.66.184.220] FTP: C PORT=2724     PWD
[172.16.55.188] TCP: D=2724 S=21      ACK=462083452 WIN=65499
[172.16.55.188] FTP: R PORT=2724      257 "/" is current directory.
```

图 2.29　捕捉到用户名和密码

2.4 超越与提高

2.4.1 传输层安全协议

传输层安全协议的目的是为了保护传输层的安全，并在传输层上提供实现保密、认证和完整性的方法。

1. SSL（安全套接字层协议）

SSL（Secure Socket Layer）是由 Netscape 设计的一种开放协议。它指定了一种在应用程序协议（例如 http、telnet、NNTP、FTP）和 TCP/IP 之间提供数据安全性分层的机制，它为 TCP/IP 连接提供数据加密、服务器认证、消息完整性以及可选的客户机认证。SSL 被视为 Internet 上 Web 浏览器和服务器的安全标准。

SSL 的主要目的是在两个通信应用程序之间提供私密性和可靠性，这个过程通过三个元素来完成，即握手协议、记录协议和警告协议。图 2.30 为 SSL 通信示意图。

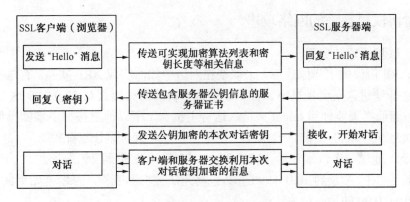

图 2.30 SSL 通信示意图

对如图 2.30 所示的示意图进行说明，为了说明方便，本文称客户端为 C，服务器端为 S。

（1）C→S，（发起对话，协商传送加密算法）。"你好，S！我想和你进行安全对话，我的对称加密算法有 DES 和 RC5，我的密钥交换算法有 RSA 和 DH，摘要算法有 MD5 和 SHA"。

（2）S→C，（发送服务器数字证书）。"你好，C！那我们就使用 DES－RSA－SHA 这对组合进行通信，为了证明我确实是 S，现在发送我的数字证书给你，你可以验证我的身份"。

（3）C→S，（传送本次对话的密钥，检查 S 的数字证书是否正确，通过 CA 机构颁发的证书验证了 S 证书的真实有效性后，生成了利用 S 的公钥加密的本次对话的密钥，发送给 S）。"S，我已经确认了你的身份，现在将我们本次通信中使用的对称加密算法的密钥发送给你"。

（4）S→C，（获取密钥，S 用自己的私钥解密获取本次通信的密钥）。"C，我已经获取了密钥，我们可以开始通信了"。

（5）S←→C，进行通信。

2. SSH（安全外壳协议）

SSH 是一种在不安全网络上用于安全远程登录和其他安全网络服务的协议。它提供了安全远程登录、安全文件传输和安全 TCP/IP，在和 Windows 系统进行通信转发时，它可以自动加密、认证并压缩所传输的数据。

正在进行的定义 SSH 协议的工作是为了确保 SSH 协议可以提供强健的安全性，防止密码分析和协议攻击，可以在设有全球密钥管理或证书基础设施的情况下工作得非常好，并且在可用时可以使用自己已有的证书基础设施（例如 DNSSEC 和 X.509）。

SSH 传输层是一种安全的低层传输协议。它提供了强健的加密、加密主机认证和完整性保护。SSH 中的认证是基于主机的，它不执行用户认证。可以在 SSH 的上层为用户认证设计一种高级协议。

SSH 协议设计得相当简单而灵活，它允许参数协商，使得传输消息的来回次数达到最小。密钥交互、公钥算法、对称加密算法、消息认证算法以及哈希算法等都需要协商。

数据完整性是通过在每个包中包括一个消息认证代码（MAC）来保护的，这个 MAC 是根据一个共享密钥、包序列号和包的内容计算得到的。

在 UNIX、Windows 和 Macintosh 系统上都可以找到 SSH 实现。它是一种广为接受的协议，使用众所周知的加密、完整性和公钥算法。

2.4.2 针对协议层缺陷的网络攻击

1．ARP 欺骗原理与实现

在了解 ARP 协议的工作原理后，来谈谈在网络中如何实现 ARP 欺骗。有这样一个例子：一个入侵者想非法进入某台主机 A，他知道这台主机的防火墙只对 10.0.0.99 这个 IP 开放 23 口（telnet），而他必须要使用 telnet 来进入这台主机 A，所以他要按如下步骤操作。

（1）他先研究 10.0.0.99 的这台机器，使用一个 oob 就可以让它死掉。

（2）于是，他送一个洪水包给 10.0.0.99 的 139 口，该机器应包而死。

（3）这时，主机 A 发到 10.0.0.99 的 IP 包将无法被机器应答，系统开始更新自己的 ARP 对应表，将 10.0.0.99 的项目擦去。

（4）这段时间里，入侵者把自己的 IP 改成 10.0.0.99。

（5）他发一个 ping（icmp 0）给主机 A，要求主机更新 ARP 转换表。

（6）主机 A 找到该 IP，然后在 ARP 表中加入新的 IP-->MAC 对应关系。

（7）防火墙失效了，入侵的 IP 变成合法的 MAC 地址，可以 telnet 主机 A 了。

现在，假如该主机不只提供 telnet，它还提供 r 命令（rsh，rcopy，rlogin 等），那么，所有的安全约定将无效，入侵者可以放心地使用这台主机的资源而不用担心被记录什么。有人也许会说，这其实就是冒用 IP 嘛。是冒用了 IP，但决不是 IP 欺骗，IP 欺骗的原理比这要复杂得多，实现的机理也完全不一样。上面就是一个 ARP 的欺骗过程，这是在同网段发生的情况。但是，提醒注意的是，利用交换机或网桥是无法阻止 ARP 欺骗的，只有路由分段才是有效的阻止手段。

目前实现 ARP 欺骗的工具很多，建议学生可以在自己的局域网内部或者是虚拟机环境下进行 ARP 欺骗实验，不允许在校园网环境下进行 ARP 攻击，这是违反网络安全法律法规的，这里特此说明。网络执法官可以穿透防火墙，实时监控、记录整个局域网用户的上线情况，可限制各用户上线时所用的 IP、时段，并可将非法用户踢出局域网。下面使用网络执法官这款工具来实现 ARP 的欺骗，使局域网中的某主机不能上网。

安装下载网络执法官安装程序，然后运行程序，如图 2.31 所示。

打开网络执法官主程序，首先会扫描局域网中的主机，并将其显示到用户列表面板中。用户可以右击选中某台主机，然后选择手工管理，在弹出的管理窗口中选中 IP 地址冲突，如图 2.32 所示。

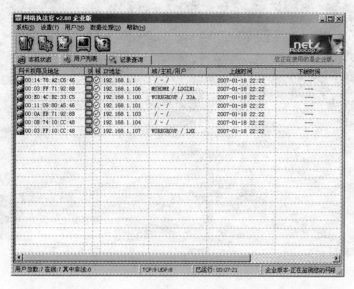

图 2.31 监测网络

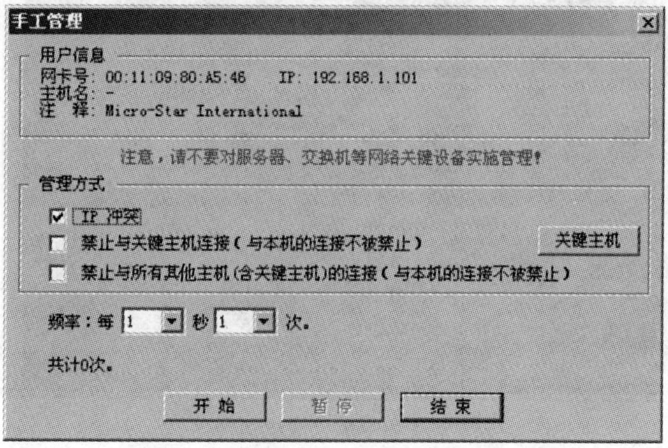

图 2.32 手工管理

然后单击"开始"按钮，这时在另一台主机中可以发现，系统马上会弹出 IP 地址冲突的提示，如图 2.33 所示。

使用网络执行官不仅可以占用其他主机的 IP 地址，使其冲突，而且可以使主机断开网络。首先在其他客户端查看网络连接状态，如图 2.34 所示。

这时客户机是可以 Ping 通百度网站的。下面在安装网络执法官的主机上打开网络执法官，然后选中要断开的主机的 MAC 地址，选择"手工管理"，然后在弹出的设置窗口中，选择管理方式的第三个"禁止与所有其他主机（含关键主机）的连接（与本机的连接不被禁止）"，如图 2.35 所示。

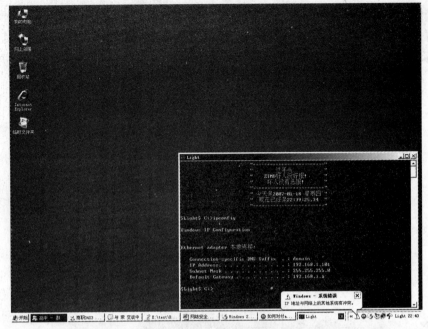

图 2.33 攻击效果

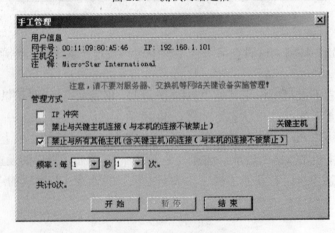

图 2.34 测试网络通信

图 2.35 设置手工管理

然后单击"开始"按钮，如图 2.36 所示。

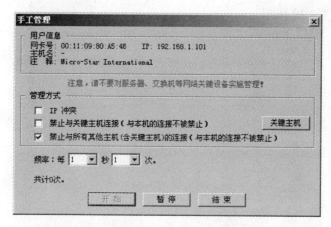

图 2.36　开始攻击

这时攻击已经开始了。然后返回已被攻击的主机，用 ping 命令来测试攻击是否有效，如图 2.37 所示。

图 2.37　测试攻击效果

这时被攻击的主机已经无法向百度服务器发送 ICMP 数据包了。下面打开 IE 浏览器，在地址中输入"www.baidu.com"进行测试，结果如图 2.38 所示。

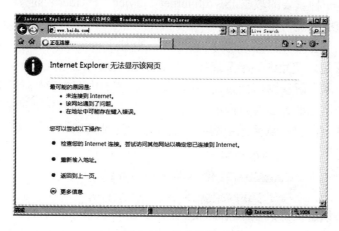

图 2.38　攻击结果

这时 IE 无法浏览百度网站了。然后回到网络执法官，单击"暂停"和"结束"按钮停止对对方的攻击，如图 2.39 所示。

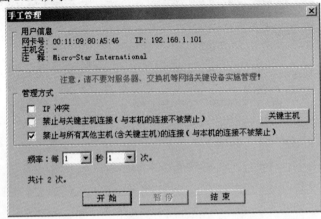

图 2.39　停止攻击

　　然后回到被攻击的主机，将网卡禁用再选择启用，再访问百度网站测试，这时网络已经恢复正常，能够正常访问 Internet 了。

2. 利用 TCP 协议的三次握手原理进行的攻击

　　（1）拦截 TCP 连接。攻击者可以使 TCP 连接的两端进入不同步状态，入侵者主机向两端发送伪造的数据包。冒充被信任主机建立 TCP 连接，用 SYN 淹没被信任的主机，并猜测三步握手中的响应，建立多个连接到信任主机的 TCP 连接，获得初始序列号 ISN（Initial Serial Number）和 RTT，然后猜测响应的 ISN，因为序列号每隔半秒加 64000，每建立一个连接加 64000。

　　预防的方法是，使所有的 r*命令失效，让路由器拒绝来自外面的与本地主机有相同的 IP 地址的包。RARP 查询可用来发现与目标服务器处在同一物理网络的主机的攻击。另外 ISN 攻击可通过让每一个连接的 ISN 随机分配，防止每隔半秒加 64000。

　　（2）使用 TCP SYN 报文段淹没服务器。利用 TCP 建立连接的三步骤的缺点和服务器端口允许的连接数量的限制，窃取不可达 IP 地址作为源 IP 地址，使得服务器端得不到 ACK 而使连接处于半开状态，从而阻止服务器响应别的连接请求。尽管半开的连接会因过期而关闭，但只要攻击系统发送的 spoofed SYN 请求的速度比过期的快，就可以达到攻击的目的。这种攻击的方法一直是一种重要的攻击 ISP（Internet Service Provider）的方法，这种攻击并不会损害服务，但会使服务能力削弱。

　　解决这种攻击的办法是，给 UNIX 内核加一个补丁程序，或使用一些工具对内核进行配置。一般的做法是，使允许的半开连接的数量增加，允许连接处于半开状态的时间缩短。但这些并不能从根本上解决这些问题。实际上，在系统的内存中有一个专门的队列包含所有的半开连接，这个队列的大小是有限的，因而只要有意使服务器建立过多的半开连接就可以使服务器的这个队列溢出，从而无法响应其他客户的连接请求。

本　章　小　结

　　本章讨论了协议层安全的基本问题，包括 TCP/IP 协议参考模型的四层体系结构特点，以及各协议层的功能和相关协议的工作原理，使学生对各协议技术和原理有个清晰的掌握，为协议层分析打下牢固的基础，同时重点介绍了各协议层的安全知识和安全协议，以及安全隐患和漏洞，还有一些由于协议层的安全缺陷导致的网络攻击。在实验环节，介绍了协议分析软件 Sniffer Pro 的使用，并以"Sniffer 捕捉 FTP 协议数据包进行分析"为例详细说明了 Sniffer 在网络安全管理方面的重要作用。

本 章 习 题

1. 每题有且只有一个最佳答案，请把正确答案的编号填在每题后面的括号中。

（1）基于网络层的攻击是（　　　）。

A．TCP 会话拦截　　　　　　　　B．ping of death

C．网络嗅探　　　　　　　　　　D．DNS 欺骗

（2）下列哪个选项不是为了 TCP 协议保证可靠性传输？（　　　）

A．流量控制　　　　　　　　　　B．发送确认

C．端对端的校验　　　　　　　　D．数据包含端口号

（3）UDP 是一种不可靠的网络协议，因为（　　　）。

A．它不提供端对端的数据传输

B．不对传输数据进行校验

C．不提供数据传送的保证机制，即不发送确认包

D．执行时占用系统大量开销

（4）网络进行嗅探，做嗅探器的服务器的网卡必须设置成（　　　）。

A．广播方式　　　　　　　　　　B．组播方式

C．直接方式　　　　　　　　　　D．混杂方式

（5）下面利用 TCP 的三次握手原理进行的攻击是（　　　）。

A．IP 欺骗　　　B．SYN Flood　　　C．Smurf 攻击　　　D．Land 攻击

（6）下列哪一项不是防范网络监听的手段？（　　　）

A．网络分段　　　B．使用交换机　　　C．加密　　　　D．身份验证

2. 选择合适的答案填入空白处。

（1）攻击者进行网络监听是对＿＿＿＿＿＿层进行攻击。

（2）传输层的两个安全协议是＿＿＿＿＿和＿＿＿＿＿。

（3）一个网络接口响应两种数据帧：＿＿＿＿＿＿＿和＿＿＿＿＿＿。

（4）＿＿＿＿＿＿＿＿＿＿是本地网络通信的基础，可以使本地计算机之间通信的速度加快。

（5）＿＿＿＿＿＿＿＿＿＿攻击结合使用了 IP 欺骗和 ICMP 回复方法，使大量网络传输充斥目标系统，引起目标系统拒绝为正常系统进行服务。

（6）＿＿＿＿＿＿＿＿＿协议是一种在不安全网络上用于安全远程登录和其他安全网络服务的协议。

3. 简要回答下列问题。

（1）简述 ARP 协议的工作过程。

（2）网络监听的基本原理是什么？如何防范网络监听？

（3）请上网查找除 Sniffer Pro 之外的其他网络嗅探器，比较它们之间的优缺点。

（4）什么是 ARP 欺骗技术。

（5）SSL 协议的工作原理。

第 3 章　密码技术

同学们，你们是否曾经担心过自己在上网发邮件时你的邮件被他人截获，你和他人的通信内容被别人一览无余？你们是否有过这样的经历，在使用"网上银行"业务进行转账交易，账户和密码被幕后黑手悄悄记下，银行卡内储蓄不翼而飞？你知不知道也许你刚才进入的银行网卡是个黑客网站？请不要恐惧，其实这些都可以避免，这些并不神秘，只需要学好这一章，就可以安全发邮件，放心地进行网上交易。

你将学习

◇ 密码的概念，对称密码体制和非对称密码体制。
◇ 数字签名和数字证书。
◇ 公钥基础设施 PKI 和证书授权中心 CA 的基础。

你将获取

△ 使用第三方加密软件 PGP 进行邮件或文件的加密、签名。
△ 颁发证书和从证书授权单位取得证书方法。
△ 使用数字证书在 Outlook 中进行邮件的加密和签名。

3.1　案例问题

3.1.1　案例说明

1. 背景描述

（1）某高校的期末考试前期，教师纷纷开始准备期末考试题，恰巧张老师和王老师任同一门课——C 语言程序设计，两位老师协商由一位老师先来出题，最后两个老师再交换意见。结果，张老师负责出题，题目很快就出好了，张老师想马上让王老师评阅试题，以便有意见马上修改，于是，张老师通过 E-mail 的方式把 A、B 卷两份试题以附件的方式发送，邮件主题注明"内部资料，请勿传阅"。谁料，在考试当天，考场上竟搜出和考试试题几乎一模一样的资料，监考老师马上意识到问题的严重性，试题泄露了，当然这属于严重的教学事故，可是试题究竟是怎样泄露的呢？此试题仅由张老师和王老师看过，没有第三个人看过啊？

（2）曾经有九名通过网络炒股的股民在"银广夏"复牌"跳水"时期，被莫名其妙地盗卖而后又盗买了大量股票，总损失超过 12 万元！也就是说，如果要冒充股民实施盗买盗卖，只需要知道他们的密码就可以。再比如，北京某高校一女生，历尽千辛万苦，考上了美国一家著名大学，并收到了录取通知书，不料，她的一个同学竟然冒她之名，向对方学校发送了一封"放弃入学"的 E-mail，等她发现时，对方的录取工作已经结束，留学之路严重受挫！类似的事件还有很多，我们发现，通过密码或其他手段来冒充时，这些事件都可能成立，于是，人们在网络上的身份安全问题接踵而来。

2．需求分析

对上网的个人用户来讲，在这样一个 Internet 蓬勃发展的时代，许多个人业务都要通过 Internet 办理，如网上银行、网上购物、网上签订合同等，输入用户名、账号、密码是必需的，但是，目前信息被第三方截获、篡改，以至造成个人财产的巨大损失的例子比比皆是。对于企业用户来说，信息的保密和安全要求似乎愈来愈强烈，因为一旦重要的商业机密被他人窃取并解密，那么损失是不可估量的。现在人们对网络安全的需求大致包括以下几方面。

- 防止自己上网的信息被他人窃取和篡改。
- 防止登录一个假冒的服务器站点，暴露个人信息。
- 防止网上购物时财务信息泄露。
- 防止进行网上银行交易时，账户信息外露，资金被转走。
- 确保网上交互的双方身份正确。
- 防止发送邮件时邮件内容被截获。
- 防止别人假冒自己做非法的事情。

以上是比较具体的用户需求，总之在广域网上发送和接收信息时要保证以下四点。

① 除了发送方和接收方外，其他人是不可知悉的（隐私性）。

② 传输过程中不被篡改（真实性）。

③ 发送方能确信接收方不会是假冒的（非伪装性）。

④ 发送方不能否认自己的发送行为（非否认）。

3．解决方案

为了更好地解决以上问题，使个人用户和企业用户对上网和网上交易有更大的安全感，主要采用以下措施来保证。

（1）加密技术。加密型网络安全技术的基本思想是不依赖于网络中数据路径的安全性来实现网络系统的安全，而是通过对网络数据的加密来保障网络的安全可靠性，因而这一类安全保障技术的基石是适用的数据加密技术及其在分布式系统中的应用。

（2）数字签名和认证技术。认证技术主要解决网络通信过程中通信双方的身份认可问题。数字签名是身份认证技术中的一种具体技术，可用于通信过程中的不可抵赖要求的实现。

（3）VPN 技术。网络系统总部和各分支机构之间采用公网网络进行连接，其最大的缺点在于缺乏足够的安全性。企业网络接入到公网中，暴露出两个主要危险。一个是公网的未经授权的对企业内部网的存取；另一个是，当网络系统通过公网进行通信时，信息可能受到窃听和非法修改。

完整的集成化的企业范围的 VPN 安全解决方案，提供在公网上安全的双向通信，以及透明的加密方案，以保证数据的完整性和保密性。VPN 大多采用 IPSec 协议，IPSec 作为在 IPv4 及 IPv6 上的加密通信框架，已为大多数厂商所支持，是 VPN 实现的 Internet 标准。IPSec 主要提供 IP 网络层上的加密通信能力。

3.1.2　思考与讨论

1．阅读案例并思考以下问题

（1）在案例（1）中，为什么张老师出的试题会泄露出去，是哪个地方出了问题？你认为张老师和王老师通过 E-mail 发送试题时应该注意哪些问题。

参考：因为张老师给王老师发送的邮件没有经过加密，以明文的方式传送出去，当被第三方截获的时候，对方利用网络嗅探器，就可以看到邮件的具体内容，所以附件的试题就暴露了。

张老师和王老师在通过 E-mail 传递试卷时，一定要进行加密，防止邮件内容被第三方篡改或窃取，另外也应对其邮件进行签名，这样可以确认邮件的发送人是彼此信任的，不是别人冒充转发的。还要说明的是，一般对邮件进行加密只能对邮件的正文加密，而对邮件的主题不能加密，所以邮件的主题一定不要暴露敏感信息，如"期末考试试题"，这样很容易引起他人的兴趣，导致对邮件内容的破解和攻击。

（2）在案例（2）中，试分析九名股民和高校女生的巨大损失可以避免吗？如何避免？

参考：九位通过网络炒股的股民和高校女生如果都使用了数字证书，那么他们的损失是可以避免的。目前，数字证书已经发展到了相当高的水平，数字证书称为数字标识（Digital Certificate，Digital ID）。它提供了一种在 Internet 上身份验证的方式，是用来标志和证明网络通信双方身份的数字信息文件，与司机驾照或日常生活中的身份证相似。数字证书是由一个权威机构即 CA 机构，又称为证书授权（Certificate Authority）中心发行的，人们可以在交往中用它来识别对方的身份。在网上进行电子商务活动时，交易双方需要使用数字证书来表明自己的身份，并使用数字证书来进行相关的交易操作。通俗地讲，数字证书就是个人或单位在 Internet 上的身份证。

所以，如果股民使用数字证书进行交易，那么只有拥有数字证书的人才能登录服务器进行买和卖的股票交易，而没有数字证书的人，即使知道了股民的账号和密码也不能对股票的买卖进行操作，数字证书是股民私有的，一定要保管好，不能泄露出去，否则后果就严重了。股民应向有关数字证书中心申请证书，然后下载使用。

高校女学生如果和录取她的大学开始就决定使用数字证书进行沟通，那么就不会发生别人冒充自己发送"放弃入学"的邮件事情，因为如果自己的数字证书没有被盗，那么她对邮件的签名是不能伪造的，具有身份确认的作用。

2．专题讨论

（1）你有过使用数字证书的经历吗？请举出一例使用数字证书的案例。你认为使用数字证书利大于弊，还是弊大于利？试说明理由。

提示：数字证书主要应用于各种需要身份认证的场合，目前除广泛应用于网上银行、网上交易外，数字证书还可以应用于发送安全电子邮件、加密文件等方面。以下是数字证书在保证网上银行安全方面的应用，同学可以从中更好地了解数字证书技术及其应用。

只要你申请并使用了银行提供的数字证书，即可保证网上银行业务的安全，即使黑客窃取了你的账户密码，因为他没有你的数字证书，也就无法进入你的网上银行账户。下面以建设银行的网上银行为例，介绍数字证书的安装与使用。

① 安装根证书。首先到银行营业厅办理网上银行申请手续；然后登录到建设银行网站，单击"同意并立即下载根证书"按钮，将弹出下载根证书的对话框，单击"保存"按钮，把 root.crt 保存到你的硬盘上；双击该文件，在弹出的窗口中单击"安装证书"按钮，安装根证书。

② 生成用户证书。接下来要填写你的账户信息，按照你存折上的信息进行填写，提交表单，单击"确定"按钮后出现操作成功提示，记住你的账号和密码；进入证书下载的页面，单击"下载"按钮，在新画面中选择存放证书的介质为"本机硬盘（高级加密强度）"，单击

"生成证书"按钮，将询问你是否请求一个新证书，接着询问你"是否要添加新的证书"，信任该站点，单击"是"按钮；系统将自动安装证书，最后出现"安装成功"画面。

③ 使用数字证书。现在，你可以使用数字证书来确保网上银行的安全了，建议你把数字证书保存在 USB 盘上，使用网上银行时才插到电脑上，防止证书被盗。重新进入建设银行网站，选择"证书客户登录"，选择正确的证书号，输入用户号和密码，即可登录你的网上银行账户，办理转账、网上速汇通等业务。

现在使用网上银行的用户越来越多，大家再也不想花费大量时间去排队办理业务，在家就可以轻轻松松地实现查询、转账等交易，所以使用数字证书在某种程度上确实保证了网上交易的安全，为广大网银用户吃了定心丸。可是任何事物有利也有弊，使用数字证书进行网上交易不是绝对安全的。

数字证书是用来标志和证明网络通信双方身份的数字信息文件。数字证书一直被人们认为是网上银行最安全的通行证，较之传统的"账户号+密码"更具保障。《中华人民共和国电子签名法》的出台，将数字证书以法律认可的安全技术形式带入了人们的日常应用里，CA 电子认证服务机构、PKI 技术也因此被人们渐渐熟悉。

某银行网银用户蔡某 16 万余元被盗一事，引起了广大网银用户的关注。案件侦破后发现，不法分子通过侵入被害人的电脑并安装木马程序，盗取其银行账号、密码和证书，从而转出账户内存款。这种通过木马病毒盗用网银用户的"软证书"（放在浏览器中的网银数字证书）的方式，成为网上银行面临的新的安全问题。

在网上银行快速发展的同时，不安全事件时有发生，从盗取用户名、密码，到现在利用木马程序操控电脑，盗用数字证书，不法分子的作案方式不断翻新。那么该如何防范呢？

目前，网上银行面临的主要问题有两类。一类是没有数字证书的情况下，网银密码被盗取；另一类是利用木马病毒盗取数字证书。

① 通过网络钓鱼、假冒网站盗取用户名和口令。用户的网银密码是很容易通过网络钓鱼、假冒网站、诈骗短信等方式被骗取的。但如果使用数字证书，不法分子仅有网银密码是不能窃取账户资金的。同时，使用数字证书也很好地解决了假冒网站的问题——只有钥匙（数字证书）的真正持有人才能进入并打开正确的大门（网上银行），而不会进到一个假冒的大门里。

② 通过木马病毒盗取用户的"软证书"。数字证书是安全进入网银大门的钥匙，妥善保管好钥匙至关重要。然而，"木马病毒"就像一个已经躲在门口许久的小偷，他一旦发现你的钥匙是放在屋门口的花盆里面（"软证书"——放在计算机 IE 浏览器中），而不是随身携带，就会通过木马病毒找到钥匙并打开大门进行行窃。

那该怎么办呢？关键就是要保管好钥匙。现在通常是把数字证书放在硬件的存储介质（Usbkey）里，它的特点是一旦放入，你的证书就被牢牢的封装在 Usbkey 中。只要保管好您的 Usbkey，"木马程序"就会束手无策，这就是通常所说的"硬证书"。

③ 金融数字证书的不足。为什么采用了数字证书后还会出现资金被窃的事件呢？这与银行采用数字证书的方法有关。部分商业银行因考虑到使用成本的问题，在网上银行使用价钱便宜、非安全存储的"软数字证书"，即银行自己提供可复制、可保存在计算机或无安全保障的移动设备上的数字证书，某些证书是免费的，某些证书只收取 20~30 元的费用。由于软数字证书可以保存为文件，木马仍然有机会复制证书、记录密码，造成用户账号被盗，故这种证书是不安全的，上海的蔡先生碰到的就是这种情况。

某些银行认识到了软证书的不足，又自己推出了硬件证书，价格从 60 元到 80 元不等，但这种做法依然存在风险。金融行业自身建立数字证书，在技术上并不专业，某些也没有经过国家相关部门的认证，相当于又当运动员又当裁判，很难彻底保证证书本身的安全性。

④ 数字证书需要第三方认证。目前最安全的数字证书应该是由第三方认证的数字证书。数字证书保存在经国家密码管理局技术认可的证书存储介质中，用户使用时需要插入证书存储介质并输入介质保护码，进行双因子验证；在使用过程中需要验证证书是否存在并有效，进行签名/验证、加密/解密等操作都是在介质内进行运算，密钥文件不会被调出介质；使用完拔下证书存储介质，介质内的文件不会被保存在电脑上，因此用户不必担心被黑客控制或盗用。正是因为安全数字证书存储介质不可观察、不可复制的特点，使得木马无法仿造，从而有效地保障数字证书。

3.2 技术视角

3.2.1 密码学基础

1. 密码学的起源和发展

两千多年前，凯撒发明了人类历史上第一个密码，和许多发明一样，密码学首先被应用于军事，近一二十年间，广泛运用于商业领域和工业领域中，成为一个重要的研究项目，功用也发生了很大变化。这种简单的加密方法是密码学的前身，随着社会的发展，人们对于加密的需求越来越多，安全性要求也越来越高，加密的方法也日新月异，应用领域也越来越广，逐渐走进了经济、政治、科技，深入到生活的方方面面，在现代社会中，密码学扮演着越来越重要的角色。

密码学是一个古老又新兴的学科。说它古老，很早的时候交战双方就发明了密码学；说它新兴，只是到了 20 世纪 70 年代中期，随着计算机的发展，信息安全技术才开始大发展。具体标志是：1976 年，Diffie 和 Hellman 发表的文章"密码学的新动向"；1977 年，正式公布和实施的美国数据加密标准 DES。有人把密码学的发展划分为以下三个阶段。

第一阶段是从古代到 1949 年。这一时期可以看做是科学密码学的前夜时期，这阶段的密码技术可以说是一种艺术，而不是一种科学，密码学专家常常是凭知觉和信念来进行密码设计和分析，而不是推理和证明。

第二阶段是从 1949～1975 年。1949 年，Shannon 发表的"保密系统的信息理论"为私钥密码系统建立了理论基础，从此密码学成为一门科学，但密码学直到今天仍具有艺术性，是具有艺术性的一门科学。这段时期密码学理论的研究工作进展不大，公开的密码学文献很少。1967 年，Kahn 出版了一本专著《破译者》(Codebreakers)，该书没有任何新的技术思想，只记述了一段值得注意的完整经历，包括政府仍然认为是秘密的一些事情。它的意义在于不仅记述了 1967 年之前密码学发展的历史，而且使许多不知道密码学的人了解了密码学。

第三阶段是从 1976 年至今。1976 年，Diffie 和 Hellman 发表的文章"密码学的新动向"一文，导致了密码学上的一场革命。他们首先证明了在发送端和接受端无密钥传输的保密通信是可能的，从而开创了公钥密码学的新纪元。

2. 密码学术语

明文、密文、加密算法、解密算法、加密密钥和解密密钥是构成密钥系统的基本元素。

加密和解密的过程如图 3.1 所示。

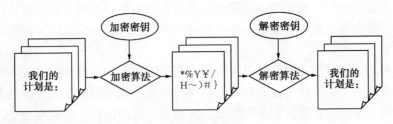

图 3.1 加密和解密过程示意图

（1）明文：以其原始形式存在的、未被加密的消息。

（2）密文：被加密算法打乱之后的消息。

（3）加密：使用某种方法伪装原始消息，从而隐藏起内容的过程，即将明文转变为密文的过程。

（4）解密：使用某种方法将被隐藏的信息恢复出原始信息的过程，即将密文转变为明文的过程。

（5）加密算法：对明文进行加密时采用的一组规则。

（6）解密算法：对密文进行解密时采用的一组规则。

（7）加密密钥：将明文转变为密文的算法中输入的数据。

（8）解密密钥：将密文转变为明文的算法中输入的数据。

3. 密码体制的分类

密码体制从原理上可分为三大类。

（1）对称密码体制。对称密码体制又可称为私钥密码体制、单钥密码体制或者秘密密钥密码体制，对称密码体制的加密密钥和解密密钥相同。采用对称密码体制的系统，其保密性主要取决于密钥的保密性，与算法的保密性无关，即由密文和加解密算法不可能得到明文。换句话说，算法无须保密，需要保密的是密钥。

根据对称密码体制的这种特性，加密算法可通过低费用的芯片来实现。密钥可由发送方产生，然后再经过一个安全可靠的途径传送到接收方；或由第三方产生后安全可靠地分配给通信双方。如何产生满足保密要求的密钥以及如何将密钥安全可靠地分配给通信双方是这类体制设计和实现的主要课题。

密钥的产生、分配、存储、销毁等问题，统称为密钥管理，这是影响系统安全的关键因素。即使密码算法再好，若密钥管理问题处理不好，也很难保证系统的安全保密。

对称密码体制不仅可用于数据加密，也可用于消息的认证。

（2）非对称密码体制。非对称密码体制又可称为公钥密码体制、双钥密码体制或者公开密钥密码体制。采用非对称密码体制的每一个用户都有一对选定的密钥：一个是公开的，可以像电话号码一样进行注册公布；另一个则是秘密的。

非对称密码体制的主要特点是将加密和解密能力分开，因而可以实现多个用户加密的消息只能由一个用户解读，可用于公共网络中的保密通信；也可以由一个用户加密的消息而使多个用户解读，这种应用可用于实现用户的认证。所以，公钥加密法不但可以保护数据的保密性，而且可以保护数据的真实性和完整性。

（3）混合密码体制。为了充分利用非对称密码体制和对称密码体制的优点，克服其缺点，解决每次传送都要更换密钥的问题，提出了混合密码系统，即所谓的"电子信封技术"，发送方用自动生成的私钥来加密发送的消息，将生成的密文连同用接收方的公钥加密后的私钥一起发送出去。接收方用与加密公钥相对应的私钥解密被加密的私钥，并用该私钥解密密文。这样，可以保证每次传送都可由发送方选定不同的密钥进行，从而更好地保证了数据通信的安全性。

使用混合密码系统可以同时提供机密性保障和存取控制。利用对称密码体制加密大量数据可提供机密性保障，然后利用公钥再对私钥进行加密。如果想要使多个接收者都能使用该信息，可以为每一个接收者利用其公钥加密一份私钥，从而提供存取控制功能。

在混合密码系统中，将公开密钥用于密钥分配解决了很重要的密钥管理问题。而对于对称密码算法而言，数据加密密钥直到使用时才起作用，所以，在实际应用系统中，当需要对通信数据加密时，才产生会话密钥（私钥），不再需要时销毁它。一般情况下，每次会话的私钥都不相同，这样可以大大减少会话密钥泄露的可能性。

3.2.2 对称密码体制

1. 对称密钥加密概述

对称密钥加密也称为私钥加密，用来加密信息的密钥就是解密信息所使用的密钥，即加密和解密使用的是同一个密钥。为了提供机密性，一个对称密码体制的工作流程如下：假设 A 和 B 两个系统决定进行秘密通信，双方通过某种方式获得一个共享的秘密密钥，该密钥只有 A 和 B 知道，其他人均不知道，A 或 B 通过使用该密钥加密发送给对方的消息以实现机密性，只有对方可以解密消息，而其他人均无法解密消息。图 3.2 显示了对称密码体制的功能，从图中可以看出，发件人和收件人都必须使用同一个密钥。

对称密钥加密是一种广泛使用的加密类型，它提供了信息的机密性，并在某种程度上保证信息在传输中不被改变。只有那些知道密钥的人才能解密消息，并且对传输中的消息所做的任何更改都会被察觉，因为解密将无法正常进行。对称密钥加密不提供认证，使用该密钥的任何人都可以创建、加密和发送一条有效的消息。一般说来，对称密钥加密的速度是很快的，而且可以很容易地在硬件和软件中实现，适合于对大量数据进行加密，但密钥管理困难。

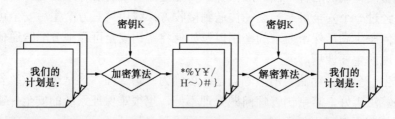

图 3.2　私钥加密过程示意图

目前广泛使用对称密码体制的数据加密标准（Data Encryption Standard，简称 DES）、二密钥或三密钥 DES、国际数据加密算法（International Data Encryption Standard Algorithm，简称 IDEA）、Blowfish、SAFER、CAST、RC2、RC5 以及美国国家标准和技术研究所（NIST）颁布的替代 DES 的高级加密标准（Advanced Encryption Standard，简称 AES）。

2. 对称密码算法

（1）替换密文。替换密文已经有 2500 年的历史了。最早的例子是 Atbash 密文，它出现在公元前 600 年左右，由倒转的希伯来文字母表组成。尤利乌斯·凯撒使用了一种名为"凯撒"的密文，这种密文使用字母表中的每个字母后面的第三个字母取代这个字母，因此，A

被替换为 D，B 被替换为 E，Z 被替换为 C。

从这个例子可以看出，替换密文每次替换明文中的一个字母，只要发件人和收件人是用相同的替换方案，就可以读懂消息。替换密文的密钥可以是转换的字母数量，也可以是记录下来的整个字母表。

替换密文的一个主要弱点是原始字母表中字符出现的频率不发生变化。在英语中，字母 E 是最常用的字母，如果另一个字母取代了 E，那么这个字母被使用的次数就最多，通过这种分析，就可以破译替换密文。

Caesar（凯撒）密码表如表 3.1 所示。

表 3.1　凯撒密码表

明文字母	a	b	c	d	e	f	g	h	i	j	k	l	m
密文字母	D	E	F	G	H	I	J	K	L	M	N	O	P

明文字母	n	o	p	q	r	s	t	u	v	w	x	y	z
密文字母	Q	R	S	T	U	V	W	X	Y	Z	A	B	C

例如，明文为"important"，Key＝3，则密文应为"LPSRUWDQW"。

（2）数据加密标准 DES 算法。数据加密算法（Data Encryption Algorithm，DEA）的数据加密标准（Data Encryption Standard，DES）是规范的描述，它由 IBM 在 20 世纪 70 年代中期制定，并在 1997 年被美国政府正式采纳。它很可能是使用最广泛的私钥系统，特别是在保护金融数据的安全中，最初开发的 DES 是嵌入硬件中的。通常，自动取款机（Automated Teller Machine，ATM）都使用 DES。

DES 使用一个 56 位的密钥以及附加的 8 位奇偶校验位，产生最大 64 位的分组大小。它是一个迭代的分组密码，使用称为 Feistel 的技术，将加密的文本块分成两半。使用子密钥对其中一半应用循环功能，然后将输出与另一半进行"异或"运算；接着交换这两半，这一过程会继续下去，但最后一个循环不交换。DES 使用 16 个循环。DES 算法的工作流程图如图 3.3 所示。

攻击 DES 的主要形式被称为蛮力的或彻底密钥搜索，即重复尝试各种密钥直到有一个符合为止。如果 DES 使用 56 位的密钥，则可能的密钥数量是 2^{56} 个。随着计算机系统能力的不断发展，DES 的安全性比它刚出现时会弱得多，然而从非关键性质的实际出发，仍可以认为它是足够的。不过，DES 现在仅用于旧系统的鉴定，而更多地选择新的加密标准——高级加密标准（Advanced Encryption Standard，AES）。DES 的常见变体是三重 DES，使用 168 位的密钥对资料进行三次加密的一种机制；它通常（但非始终）提供极其强大的安全性。如果三个 56 位的子元素都相同，则三重 DES 向后兼容 DES。IBM 曾对 DES 拥有几年的专利权，但是在 1983 年已到期，并且处于公有范围中，允许在特定条件下可以免除专利使用费而使用。

3DES 是 DES 算法扩展其密钥长度的一种方法，可使加密密钥长度扩展到 128 比特（112 比特有效）或 192 比特（168 比特有效）。

AES（Advanced Encryption Standard）是 2001 年 NIST 宣布的 DES 后继算法。AES 处理以 128bit 数据块为单位的对称密钥加密算法，可以用长为 128、192 和 256 位的密钥加密。

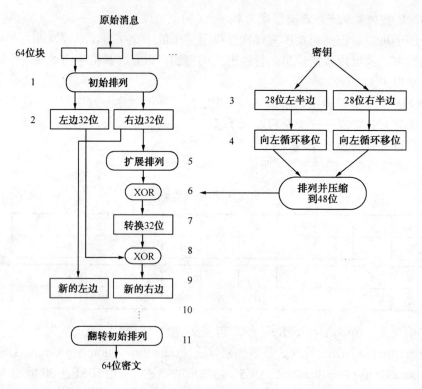

图 3.3　DES 算法的工作流程

3.2.3　非对称密码体制

1．非对称密码体制简介

非对称密码体制的概念是 1976 年由美国密码学专家 Diffie 和赫尔曼 Hellman 提出的，它是目前应用最广泛的一种加密体制。在这一体制中，加密密钥和解密密钥各不相同，发送信息的人利用接收者的公钥发送加密信息，接收者再利用自己专有的私钥进行解密。这种方式既保证了信息的机密性，又能保证信息具有不可抵赖性。目前公钥体制广泛的用于 CA 认证、数字签名和密钥交换等领域。

非对称加密与对称加密之间的主要区别是操作中使用密钥的数量不同。对称密码体制使用同一个密钥来加密和解密信息；而非对称加密使用两个密钥，一个密钥用于加密信息，另一个密钥用于解密信息。图 3.4 显示了基本的公钥操作，可以看出，发件人和收件人都持有密钥。密钥相互关联（因此它们被称为密钥对），但是它们是不同的。密钥之间的关系是：由 K_1 进行加密的信息只能由密钥对中的另一个密钥 K_2 来解密。如果由 K_2 加密信息，则只能由 K_1 来解密。

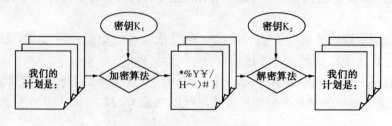

图 3.4　公钥加密示意图

非对称加密的基本原理依赖于作为单向函数的质数分解的复杂性。例如，若要求将 13 715 249 分解成两个质数的积，恐怕没有人能几分钟内就给出答案。实际上，这个整数可以分解为 2 389 和 5 741 两个质数的乘积。于是将这两个质数作为密钥来考虑时，若持有密钥，就很容易进行加密和解密，相反，在没有密钥的情况下，对密文进行解密就是很困难的。RSA 密钥至少为 500 位长，一般推荐使用 1 024 位。

2. 非对称加密算法 RSA

（1）RSA 的机密性算法非常简单，如下所示。

密文＝（明文）^{e} mod n

明文＝（密文）^{d} mod n

私钥＝{d, n}

公钥＝{e, n}

有了 e 和 n 之后，计算 d 的难度是提供安全性的依据。假设密钥对拥有者安全地保存私钥，而将公钥公布，这样，如果使用公钥加密信息，那么只有拥有者才能将其解密。还应该注意的是，这个算法可以反过来提供对发件人的认证。这时算法就变成了以下形式。

密文＝（明文）^{d} mod n

明文＝（密文）^{e} mod n

私钥＝{d, n}

公钥＝{e, n}

对于认证而言，因为私钥是安全的保存的，所以只有拥有者才能使用私钥加密信息，任何其他人可以解密信息（只要他有对方的公钥），以验证信息确实来自密钥对的拥有者。

（2）密钥产生。

① 选择 p 和 q。其中 p 和 q 都是素数，且 p 和 q 不相等。

② 计算 $n=pq$。

③ 计算 $H(n)=(p-1)(q-1)$。

④ 选择整数 e，使之满足 gcd($H(n)$, e)=1，$1<e<H(n)$。

⑤ 计算 d，使之满足 $(d\times e)$ mod $H(n)$=1。

⑥ 得到公钥 PU={e, n}，私钥 PR={d, n}。

（3）加密。明文 $M<n$，由加密公式 $C=M^e$ mod n 得到密文。

（4）解密。密文 $C<n$，由解密公式 $M=C^d$ mod n 得到明文。

RSA 存在的问题是其计算量非常大，从而导致其加解密速度都很慢。正是这样的原因导致 RSA 不能像传统的对称密码那样用于大量数据的解密。事实上，目前 RSA 最常见的用途仍然是用在密钥管理和数字签名等场合。

（5）RSA 示例。为了展示 RSA 生成密钥的过程，下面给出一个例子，此例子选择了一个相对容易的验证数字，而实际应用中的 RSA 算法的难度很大。

① 选择两个素数，例如，选择 $p=11$，$q=13$。

② 现在计算 $n=pq$，这意味着 $n=11\times 13=143$。

③ 现在必须计算 $H(n)=(p-1)(q-1)=10\times 12=120$。

④ 选择对于 $H(n)=120$ 的一个互质数为 e，这里选择 $e=7$。

⑤ 必须决定 d，以便使 $(d\times e)$ mod $H(n)$=1，因此 $(d\times 7)$ mod 120=1，并且 d 必须小于 120，可以得到 $d=103$（103 乘以 7 等于 721，除以 120 等于 6，余数为 1）。

⑥ 私钥是{103，143}。

⑦ 公钥是{7，143}。

如果希望发送的消息为 9（明文），可以使用加密公式：密文＝9^7 mod 143＝48。

收到加密之后，要使用解密算法：明文＝48^{103} mod 143＝9。

加解密的过程如图 3.5 所示。

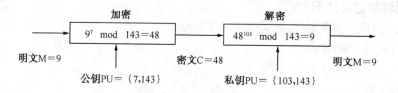

图 3.5　RSA 加解密算法过程

总之，非对称加密和对称加密各有特点，适用的范围不同，两者的对比如表 3.2 所示。

表 3.2　对称加密和非对称加密的比较

特　性	对　称　加　密	非　对　称　加　密
密钥的数目	单一密钥	密钥是成对的
密钥种类	密钥是秘密的	一个私有、一个公开
密钥管理	简单不好管理	需要数字证书及可靠第三者
相对速度	非常快	慢
用途	用来做大量资料的加密	用来做加密小文件或对信息签字等不太严格保密的应用

3.2.4　数字签名

随着计算机网络的发展，电子商务、电子政务、电子金融等系统得到了广泛应用，在网络传输过程中，通信双方可能存在一些问题。信息接收方可以伪造一份消息，并声称是由发送方发送过来的，从而获得非法利益；同样，信息的发送方也可以否认发送过来的消息，从而获得非法利益。因此，在电子商务中，某一个用户在下订单时，必须要能够确认该订单确实为用户自己发出，而非其他人伪造；另外，在用户与商家发生争执时，也必须存在一种手段，能够为双方关于订单进行仲裁。这就需要一种新的安全技术来解决通信过程中引起的争端，由此出现了对签名电子化的需求，即数字签名技术（Digital Signature）。

使用密码技术的数字签名正是一种作用类似于传统的手写签名或印章的电子标记，因此使用数字签名能够解决通信双方由于否认、伪造、冒充和篡改等引发的争端。数字签名的目的就是认证网络通信双方身份的真实性，防止相互欺骗或抵赖。数字签名是信息安全的又一重要研究领域，是实现安全电子交易的核心之一。

1. 数字签名的基本原理

使用公钥加密算法对信息进行加密是非常耗时的，因此加密人员想出了一种办法来快速生成一个能代表发送者消息的简短而独特的消息摘要，这个摘要可以被加密并作为发送者的数字签名。

通常，产生消息摘要的快速加密算法称为单向散列函数。单向散列函数不使用密钥，它只是一个简单的公式，把任何长度的一个消息转化为一个叫做消息摘要的简单的字符串。当使用一个 16 位的单向散列函数时，散列函数处理的消息文本将产生一个 16 位字符串。例如，一个消息可以产生一个像 FaVC47895235KhMa 的 16 位字符串。每个消息产生一个稳定的消息摘要，用你的私有密钥对摘要进行加密就生成了一个数字的签名。把单向散列函数和公钥算法结合起来，可以在提供数据完整性的同时保证数据的真实性，完整性保证传输的数据不被修改，而真实性则保证是由确定的合法者产生的单向散列，而不是由其他人假冒，把这两种机制结合起来就可以产生所谓的数字签名。

将消息按双方约定的单向散列算法计算得到一个固定位数的消息摘要，在数学上保证：只要改动消息的任何一位，重新计算出来的消息摘要就会与原先不符，这样就保证了消息的不可更改。然后把该消息摘要用发送者的私钥加密，并将该密文同原消息一起发送给接收者，所产生的消息即为数字签名。

接收方收到数字签名后，用同样的单向散列函数算法对消息计算摘要，然后与发送者用公开密钥进行解密的消息摘要相比较。如果相等，则说明消息确实来自发送者，因为只有用发送者的签名私钥加密的信息才能用发送者的公钥解开，从而保证了数据的真实性。

2．举例说明基本原理

下面以 Alice 和 Bob 的通信为例来说明数字签名的过程。使用数字签名通信包含如下三步。

（1）Alice 用她的私钥对文件加密，从而对文件签名。

（2）Alice 将签名后的文件传给 Bob。

（3）Bob 用 Alice 的公钥解密文件，从而验证签名。

在实际过程中，这种做法的准备效率太低了，因为如果 Alice 的文件太大，那么加密的时间就很长。为了节省时间，数字签名协议常常与单向散列函数一起使用。Alice 并不对整个文件签名，而是只对文件的散列值签名。在下面的协议中，单向散列函数和数字签名算法是事先协商好的。

（1）Alice 产生文件的单向散列值。

（2）Alice 用她的私人密钥对散列加密，以此表示对文件的签名。

（3）Alice 将文件和散列签名送给 Bob。

（4）Bob 用 Alice 发送的文件产生文件的单向散列值，同时用 Alice 的公钥对签名的散列解密。如果签名的散列值与自己产生的散列值匹配，签名是有效的，如图 3.6 所示。

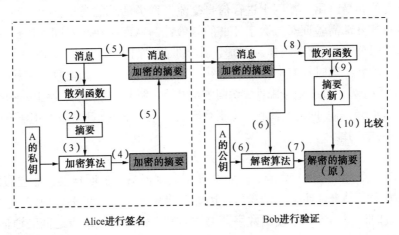

图 3.6　数字签名的基本原理

3. 数字签名应用的例子

现在 Alice 向 Bob 传送数字信息，为了保证信息传送的保密性、真实性、完整性和不可否认性，需要对要传送的信息进行数字加密和数字签名，其传送过程如下所述。

（1）Alice 准备好要传送的数字信息（明文）。

（2）Alice 对数字信息进行哈希（hash）运算，得到一个信息摘要。

（3）Alice 用自己的私钥（SK）对信息摘要进行加密得到 Alice 的数字签名，并将其附在数字信息上。

（4）Alice 随机产生一个加密密钥（DES 密钥），并用此密钥对要发送的信息进行加密，形成密文。

（5）Alice 用 Bob 的公钥（PK）对刚才随机产生的加密密钥进行加密，将加密后的 DES 密钥连同密文一起传送给 Bob。

（6）Bob 收到 Alice 传送过来的密文和加过密的 DES 密钥，先用自己的私钥（SK）对加密的 DES 密钥进行解密，得到 DES 密钥。

（7）Bob 然后用 DES 密钥对收到的密文进行解密，得到明文的数字信息，然后将 DES 密钥抛弃（即 DES 密钥作废）。

（8）Bob 用 Alice 的公钥（PK）对 Alice 的数字签名进行解密，得到信息摘要。

（9）Bob 用相同的 hash 算法对收到的明文再进行一次 hash 运算，得到一个新的信息摘要。

（10）Bob 将收到的信息摘要和新产生的信息摘要进行比较，如果一致，说明收到的信息没有被修改过。

3.2.5 数字证书

电子商务技术使得网上购物的顾客能够极其方便地获得商家和企业的信息，但同时也增加了某些敏感或有价值的数据被滥用的风险。为了保证 Internet 上电子交易及支付的安全性、保密性等，防范交易及支付过程中的欺诈行为，必须在网上建立一种信任机制。这就要求参加电子商务的买方和卖方都必须拥有合法的身份，并且在网上能够有效无误地被验证。

1. 什么是数字证书

数字证书是一段包含用户身份信息、用户公钥信息以及身份验证机构数字签名的数据。它是各类终端实体和最终用户在网上进行信息交流及商务活动的身份证明，在电子交易的各个环节，交易的各方都需验证对方数字证书的有效性，从而解决相互间的信任问题。

数字证书采用公钥-私钥密码体制，每个用户拥有一把仅为本人所掌握的私钥，用它进行信息解密和数字签名；同时拥有一把公钥，并可以对外公开，用于信息加密和签名验证。

数字证书可用于发送安全电子邮件、访问安全站点、网上证券交易、网上采购招标、网上办公、网上保险、网上税务、网上签约和网上银行等安全电子事务处理和安全电子交易活动。

2. 数字证书的功能

总地说来，数字证书具有认证和签名两大功能。

从认证角度，作为网上银行本身，一定会使用数字证书来证明自己并非虚假网站。同理，您也可以使用数字证书来证明自己的身份。因此，当您使用数字证书访问网上银行时，双方之间的通信为双向认证；当您不使用数字证书访问网上银行时，双方之间的通信仅仅为网上银行的单项认证。

从签名角度，使用数字证书签名的数据具有不可抵赖性，也无法被篡改。因此，当您使用数字证书向网上银行传达指令时，其效力等同于您在柜面的书面签名。您可以使用数字证书开通或关闭某项银行业务，节省了到柜面排队等候的时间。

3．数字证书由谁颁发，如何颁发

数字证书是由证书认证中心颁发的。证书认证中心 CA 是一家能向用户签发数字证书以确认用户身份的管理机构。为了防止数字凭证的伪造，CA 的公共密钥必须是可靠的，CA 必须公布其公共密钥或由更高级别的 CA 提供一个电子凭证来证明其公共密钥的有效性，后一种方法导致了多级别认证中心 CA 的出现。

数字证书颁发过程如下：用户首先产生自己的密钥对，并将公共密钥及部分个人身份信息传送给认证中心；认证中心在核实身份后，将执行一些必要的步骤，以确信请求确实由用户发送而来；然后，认证中心将发给用户一个数字证书，该证书内包含用户的个人信息和他的公钥信息，同时还附有认证中心的签名信息；用户就可以使用自己的数字证书进行相关的各种活动。

4．数字证书包含的信息

最简单的证书包含一个公开密钥、名称以及证书授权中心的数字签名。一般情况下，证书中还包括密钥的有效时间、发证机关（证书授权中心）的名称、该证书的序列号等信息，证书的格式遵循 ITUT X.509 国际标准。

一个标准的 X.509 数字证书包含以下一些内容。

① 证书的版本信息。

② 证书的序列号，每个证书都有一个唯一的证书序列号。

③ 证书所使用的签名算法。

④ 证书的发行机构名称，命名规则一般采用 X.500 格式。

⑤ 证书的有效期，现在通用的证书一般采用 UTC 时间格式，它的计时范围为 1950～2049。

⑥ 证书所有人的名称，命名规则一般采用 X.500 格式。

⑦ 证书所有人的公开密钥。

⑧ 证书发行者对证书的签名。

例如，打开 IE 浏览器的"工具"→"Internet 选项"→"内容"→"证书"，可以打开一个证书查看内容，如图 3.7 所示。

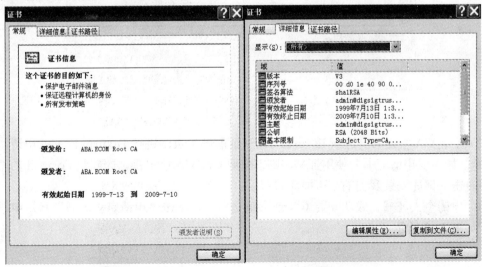

图 3.7　X.509 证书示意图

可以使用数字证书，通过运用公钥和私钥密码体制建立起一套严密的身份认证系统，从而保证安全性。信息除发送方和接收方外不被他人窃取；信息在传输过程中不被篡改；发送方能够通过数字证书来确认接收方的身份，发送方对于自己的信息不能抵赖。

3.3 加密技术的相关实验

3.3.1 数字证书应用操作实例（个人证书在安全电子邮件中的应用）

1. 实验目的

通过实验，学会查询和下载别人的数字证书，并在使用 Outlook 发送电子邮件时学会如何进行签名和加密。

2. 实验条件

两台装有 Foxmail 软件的计算机 A、B 均接入 Internet，发件人和收件人均通过广州博大互联网技术有限公司（http://ca.foxmail.com.cn）申请和下载数字证书，然后在 Foxmail 中发送签名邮件。

3. 实验内容和步骤

（1）在计算机 A 中启动 Foxmail，在邮箱账户属性"安全"中选择证书，如图 3.8 所示，单击"选择"按钮，提示没有对应邮件地址的数字证书，需要马上申请一个，单击"确定"按钮。

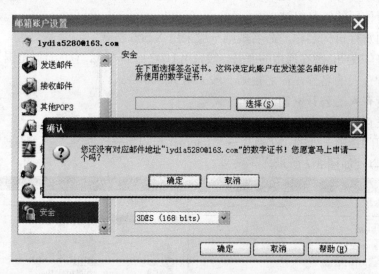

图 3.8 选择证书

（2）安装 CA 根证书。进入 Foxmail CA 认证服务主页，进行 Foxmail 证书的申请，如图 3.9 所示。如果要申请证书和使用证书，则首先要安装 CA 证书链，即安装 Foxmail 的 CA 根证书，单击"请先安装我们的 CA 根证书"。

（3）申请个人证书。成功安装 CA 证书链之后，再单击"申请您的证书"开始申请个人证书，如图 3.10 所示。

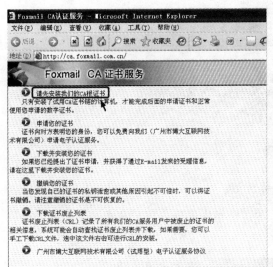

Foxmail CA认证服务 - Microsoft Internet Explorer
文件(F) 编辑(E) 查看(V) 收藏(A) 工具(T) 帮助(H)
后退 搜索 收藏夹
地址(D) http://ca.foxmail.com.cn/
Foxmail CA 证书服务
请先安装我们的CA根证书
只有安装了试用CA证书链的计算机，才能完成后面的申请证书和正常使用您申请的数字证书。
申请您的证书
证书向对方表明您的身份，您可以免费向我们（广州市博大互联网技术有限公司）申请电子认证服务。
下载并安装您的证书
如果您已经提出了证书申请，并获得了通过E-mail发来的受理信息，请在这里下载并安装您的证书。
撤销您的证书
当您发现自己的证书的私钥泄密或其他原因引起不可信时，可以将证书撤销。请注意撤销的证书是不可恢复的。
下载证书废止列表
证书废止列表（CRL）记录了所有我们的CA服务用户中被废止的证书的相关信息，系统可能会自动查找证书废止列表并下载，如果需要，您可以手工下载CRL文件，选中该文件右击可进行CRL的安装。
广州市博大互联网技术有限公司（试用型）电子认证服务协议

图 3.9　安装 CA 证书链

Foxmail CA认证服务 - Microsoft Internet Explorer
文件(F) 编辑(E) 查看(V) 收藏(A) 工具(T) 帮助(H)
后退 搜索 收藏夹
地址(D) http://ca.foxmail.com.cn/
Foxmail CA 证书服务
请先安装我们的CA根证书
只有安装了试用CA证书链的计算机，才能完成后面的申请证书和正常使用您申请的数字证书。
申请您的证书
证书向对方表明您的身份，您可以免费向我们（广州市博大互联网技术有限公司）申请电子认证服务。
下载并安装您的证书
如果您已经提出了证书申请，并获得了通过E-mail发来的受理信息，

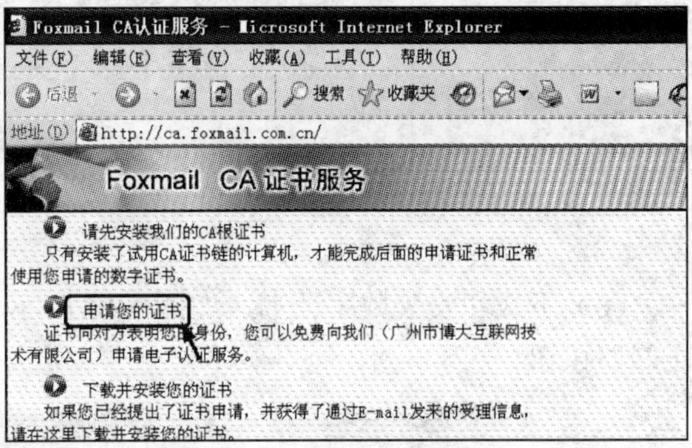

图 3.10　申请个人证书

（4）填写申请个人证书的信息，如姓名、邮箱地址、身份证、加密程序参数等，如图 3.11 所示。

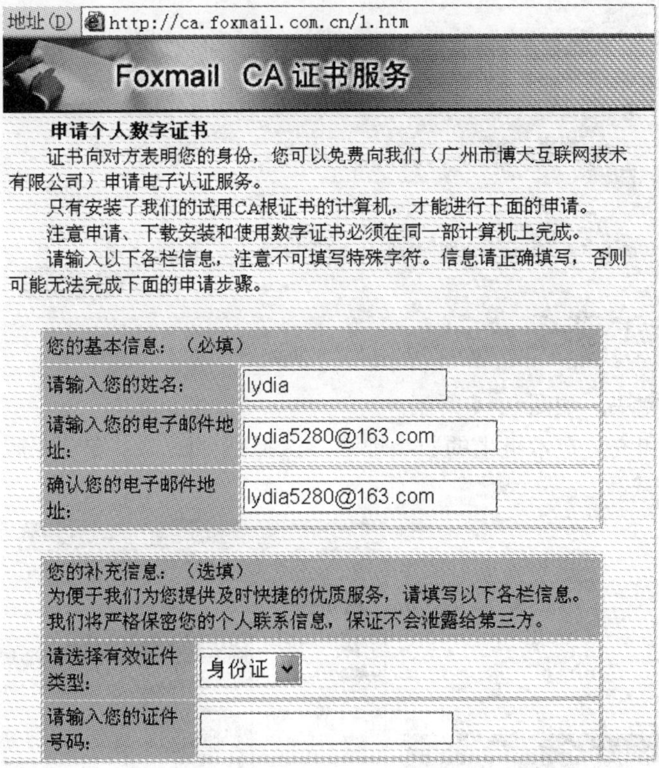

地址(D) http://ca.foxmail.com.cn/1.htm
Foxmail CA 证书服务
申请个人数字证书
证书向对方表明您的身份，您可以免费向我们（广州市博大互联网技术有限公司）申请电子认证服务。
只有安装了我们的试用CA根证书的计算机，才能进行下面的申请。
注意申请、下载安装和使用数字证书必须在同一部计算机上完成。
请输入以下各栏信息，注意不可填写特殊字符。信息请正确填写，否则可能无法完成下面的申请步骤。
您的基本信息：（必填）
请输入您的姓名：
lydia
请输入您的电子邮件地址：
lydia5280@163.com
确认您的电子邮件地址：
lydia5280@163.com
您的补充信息：（选填）
为便于我们为您提供及时快捷的优质服务，请填写以下各栏信息。我们将严格保密您的个人联系信息，保证不会泄露给第三方。
请选择有效证件类型：
身份证
请输入您的证件号码：

图 3.11　填写申请证书信息

（5）完成个人证书的申请，如图 3.12 所示。Foxmail CA 认证机构将把申请证书的序号和密码发到你的邮箱内，以供下载和安装证书使用。

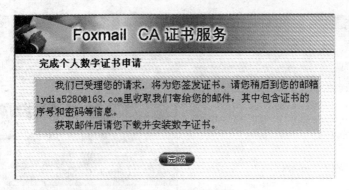

图 3.12　完成证书申请

（6）下载和安装数字证书，如图 3.13 所示。输入邮箱中的证书序号和密码，单击"安装证书"按钮。

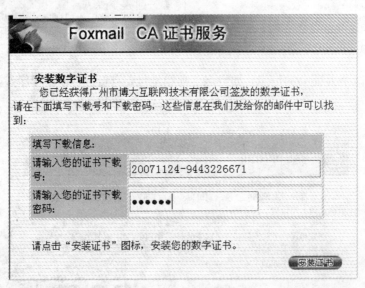

图 3.13　安装证书

（7）安装证书完毕，如图 3.14 所示。

（8）查看下载和安装在本机上的数字证书。选择邮件账户"安全"属性，单击"选择"按钮，如图 3.15 所示。

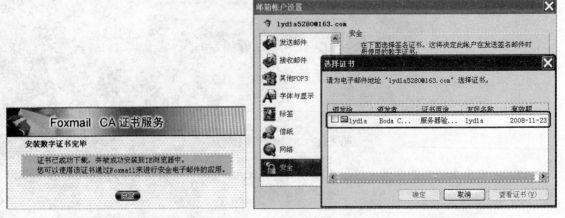

图 3.14　证书安装完毕　　　　　　　　　　图 3.15　查看数字证书

（9）发送签名邮件。要为邮件添加数字签名，请在写邮件窗口"工具"菜单中，单击"数字签名"菜单项，如图 3.16 所示。

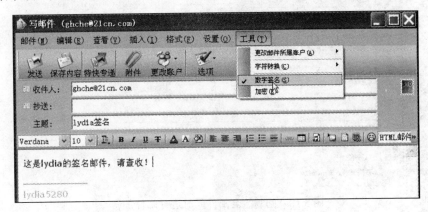

图 3.16　发送签名邮件

（10）接收签名邮件，在计算机 B 中打开 Foxmail，Foxmail 中已经创建了 ghche@21cn.com 账户，右击该账户，选择"收取邮件"，则收到一封 lydia5280@163.com 账户发送过来的带有数字签名的邮件，如图 3.17 所示。

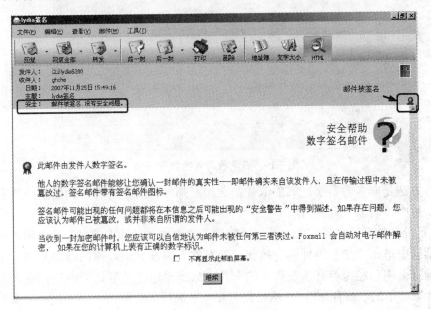

图 3.17　接收签名邮件

（11）发送加密邮件。发送加密邮件，需要使用收件人的公钥，对邮件进行加密。一般有以下两种方法取得并使用收件人的公钥加密邮件。

第一种方法是直接回复带有数字签名的邮件，并对邮件进行加密，如图 3.18 所示。回复邮件的收件人自动包含了其证书信息（公钥），双击写邮件窗口"收件人"一栏内的收件人，将弹出地址簿卡片属性对话框，在"数字证书"选项卡中可以查看收件人的证书信息，如图 3.19 所示。

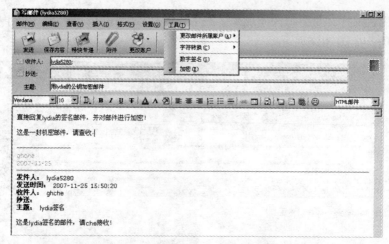
图 3.18　回复签名邮件同时进行邮件加密

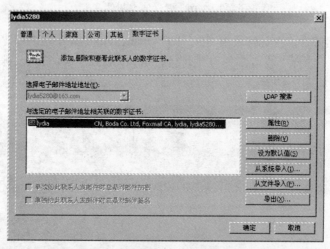
图 3.19　查看收件人的数字证书

第二种方法是向包含数字证书的卡片发送加密邮件。要把含有公钥信息的数字证书添加到地址簿卡片中，有以下几种方法。

① 收到带有数字签名的邮件，单击"邮件"菜单的"发件人信息"菜单项，在弹出的卡片属性对话框中单击"加到地址簿"按钮，把发件人添加到地址簿的指定文件夹中。

如果地址簿中已经保存有该发件人的卡片，只是希望把数字证书添加到原来的卡片上，单击"邮件"菜单的"邮件属性"，然后在"安全"选项卡上单击"添加到地址簿"按钮，将弹出"检查证书对话框"，列出符合该证书邮件地址的所有卡片，选中所需的卡片，单击"确定"按钮，将把数字证书添加到所选的卡片中。

② 在地址簿中选择一个卡片，单击工具栏的"属性"按钮，在弹出的卡片属性对话框中切换到"数字证书"选项卡，在选择邮件地址下拉框中选择一个邮件地址。单击"从系统导入"按钮，将列出系统中与所选邮件地址匹配的数字证书；单击"从文件导入"按钮，将弹出"打开"窗口，可以选择一个公钥文件进行导入。

（12）接收加密邮件，如图 3.20 所示。单击"继续"按钮，确保解密的密钥完好，证书正常，可以阅读邮件的正文信息，如图 3.21 所示，可以查看加密后的信息。

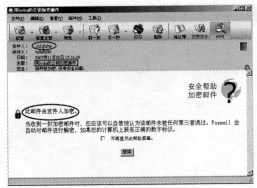
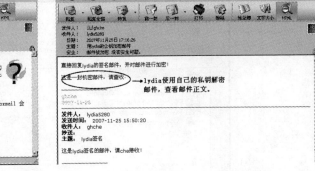

图 3.20　接收加密邮件　　　　　　　　　图 3.21　阅读解密后的邮件正文

3.3.2　PGP 加密邮件

1．实验目的

通过实验，学会使用 PGP 软件进行邮件或文件的加密和签名，以及通过 PGP 进行解密和验证。

2．实验条件

实验在局域网中进行（有条件的话，也可以在广域网中进行），A 和 B 两个用户分别安装 PGP 软件（免费版），操作系统为 Windows 2000 Professional 或 Windows XP Professional 或 Windows Server 2003。

3．实验内容和步骤

（1）安装 PGP。

① PGP 的安装很简单，运行安装程序后直接单击"Next"按钮，但在"User Type（用户类型）"页面下需要按照实际情况做出选择，如图 3.22 所示。

如果曾使用过 PGP，并导出过你的密钥，那么可以在这里选择"Yes，I already have keyrings（是的，我已经有了密钥）"，并导入你的密钥，开始使用。这里假设是第一次使用PGP，需要申请密钥，因此选择"No，I'm a New User（不，我是个新用户）"。

② 接着单击"Next"按钮。安装程序会询问安装哪些软件的支持组件，如图 3.23 所示。

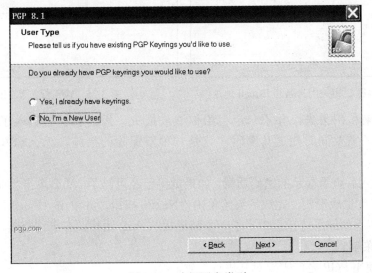

图 3.22　选择用户类型

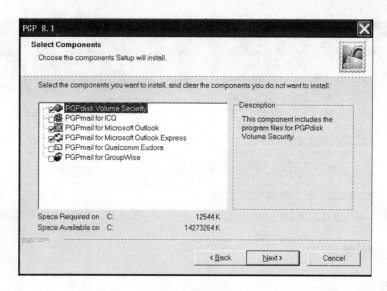

图 3.23　选择组件

可以看到，PGP 直接支持 Outlook、Outlook Express、ICQ、Eudora 还有 GroupWise，选中平时使用的程序，然后单击"Next"按钮。程序安装完成后需要重启动系统。

③ 重启动过后开始生成密钥。在密钥生成向导上单击"Next"按钮开始，如图 3.24 所示。首先需要输入姓名和电子邮件地址，建议名称使用中文名的拼音格式，而电子邮件地址则照实输入，以便其他人能够很容易的识别出这是你的公钥。接着单击"Next"按钮，如图 3.25 所示，随后需要在上下两个对话框中输入密码，两次输入的密码必须一致，而且两个密码框中间的密码质量指示条会显示输入的密码质量。

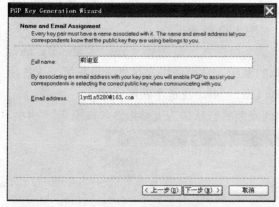

图 3.24　输入密钥相关用户名和 E-mail 地址　　　　图 3.25　输入保护私钥的密码

注意：如果私钥丢失，并不一定会给你造成损失，因为私钥被输入了密码保护，要想使用私钥，还需要同时知道其密码，这是一种双保险的措施，那么输入的密码就需要慎重。

④ 密码输入后查看显示的密码质量，如果觉得已经可以了，那么单击"Next"按钮继续。接着 PGP 会自动生成密钥，完成后继续单击"Next"按钮，并单击"Finish"按钮。这时可以看到，桌面右下角的系统托盘中多了一个锁形状的 PGP 图标，右击这个图标，可以看到如图 3.26 的弹出菜单。

（2）正式使用 PGP 之前需要对其进行设置。

① 首先打开 PGPKeys，需要对自己的密钥进行一些设置。主要是需要把自己的公钥传到 PGP 公司的公钥服务器上，这样以后经过签名的电子邮件，收件人（需要装有 PGP）就可以直接到 PGP 的公钥服务器上下载公钥，并进行验证，而不需要把公钥附在电子邮件上一起发送。打开 PGPKeys 窗口，选中自己的密钥，然后单击鼠标右键，在右键菜单中的 "Send To （发送到）" 菜单下选择 "Domain Server（域服务器）"，如图 3.27 所示，PGP 就会把当前选中的密钥的公钥发送到默认的服务器上。

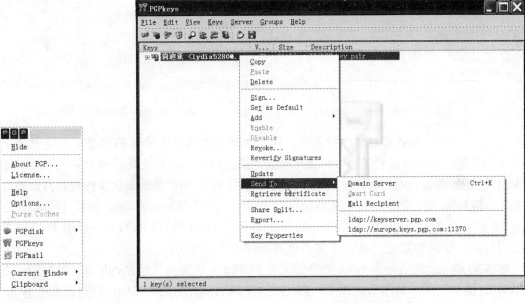

图 3.26　弹出菜单选项　　　　　　　　　图 3.27　发送公钥到域服务器

当然，私钥是不会发送出去的。发送成功后会有一个提示信息。需要说明的是，如果 PGP 是免费版则不能上传到 PGP 公司的公钥服务器上。

② 仍然是在系统托盘中 PGP 图标上单击鼠标右键，选择 "Options（选项）"，还需要设置 PGP 程序。有关各选项卡配置的注意事项请读者参照帮助文档解决。

（3）PGP 应用——邮件签名和验证

lydia 向 cgh 发送了一封经过签名的电子邮件，cgh 想要知道这个邮件是否确实是 lydia 发来的，以及在传送过程中有没有被第三方修改。假设 lydia 和 cgh 使用的都是 PGP 8.0.3 以及 Foxmail 6.0。

① lydia 使用 Foxmail 新建一封给 cgh 的邮件，填写正确的收件人、邮件主题以及邮件正文，接着在系统托盘 PGP 图标上右键选择 "Current Window→Sign"，这样发送时邮件会被自动签名，如图 3.28 所示。

② 单击 "发送" 按钮发信。在 cgh 这边，收到的邮件在 Foxmail 中的显示如图 3.29 所示。可以看到，没有安装 PGP，照样可以阅读经过数字签名的邮件，只不过如果想要知道邮件的确切来源以及完整性，就需要 PGP 的帮助了。

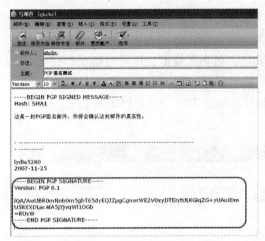

图 3.28　签名邮件　　　　　　　　　　　　图 3.29　cgh 收到签名邮件

③ 如果是第一次收到这个发件人的邮件，PGP 首先需要连接到 PGP 公钥服务器上下载这个人的公钥，随后可以看到一个需要选择公钥的窗口。如果是免费版的 PGP，则无法连接到 PGP 公钥服务器，而需要通过其他手段将对方用 PGP 所产生的公钥文件传到自己的计算机上，如将 lydia 的公钥文件复制到移动存储设备中，然后再复制给 cgh，或者使用 SSH 方法将 lydia 的公钥文件通过网络传输给 cgh。cgh 获得了 lydia 的公钥文件后，使用 PGP 软件将该公钥导入，这时 PGP 已经拥有了签名这封邮件的人的公钥。

图 3.30 是 cgh 没有导入 lydia 的公钥之前 PGPkeys 状态，只包含 cgh 自己的密钥，当导入了 lydia 的公钥后，如图 3.31 所示，PGPkeys 中既有 cgh 自己的密钥，同时也有了 lydia 的公钥，接下来就可以对 lydia 发送过来的邮件进行签名的验证了。

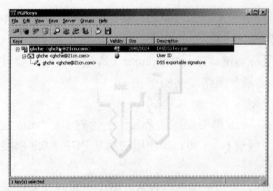

图 3.30　cgh 自己的密钥　　　　　　　　　图 3.31　下载或导入 lydia 的公钥

④ 单击锁形图标上的 "Current Window→Decrypt & Verify"，然后要求选择用于解密的公钥，选择 lydia 的公钥，接着看到如图 3.32 所示的信息。

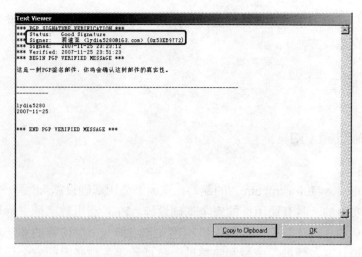

图 3.32　用 lydia 的公钥验证签名

在这里主要看的是以下这些信息。

*** PGP SIGNATURE VERIFICATION ***

*** Status:　　Good Signature

*** Signer:　　莉迪亚 <lydia5280@163.com> (0x53EB9772)

*** Signed:　　2007-11-25 23:23:12

*** Verified:　　2007-11-25 23:51:23

*** BEGIN PGP VERIFIED MESSAGE ***

Good Signature 说明签名邮件在传输过程中没有被第三方修改过，是完整的，而下面的 Signer 一行则显示了真正的发件人，你可以用这里显示的电子邮件地址和你收到的邮件中显示的电子邮件地址对比，看看是否是同一个人发过来的。如果这两点都符合了，那么就已经可以确定邮件来自正确的发件人，而且是完整的，未经修改过的。在这一段内容之后显示的是邮件的正文内容。

（4）下面有三个应用，请读者按照要求完成其实现过程。

① PGP 应用二——邮件的加密和解密。

cgh 想使用电子邮件向 lydia 发送机密信息，因此他使用 PGP 加密了邮件，lydia 在收到后使用 PGP 解密邮件并查看内容。cgh 使用了 OE6 和 PGP 桌面版，lydia 使用了 Outlook 2003 和 PGP 桌面版。这个应用有一个前提，就是，如果 cgh 只希望 lydia 能解密邮件，那么在加密邮件的时候就要选择使用 lydia 的公钥进行加密，只有拥有对应私钥的人才可以解密邮件内容。

② PGP 应用三——数据文件的加密。

想要把硬盘上的一些机密数据通过网络或者其他方法传输，可是担心安全问题。在这里可以使用 PGP 创建自解密的加密文件。方法是，在想要加密的文件或者文件夹上单击鼠标右键，然后在"PGP"菜单下选择"Encrypt（加密）"。

③ PGP 应用四——创建加密的磁盘文件。

"我的电脑"上保存了一些机密数据，想把这些数据加密，只有在需要的时候才解密这些数据。在这种情况下，可以使用 PGPdisk 功能，这个功能会在硬盘上创建一个使用自己的公钥加密的磁盘文件，平时可以使用 PGP 把这个文件映射为一个硬盘分区，把机密数据保存到这个映射出来的分区中。使用完后释放磁盘文件，这时之前映射的分区已经消失了，而数据已经被加密保存在磁盘文件中。

3.4 超越与提高

3.4.1 公钥基础设施 PKI

1. PKI 概述

PKI 是 "Public Key Infrastructure" 的缩写，意为 "公钥基础设施"，是一个用非对称密码算法原理和技术实现的、具有通用性的安全基础设施。PKI 利用数字证书标识密钥持有人的身份，通过对密钥的规范化管理，为组织机构建立和维护一个可信赖的系统环境，透明地为应用系统提供身份认证、数据保密性和完整性、抗抵赖等各种必要的安全保障，满足各种应用系统的安全需求。简单地说，PKI 是提供公钥加密和数字签名服务的系统，目的是为了自动管理密钥和证书，保证网上数字信息传输的机密性、真实性、完整性和不可否认性。

PKI 产生于 20 世纪 80 年代，发展壮大于 20 世纪 90 年代。近年来，PKI 已经从理论研究阶段过渡到产品开发阶段，市场上也陆续出现了比较成熟的产品或解决方案。目前，PKI 的生产厂家及其产品很多，具代表性的有 Baltimore Technologies 公司的 UniCERT、Entrust 公司的 EntrustPKI5.0 和 VeriSign 公司的 OnSite。另外包括一些大的厂商，如 Microsoft、Netscape 和 Novell 等，也已开始在自己的网络基础设施产品中增加 PKI 功能。

2. PKI 功能组成结构

PKI 公钥基础设施体系主要由密钥管理中心、CA 认证机构、RA 注册审核机构、证书/CRL 发布系统和应用接口系统五部分组成，其功能结构如图 3.33 所示。

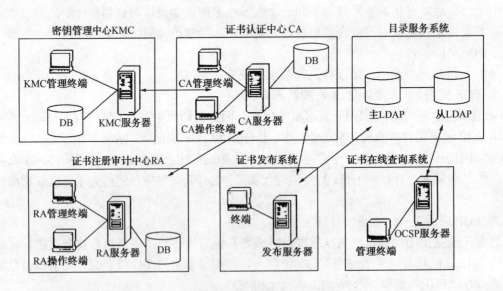

图 3.33　PKI 的功能组成结构

（1）密钥管理中心（KMC）。密钥管理中心向 CA 服务器提供相关密钥服务，如密钥生成、密钥存储、密钥备份、密钥恢复、密钥托管和密钥运算等。

（2）CA 认证机构。CA 认证机构是 PKI 公钥基础设施的核心，它主要完成生成/签发证书、生成/签发证书撤销列表（CRL）、发布证书和 CRL 到目录服务器、维护证书数据库和审计日志库等功能。

（3）RA 注册审核机构。RA 是数字证书的申请、审核和注册中心。它是 CA 认证机构的延伸。在逻辑上 RA 和 CA 是一个整体，主要负责提供证书注册、审核以及发证功能。

（4）发布系统。发布系统主要提供 LDAP 服务、OCSP 服务和注册服务。注册服务为用户提供在线注册的功能；LDAP 提供证书和 CRL 的目录浏览服务；OCSP 提供证书状态在线查询服务。

（5）应用接口系统。应用接口系统为外界提供使用 PKI 安全服务的入口。应用接口系统一般采用 API、JavaBean 和 COM 等多种形式。

3.4.2　证书认证中心 CA

1．CA 概述

CA 是 PKI 的核心组成部分，是数字证书的申请及签发机关。证书是公开密钥体制的一种密钥管理媒介，是一种权威性的电子文档，形同网络计算环境中的一种身份证，用于证明某一主体（如人、服务器等）的身份以及公开密钥的合法性。在使用公钥体制的网络环境中，必须向公钥的使用者证明公钥的真实合法性，必须有一个可信的机构来对任何一个主体的公钥进行公证，证明主体的身份以及他与密钥的匹配关系，CA 正是这样的机构。

数字证书认证中心（Certificate Authority，CA）是整个网上电子交易安全的关键环节。它主要负责产生、分配并管理所有参与网上交易的实体所需的身份认证数字证书。每一份数字证书都与上一级的数字签名证书相关联，最终通过安全链追溯到一个已知的并被广泛认为是安全、权威、足以信赖的机构——根认证中心（根 CA）。

电子交易的各方都必须拥有合法的身份，即由数字证书认证中心机构（CA）签发的数字证书，在交易的各个环节，交易的各方都需要检验对方数字证书的有效性，从而解决了用户信任问题。CA 涉及电子交易中各交易方的身份信息、严格的加密技术和认证程序。基于其牢固的安全机制，CA 应用可扩大到一切有安全要求的网上数据传输服务。

数字证书认证解决了网上交易和结算中的安全问题，其中包括建立电子商务各主体之间的信任关系，即建立安全认证体系（CA）；选择安全标准（如 SET、SSL）；采用高强度的加、解密技术。其中安全认证体系的建立是关键，它决定了网上交易和结算能否安全进行，因此，数字证书认证中心机构的建立对电子商务的开展具有非常重要的意义。

认证中心（CA），是电子商务体系中的核心环节，是电子交易中信赖的基础。它通过自身的注册审核体系，检查核实进行证书申请的用户身份和各项相关信息，使网上交易的用户属性客观真实性与证书的真实性一致。认证中心作为权威的、可信赖的、公正的第三方机构，专门负责发放并管理所有参与网上交易的实体所需的数字证书。

2．CA/RA 简介

证书机制是目前被广泛采用的一种安全机制，使用证书机制的前提是建立 CA 以及配套的 RA（Registration Authority——注册审批机构）系统。

CA 中心，又称为数字证书认证中心，作为电子商务交易中受信任的第三方，专门解决公钥体系中公钥的合法性问题。CA 中心为每个使用公开密钥的用户发放一个数字证书，数字证书的作用是证明证书中列出的用户名称与证书中列出的公开密钥相对应。CA 中心的数字签名使得攻击者不能伪造和篡改数字证书。

在数字证书认证的过程中，证书认证中心（CA）作为权威的、公正的、可信赖的第三方，其作用是至关重要的。认证中心就是一个负责发放和管理数字证书的权威机构。同样 CA 允许管理员撤销发放的数字证书，在证书废止列表（CRL）中添加新项并周期性地发布这一数字签名的 CRL。

RA（Registration Authority），数字证书注册审批机构。RA 系统是 CA 的证书发放、管理的延伸。它负责证书申请者的信息录入、审核以及证书发放等工作；同时，对发放的证书完成相应的管理功能。发放的数字证书可以存放于 IC 卡、硬盘或软盘等介质中。RA 系统是整个 CA 中心得以正常运营不可缺少的一部分。

3. 认证中心的功能

概括地说，认证中心（CA）的功能有：证书发放、证书更新、证书撤销和证书验证。CA 的核心功能就是发放和管理数字证书，具体描述如下所述。

- 接收验证最终用户数字证书的申请。
- 确定是否接受最终用户数字证书的申请——证书的审批。
- 向申请者颁发、拒绝颁发数字证书——证书的发放。
- 接收、处理最终用户的数字证书更新请求——证书的更新。
- 接收最终用户数字证书的查询、撤销。
- 产生和发布证书废止列表（CRL）。
- 数字证书的归档。
- 密钥归档。
- 历史数据归档。

认证中心为了实现其功能，主要由以下三部分组成。

（1）注册服务器。通过 Web Server 建立的站点，可为客户提供每日 24 小时的服务。因此客户可在自己方便的时候在网上提出证书申请和填写相应的证书申请表，免去了排队等候等烦恼。

（2）证书申请受理和审核机构。它的主要功能是接受客户证书申请并进行审核。

（3）认证中心服务器。数字证书生成、发放的运行实体，同时提供发放证书的管理、证书废止列表（CRL）的生成和处理等服务。

本 章 小 结

本章主要从密码学的基础入手，详细地介绍了两种常用的密码体制——对称密码体制和非对称密码体制，并且讨论了两种密码体制各自的优缺点和适用范围。本章还对应用这两种密码体制的数据加密和数字签名技术和数字证书做了重点而详尽的讲解，并通过实例的方式让读者通晓什么是数据加密和数字签名，以及数字证书是用来做什么的，如何申请、颁发、下载和使用它。在"超越和提高"环节，安排了 PKI 和 CA 的内容，因为这是目前应用国际电子商务平台的整体安全体系框架的基础和保证，所以要求读者一定要对此有一定的了解。另外，本章在实验环节安排的实验项目——数字证书的应用操作和 PGP 的邮件加密和签名，将使读者对前面的理论知识有一个感性的认识，理解得更透彻。

本 章 习 题

1. **每题有且只有一个最佳答案，请把正确答案的编号填在每题后面的括号中。**

（1）以下不属于非对称密码算法的是（　　　）。

A. 计算量大　　　　B. 处理速度慢　　　　C. 使用两个密码　　　　D. 适合加密长数据

（2）数字签名技术使用（　　）进行签名。

A. 发送方的公钥　　　　　　　　　　B. 发送方的私钥

C. 接收方的公钥　　　　　　　　　　D. 接收方的私钥

（3）CA 的作用是（　　　）。

A. 数字签名　　　　　　　　　　　　B. 数据加密

C. 身份认证　　　　　　　　　　　　D. 第三方证书授权机构

（4）最有效的保护 E-mail 的方法是使用加密签字，如（　　　）来验证 E-mail 信息。通过验证 E-mail 信息，可以保证信息确实来自发信人，并保证在传输过程中没有被修改。

A. Diffie-Hellman　　　　　　　　　　B. Pretty Good Privacy（PGP）

C. Key Distribution Center（KDC）　　D. IDEA

（5）加密在网络上的作用就是防止有价值的信息在网上被（　　　）。

A. 拦截和破坏　　　B. 拦截和窃取　　　C. 篡改和损坏　　　D. 篡改和窃取

（6）不对称加密通信中的用户认证是通过（　　）确定的。

A. 数字签名　　　B. 数字证书　　　C. 消息文摘　　　D. 公钥与私钥关系

2. **选择合适的答案填入空白处。**

（1）在密码学中，通常将源信息称为_____，将加密后的消息称为_____。这个变换处理过程称为_____过程，它的逆过程称为_____过程。

（2）常见的密码技术有_____和_____。

（3）DES 算法属于_____密码技术。

（4）不对称加密算法中，任何一个密钥都可以用于加密和解密，但不能_____。

（5）数字签名技术的主要功能是_____、发送者的身份认证、防止交易中的抵赖发生。

（6）CA 是 PKI 的核心组成部分，是数字证书的_____机关。

3. **简要回答下列问题。**

（1）简述公钥体制和私钥体制的主要区别。

（2）RSA 算法的基本原理和主要步骤。

（3）简述对称加密和非对称加密的适用场合。

（4）数字签名和数据加密的原理。

（5）数字证书包含哪些内容？用到了什么技术？

（6）密码学在网络安全中的作用以及未来的发展方向。

第 4 章　网络应用服务的安全

在实际组网的过程中，架设网络服务器重要的并不是安装，而是网络应用与服务的配置，即怎么规划一个网络服务管理与应用权限分配。另外，一个更重要的是网络资源使用管理与安全问题，你应该确切地知道需要哪些服务，并且仅仅安装你确实需要的服务，根据安全原则，最少的服务＋最小的权限＝最大的安全。例如，在网络服务器中，通常都会存有好多并不公开或提供下载的文件或程序，这些资料多数是某个网络的机密文件，也可能是某个用户的程序源代码。由此可以看出，网络应用服务的安全是十分重要的问题。在这一章中：

你将学习

◇ NTFS 文件系统。
◇ 共享文件夹的安全管理。
◇ 安全配置 Web 服务器和 FTP 服务器。

你将获取

△ Web 与 FTP 服务器的安全配置方法。
△ 使用 NTFS 权限与 Web 服务器访问权限。
△ 使用 SSL 构建安全的 Web 服务器的方法。

4.1　案例问题

4.1.1　案例说明

1. 背景描述

某高职院校现有教学楼 2 幢，共计 8 000 平方米，可容纳 120 多个教学班；有教师办公室、阅览室、资料室、校内闭路系统、多媒体电子教室、演播室等；有实训中心、实验大楼各一幢，图书实验楼 1 幢，面积 2 300 平方米，内设物理、化学、生物、实验、电教、语言、计算机房（联网计算机 50 套）。2004 年投资 200 多万元建成千兆位骨干校园网络，还拥有多功能网络机房、"电子阅览室"、教师"电子备课室"等现代化的教学设施；阅览室、图书室藏书 8.5 万册，报刊 219 种。艺体楼一幢，面积 2 195 平方米，内设健身房、音乐教室、舞蹈室、画室、琴房。学生餐厅 1 幢，2 层，共计 1 528 平方米，实行微机售饭。学生宿舍楼两幢，标准运动场 1 个，训练馆 1 个，现有的设施可容纳 5000 多名学生在校就读。

学校现有教职工 244 人，其中专职数师 108 人，教辅人员 136 人，教师中达到大学本科或以上学历的占教师总数的 90%，其中高级职称 48 人，中级职称 125 人，初级职称 71 人，在校学生 5 000 余人，另有短期培训学员 300 余人。学校的网络应用服务区域，需要面向 5 000多名师生、三个校区及一批学生宿舍，因此，需要建立综合的、集成的网络应用服务安全防护平台。

2. 需求分析

为了加强信息基础设施和教育资源建设，进一步加强计算机与网络管理，实现校园网络化和信息化，促进网络应用推广，提高校园管理的工作效率，实现办公自动化，学校决定对新老校区网络进行结构改造，新老校区内部实现千兆位光纤连接，对外采用路由器连接广域网络，对内实现网络统一管理，资源共享，对外提供信息发布，构建学校与外界交流的窗口。

学校校园网的建成，为学校教育教学活动管理的信息发布以及开展工学结合、校外实践顶岗实训，全面提高职业教育质量提供了有利的条件。具体来说，网络应用服务需求如下所述。

（1）需要构建一个网站，对外发布学校信息，对内实现教育教学统一化管理。网站发布学校新闻、通知、学校的活动等相关内容，同时为学校提供相关教育教学管理平台，老师、学生、学校领导等相关人员通过网址和授权登录教育教学管理系统，完成相关工作，缩短工作时间和提高工作效率。

（2）校园网需要实现计算机间的高速互访，同时可以访问 Internet。需要解决不同楼宇、不同楼层之间通过移动存储设备传送文件资料费时、费力的问题。

（3）通过校园网实现办公自动化，提高工作效率。创造一个集成化的办公环境，为学校教学辅助人员提供多功能的桌面办公环境，解决办公人员处理不同事务需要使用不同工作环境的问题。支持信息传递，解决由人工传送纸介质或磁介质信息的问题，实现工作效率和可靠性的有效提高。

（4）校园网需要有文件传输平台，实现资源共享功能。师生通过校园网连接和登录服务器，下载和上传教学资料，特别是校外的师生通过学校校园网的网址登录，能够下载课件、教学软件、授课资料等。

（5）为了满足校园网的可持续性发展要求，进一步提升学校的综合竞争实力，需要将校园网构建成安全稳定、可管理的网络。具体来说，校园网需要严密的安全配置，包括用户配置、应用配置、服务配置、系统配置等。

（6）网络的状态是不断变化的，校园网管理不是静态的，一直都处于发展变化中。当启用新的网络应用服务和有新的用户加入时，需要调整安全配置、实施新的网络安全策略，针对所出现的问题采取新的防范措施。

3. 解决方案

（1）在校园网上安装和配置一个 Web 服务器，实现对外发布学校新闻，对内提供教育教学管理平台，老师、学生、学校领导等相关人员通过身份认证登录教育教学管理系统，完成相关教育教学管理工作。与此同时，构建一个 FTP 服务器来下载和上传文件，通过配置 FTP 服务器，授权学校师生通过域名、用户名和密码登录 FTP 服务器，使用不同的权限来访问 FTP 服务器上的教学资源。

（2）为了实现校园网内部计算机之间互相访问，同时可以访问 Internet，将校园网内同一工作性质、不同地理位置的计算机划分为同一 IP 段，并编排在工作组模式的局域网中，这些计算机通过网上邻居实现高速互访、传送资料文件等。

（3）对用户实行统一的管理，对访问权限实行分级管理，实现流量控制、端口镜像，针对老师、学生、领导上网做不同的设置，满足他们的相关要求。同时，对师生访问的网站、使用的上网软件、下载和上传等做不同的限制。

（4）建立证书机制，让服务器和客户端之间彼此验证。服务器与客户端的浏览器之间通过认证建立加密套接字协议层的连接，使得信息加密后再进行传送。

（5）实行网络应用服务质量管理，实现内部用户的分级管理，对用户下载和上传做相应的带宽限制。

（6）提供详细的访问统计报表，以便掌握学校师生对校园网和 Internet 的使用情况，及时地对安全访问策略做出调整。

4.1.2　思考与讨论

1．阅读案例并思考以下问题

（1）以你的观察和分析，说明对于校园网什么样的解决方案才能满足其需求呢？

提示：校园网的解决方案，应该立足于管理，以优质的产品做支撑，选择最适合的安全产品，以一定的技术手段来实现。一定要立足于管理，安全技术是依靠管理技术来实现的，也就是说，要以策略为核心，如要保证校园网稳定、安全地运行，要达到什么目标，什么可以做，什么绝对不能做，需要什么样的组织和人员，要建立什么样的技术规范，都是要考虑的。

以策略为核心，以管理为基础，以技术为手段来实现校园网应用服务的安全，即从学校师生的应用角度出发，为校园网量身定做一份未来几年，甚至十几年的安全解决方案。要达到这个目的，必须去发现目前的网络应用系统存在什么样的风险，如果想了解风险，就必须知道需要承担什么样的风险。综合起来，就可以去了解要保护校园网需要做哪些事情，需要什么样的安全解决方案来达到目的，每一步都需要做到可操作。

校园网的安全管理和维护是一项系统工程，涉及面比较广泛，更多地需要依赖于良好的网络应用服务体系和管理员长期积累的经验。对于一个具有良好安全性的网络应用服务系统而言，首要问题是运行稳定，不能盲目地追求新设备、新技术，不断升级网络系统，每一项网络系统的改动都必须经过严格的测试后才能投入到实际的运行环境中。

（2）以你的专业基础和理解，说明校园网对账户设置与权限配置有什么要求？

提示：在校园网上使用选择性访问控制应考虑以下几点。

① 某人可以访问什么应用程序和网络服务？

② 某人可以访问什么文件？

③ 谁可以创建、读或删除某个特定的文件？

④ 谁是管理员或"超级用户"？

⑤ 谁可以创建、删除和管理用户？

⑥ 某人属于什么组，以及相关的权利是什么？

⑦ 当使用某个文件或文件夹时，用户有哪些权利？

常见的安全级别内容其中也包括了一些网络权力。

① 管理员组享受广泛的权力。

② 服务器操作员具有共享和停止共享资源、锁住和解锁服务器、格式化服务器硬盘、登录到服务器以及备份和恢复服务器的权力。

③ 打印操作员具有共享和停止共享打印机、管理打印机、从控制台登录到服务器以及关掉服务器等权力。

④ 备份操作员具有备份和恢复服务器、从控制台登录到服务器和关掉服务器等权力。

⑤ 账户操作员具有生成、取消和修改用户、全局组和局部组，不能修改管理员组或服务器操作员组的权力。

⑥ 复制者与目录复制服务联合使用。

⑦ 用户组可执行授予它们的权力，访问授予它们访问权的资源。

⑧ 访问者组仅可执行一些非常有限的权力，所能访问的资源也很有限。

2．专题讨论

（1）校园网的应用服务主要有哪些？

参考：

① 文件服务。客户端可以共享本地文件，通过文件系统远程调用服务器上的文件，实现校园网内文件共享。

② 打印服务。充当打印服务器的计算机可以接受其他机器的打印任务，用户可以轻松地监视当地或远程的打印服务。

③ 域名服务。域名服务主要用于构建域名解析服务。域名解析服务是将网络上一个具有意义的字符名称转换为服务器的 IP 地址的服务。在浏览器中输入 www.sina.com.cn 这样的域名时，使用的就是 DNS 服务。

④ 动态主机配置协议服务。动态主机配置协议服务主要用于构建 DHCP 服务。由于 Internet 上的 IP 地址资源有限，因此目前很多拨号上网的用户使用的是随机分配的 IP 地址，这就是 DHCP 的服务作用。

⑤ Web、FTP、E-mail 服务。Web 服务是目前最重要的应用服务，与 FTP、E-mail、多媒体和数据库服务等紧密集成，通过浏览器收发邮件和上传下载文件等已经日益普及；FTP 服务器上存储了大量的共享或免费软件和资料，可以根据需要连接到特定的 FTP 服务器上下载文件，经过授权还可以向 FTP 服务器上传文件；E-mail 是 Internet/Intranet 上最经典的服务，通过申请一个电子邮箱，就可以向其他拥有邮箱的用户发送文件、声音和图片等。

⑥ 代理服务。代理服务器实际上就是一台计算机，安装上代理服务软件后，为校园网内的所有计算机提供接入 Internet 的网络服务。

（2）电子邮件可能遇到的安全风险有哪些？

参考：

① E-mail 的漏洞。邮件在 Internet 上传送时，会经过很多中间节点，如果中途没有什么阻止它，最终会到达目的地。邮件在传送过程中通常会做几次短暂停留，因为其他的邮件服务器会查看信头，以确定该信息是否发给自己，如果不是，服务器会将其转送到下一个最可能的地址，它是一个存储转发系统。邮件服务器有一个路由表，在那里列出了其他邮件服务器的目的地址。当服务器读完信头，意识到邮件不是发给自己时，它会迅速地将信息送到目的地服务器或离目的地最近的服务器。

② 匿名转发邮件。在正常的情况下，发送电子邮件会尽量将发送者的名字和地址包括到邮件的附加信息中。但有时候发送者希望将邮件发送出去，而不希望收件者知道是谁发的。这种发送邮件的方法被称为匿名邮件。实现匿名的一种最简单的发送方法是简单地改变电子邮件软件里发送者的名字，但这是一种表面现象，因为通过信息表头中的其他信息，仍能够跟踪发送者。而让发送者的地址完全不出现在邮件中的唯一方法是让其他人发送这个邮件，邮件中的发信地址就变成了转发者的地址了。现在 Internet 上有大量的匿名邮件转发器（或称为匿名邮件服务器），发送者将邮件发送给匿名邮件转发器，并告诉它邮件希望发送给谁，该

匿名转发器删去所有的返回地址信息,再发给真正的收件者,并将自己的地址作为返回地址插入邮件中。

③ 垃圾电子邮件。电子邮件轰炸可以描述为不停地接到大量的、同一内容的电子邮件,在短时间内,一条信息可能被传给成千上万的不断扩大的用户。主要风险来自电子邮件服务器,如果邮件很多,服务器会脱网,甚至导致系统崩溃。

4.2 技术视角

4.2.1 文件系统安全

NTFS(New Technology File System)是一个特别为网络和磁盘配额、文件加密等管理安全特性设计的磁盘格式。与 FAT 分区相比,NTFS 分区可以进一步设置相关的文件访问权限,而且相关用户组指派的文件权限也只有在 NTFS 格式分区上才能体现出来。

1. NTFS 权限及优点

(1)NTFS 权限。NTFS 文件系统是一种安全的文件系统,它支持文件访问控制,人们可以设置文件和目录的访问权限,控制谁可以使用这个文件,以及如何使用这个文件。

① "拒绝访问"表示尽管用户拥有文件夹的访问权限,但是还是不能访问相关资源。在网站中,如果将"IUSR_计算机名称"账户设置为"拒绝访问",则所有的匿名用户均无法访问网站资源。

② "读取"表示用户可查看文件及文件属性。

③ "修改"表示用户可浏览、修改文件及文件属性,包括在文件夹下删除、添加文件或增加文件属性。

④ "完全控制"表示用户可以修改、添加、移动、删除文件及和文件相关的属性与文件夹。除此之外,他们还可变更所有文件及子文件夹的权限设置。

⑤ "读取与执行"表示用户可以执行可执行文件或应用程序。

⑥ "列出文件夹目录"表示用户可查看文件夹内容的清单。

⑦ "写入"表示用户可写入数据内容到文件中。

使用过 NTFS 分区的人会发现,计算机中的共享和来宾账户都打开了,但是别人无论怎么访问都提示"权限不足",即使给共享权限里添加了来宾账户甚至管理员账户也无效,这是为什么呢?其原因是 NTFS 将这部分拦截了,必须理清一个概念,那就是如果对某个共享文件夹的访问权限做了什么设置,例如,添加或删除访问成员,其相应的 NTFS 权限成员也要做出相应地修改,即共享权限成员和 NTFS 权限成员必须一致或者为"Everyone"成员,在 Windows 2003 Server 或 Windows Server 2000 以及 Windows XP 系统里出于安全因素,文件夹时常会缺少 Everyone 权限,因此,即使共享权限里设置了 Everyone 或 Guest,它仍然会被 NTFS 权限因素阻止访问。如果 NTFS 权限成员里有共享权限成员的存在,那么访问的权限就在共享权限里匹配,例如,一个文件夹的共享权限里打开了 Everyone 只读访问权限,那么即使在 NTFS 权限里设置了 Everyone 的完全控制权限,通过共享途径访问的用户依然只有"只读"的权限,但是如果在 NTFS 权限成员或共享权限成员里缺少 Everyone 的话,这个文件夹就无法被访问了。因此要获得正常的访问权限,除了做好共享文件夹的权限设置工作以外,还要在共享文件夹上右击→"属性"→"共享",在里面添加 Guest 和 Everyone 权限并设置相应的访问规则（完全控制、可修改、可读取等），如果没有其他故障因素，就会发现共享正常开启访问了。

最好所有的分区都是 NTFS 格式，因为 NTFS 格式的分区在安全性方面提供了保障。就算其他分区采用别的格式（如 FAT32），但至少系统所在的分区中应是 NTFS 格式。另外，应用程序不要和系统程序放在同一个分区中，以免攻击者利用应用程序的漏洞（如微软的 IIS 的漏洞）导致系统文件的泄露，甚至让入侵者远程获取管理员权限。

（2）NTFS 的优点。

① 具备错误预警的文件系统。在 NTFS 分区中，最开始的 16 个扇区是分区引导扇区，其中保存着分区引导代码，接着就是主文件表（Master File Table，以下简称 MFT），但如果它所在的磁盘扇区恰好出现损坏，NTFS 文件系统会比较智能地将 MFT 换到硬盘的其他扇区，保证了文件系统的正常使用，也就是保证了 Windows 的正常运行。而 FAT16 和 FAT32 的 FAT（文件分配表）则只能固定在分区引导扇区的后面，一旦遇到扇区损坏，那么整个文件系统就要瘫痪。

但这种智能移动 MFT 的做法并非十全十美，如果分区引导代码中指向 MFT 的部分出现错误，那么 NTFS 文件系统便会不知道到哪里寻找 MFT，从而会报告"磁盘没有格式化"这样的错误信息。为了避免这样的问题发生，分区引导代码中会包含一段校验程序，专门负责侦错。

② 文件读取速度更高效。NTFS 文件系统不仅在安全性方面有很多新功能，而且 NTFS 在文件处理速度上比 FAT32 大有提升。通常，文件有只读、隐藏和系统等属性。在 NTFS 文件系统中，这些属性还都存在，但有了很大不同。在这里，一切东西都是一种属性，就连文件内容也是一种属性。这些属性的列表不是固定的，可以随时增加，这也就是为什么在 NTFS 分区上看到文件有更多的属性。

NTFS 文件系统中的文件属性可以分成两种：常驻属性和非常驻属性。常驻属性直接保存在 MFT 中，像文件名和相关时间信息（例如创建时间、修改时间等）永远属于常驻属性；非常驻属性则保存在 MFT 之外，但会使用一种复杂的索引方式来进行指示。如果文件或文件夹小于 1500 字节（其实实际中有相当多这样大小的文件或文件夹），那么它们的所有属性，包括内容都会常驻在 MFT 中，而 MFT 是 Windows 一启动就会载入到内存中的，这样当查看这些文件或文件夹时，其实它们的内容早已在缓存中了，自然大大提高了文件和文件夹的访问速度。

③ FAT 的效率不如 NTFS 高。FAT 文件系统的文件分配表只能列出每个文件的名称及起始簇，并没有说明这个文件是否存在，而需要通过其所在文件夹的记录来判断，而文件夹入口又包含在文件分配表的索引中。因此在访问文件时，首先要读取文件分配表来确定文件已经存在，然后再次读取文件分配表找到文件的首簇，接着通过链式的检索找到文件所有的存放簇，最终确定后才可以访问。

④ 磁盘自我修复功能。NTFS 利用一种"自我疗伤"的系统，可以对硬盘上的逻辑错误和物理错误进行自动侦测和修复。在 FAT16 和 FAT32 时代，需要借助 Scandisk 这个程序来标记磁盘上的坏扇区，但当发现错误时，数据往往已经被写在了坏的扇区上，损失已经造成。

NTFS 文件系统则不然，每次读写时，它都会检查扇区正确与否。当读取时发现错误，NTFS 会报告这个错误；当向磁盘写文件时发现错误，NTFS 将会十分智能地换一个完好位置存储数据，操作不会受到任何影响。在这两种情况下，NTFS 都会在坏扇区上做标记，以防今后被使用。这种工作模式可以使磁盘错误较早地被发现，避免灾难性的事故发生。

⑤ "防灾赈灾"的事件日志功能。在 NTFS 文件系统中，任何操作都可以被看成是一个"事件"。比如，将一个文件从 C 盘复制到 D 盘，整个复制过程就是一个事件。事件日志一直监督着整个操作，当它在目标地——D 盘发现了完整文件，就会记录下一个"已完成"的标记。假如复制中途断电，事件日志中就不会记录"已完成"，NTFS 可以在来电后重新完成刚才的事件。事件日志的作用不在于它能挽回损失，而在于它监督所有事件，从而让系统永远知道完成了哪些任务，哪些任务还没有完成，保证系统不会因为断电等突发事件发生紊乱，最大程度地降低了破坏性。

⑥ 附加的功能。其实，NTFS 还提供了磁盘压缩、数据加密、磁盘配额、动态磁盘管理等功能。

NTFS 能更充分有效地利用磁盘空间、支持文件级压缩、具备更好的文件安全性。如果只安装 Windows 2003 Server，建议选择 NTFS 文件系统。如果是多重引导系统，则系统盘（C盘）必须为 FAT16 或 FAT32，否则不支持多重引导。当然，其他分区的文件系统可以为 NTFS。

2. NTFS 权限的继承性

在同一个 NTFS 分区内或不同的 NTFS 分区之间移动或复制一个文件或文件夹时，该文件或文件夹的 NTFS 权限会发生不同的变化。

① 在同一个 NTFS 分区内移动文件或文件夹，权限不变。

② 在不同的 NTFS 分区之间移动文件或文件夹，继承目的分区中文件夹的权限。

③ 在同一个 NTFS 分区内复制文件或文件夹，继承目的位置中文件夹的权限。

④ 在不同的 NTFS 分区之间复制文件或文件夹，继承目的位置中文件夹的权限。

运行一个 Windows 操作系统，对其进行各方面的安全设置，测试设置能否达到预期的效果，在此过程中要结合一些网络方面的最新方法，例如，在一些账号安全方面，运用一些安全软件加上系统的设置，这样效果明显比旧的方法好。

3. 共享文件夹权限管理

（1）共享文件夹。共享文件夹被用来向网络用户提供对文件资源的访问，可以包括应用程序、公用数据或用户个人数据。当一个文件夹被共享的时候，用户可通过网络连接到该文件夹并访问其中的文件，但用户需要拥有访问共享文件夹的权限。

（2）共享文件夹权限。

读权限：用户可以读取文件夹中的文件，即可以阅读文件夹中的文件内容。

修改权限：用户可以创建文件夹、向文件夹中添加文件、改变文件中的数据、向文件中添加数据、改变文件属性、删除文件夹和文件，并能执行读权限允许的操作。

完全控制权限：用户可以改变文件权限、获取文件的所有权，并执行修改权限允许的所有任务。（读权限＋修改权限≠完全控制权限）

（3）共享文件夹权限特点。共享文件夹权限用于文件夹而不是单独的文件。共享文件夹权限只能用于整个共享文件夹，不能用于共享文件夹中的单个文件或子文件夹。

共享文件夹权限只适用于通过网络连接文件夹的用户，对存储共享文件夹的计算机上的用户访问则不受限制。

① 把共享文件的权限从Everyone组改成授权用户。共享文件夹访问权限的配置方法很简单，都是在文件夹（不能对单独文件设置共享）属性对话框中进行，但权限配置选项要根据具体情况而定。一要看是 FAT 格式，还是 NTFS 格式，虽然配置方法基本一样，但其中的共享权限选项不完全相同；另外，还要区分是否是简单文件共享方式，因为它也关系到具体的配置方法。

除了文件夹上默认的共享权限外，还可以自己添加需要共享该文件夹的用户。任何时候都不要把共享文件的用户设置成"Everyone"组，默认的共享文件夹（包括打印共享）权限是完全控制，被设置到 everyone 组上，一定要进行修改。

② 关闭默认共享。从安全角度考虑，应尽可能地减少网络中的共享文件夹数量，如果确实需要共享，也应尽可能减少拥有高共享权限的用户数，或者降低每个共享用户的共享权限。

在 Windows 系统中，安装完成后会自动创建一些隐藏的共享，如图 4.1 所示。

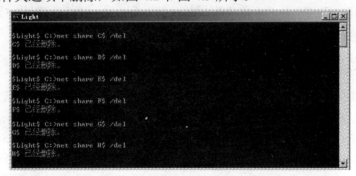

图 4.1　查看默认共享

这些默认的共享给黑客入侵带来了方便，所以要关闭这些默认的共享来提高网络系统的安全性。

首先在命令提示符下使用"net share 共享名 /del"来删除不需要的共享，或者在计算机管理中的共享文件夹选项中删除，如图 4.2 和图 4.3 所示。

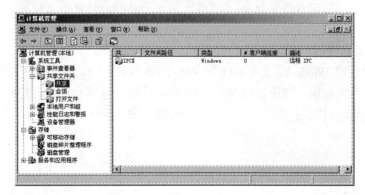

图 4.2　删除默认共享（1）

图 4.3　删除默认共享（2）

但是通过这种方法删除默认共享，系统重启时还是会出现，所以这里需要修改注册表来彻底删除默认共享。

打开注册表编辑器，然后展开"HKEY_LOCAL_MACHINE"，再展开到"SYSTEM\CurrentControlSet\Services\LanmanServer\Parameters"，在右边选择"AutoShareWks"键，然后将其值改成 1，这样就可以彻底关闭系统默认共享设置，如图 4.4 所示。

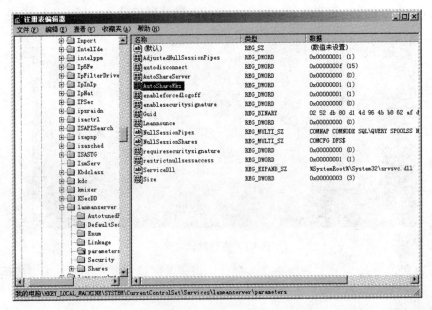

图 4.4　修改注册表

同理，文件和打印共享是一个非常有用的功能，但在不需要它的时候，也是黑客入侵的很好的安全漏洞，所以在没有必要共享的情况下，最好也将它们禁用。

4.2.2　Web 服务器权限与 NTFS 权限

有了 NTFS 访问权限以及 Web 服务器的安全性做基础，便可对文件和文件夹定义不同层次的访问标准，以授予 Windows 用户或用户组。例如，如果有客户打算向某服务商租用虚拟主机或者进行整机托管，建立网站，那么该服务商的网络管理员就为该网站的文件夹或文件设置权限。该权限将只允许服务器管理员与该客户有权更新网站的内容，一般公众用户只能浏览该 Web 站点，而无法改动内容。网络管理员可控制哪些用户及计算机可以访问网站并使用其资源。可以同时使用 NTFS 及 Web 服务器的安全功能，将某些文件夹或文件的访问权指定给特定的用户。

1. 访问控制的过程

只要正确地设置 Windows 文件系统与 Web 服务器的安全功能，就可控制用户访问 Web 服务器的内容。每当有用户试图访问 Web 服务器时，服务器就会执行一定的访问控制程序来辨别用户，并决定允许的访问等级。访问控制流程如图 4.5 所示。

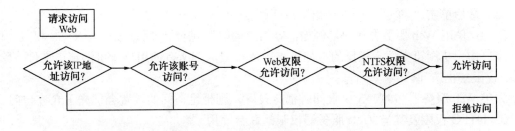

图 4.5 访问控制流程

其具体过程解释如下。

① 用户端向服务器提出访问请求。

② 服务器如果被设置成必须提出证明，此时会向用户端提出验证请求。浏览器则会请求用户输入用户名称及密码，或者自动提供该信息。

③ 用户端 IP 地址会和 IIS 中所有的 IP 地址限制相互核对。如果该 IP 地址遭到拒绝，则请求失败，然后用户会收到"403 禁止访问"的信息。

④ IIS 检查用户的 Windows 用户账户是否有效。如果无效，则请求失败，用户会收到"403 禁止访问"的信息。

⑤ IIS 检查用户是否有请求资源的 Web 访问权限。如果无效，则请求失败，用户会收到"403 禁止访问"的信息。

⑥ IIS 检查是否有该资源的 NTFS 权限。如果用户没有该资源的 NTFS 权限，则请求失败，用户收到"401 访问拒绝"的信息。

⑦ 如果用户有 NTFS 权限，则请求会得到响应。

2．设置 Web 服务器权限

Web 服务器权限适用于所有访问 Web 和 FTP 站点的用户。而 NTFS 权限只针对合法 Windows 账户内的特定用户或用户组而设置。NTFS 控制服务器实体文件夹的访问，而 Web 和 FTP 权限则控制 Web 或 FTP 站点的虚拟目录访问。通常联合使用这两种权限来进行安全管理。

在 Internet 信息服务管理器中，选取一个 Web 站点、虚拟目录或文件，并开启其属性页面，然后按以下步骤操作。

（1）在主目录、虚拟目录或文件页面上，勾选或取消下列复选框。

① "读取"（默认为选取）：用户可浏览文件内容及属性。

② "写入"：用户可变更目录或文件内容及属性。

③ "脚本资源访问"：允许用户访问文件的原始代码（如 ASP 程序）。如果选取了"读取"，则可读取原始代码；如果选取了"写入"，则可改写原始代码。

④ "目录浏览"：用户可以浏览目录，查看文件清单。

⑤ "日志访问"：每次访问 Web 站点都会建立一个日志项目。

⑥ "索引此资源"：如此可方便日后搜寻资源。

（2）在"执行许可"选项中，选择适当的指令执行权限。

① "无"：不可在服务器上执行指令，如 ASP 应用程序或其他可执行文件。

② "纯脚本"：只有脚本程序如 ASP 可在服务器上执行。

③ "脚本和可执行程序"：脚本和可执行程序均可在服务器上执行。

（3）最后单击"确定"按钮，如图 4.6 所示。

注意：停用 Web 服务器权限，例如，停用"读取"，则无论用户账户的 NTFS 权限为何，所有用户均无法浏览文件。相反的，如果启用该权限，则所有的用户皆可浏览该文件，除非 NTFS 权限禁止访问。

如果 Web 服务器和 NTFS 权限同时都有设置，则拒绝访问的设置会优先于允许访问。

3. NTFS 权限及其与 Web 服务器权限的联合使用

Internet 服务管理器依靠 NTFS 权限来保护个别文件和文件夹不会受到未经授权访问。Web 服务器权限适用于所有的用户，而 NTFS 权限则用来明确定义用户访问内容的资格，以及处理内容的方式。

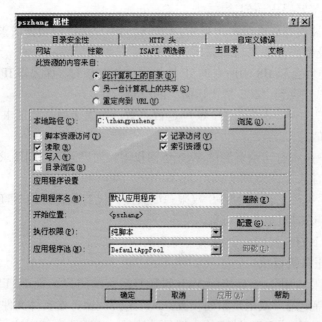

图 4.6 设置 Web 服务器的权限

（1）何时需要设置 NTFS 权限。可以通过设置 NTFS 的访问权限来控制对 Web 服务器文件夹与文件的访问，也可以使用 NTFS 权限来定义希望授予具有合法 Windows 账户之特定用户及用户组的访问等级。如果要避免未经授权的访问，就必须适当的设置文件与文件夹的权限。

当设置某个文件夹或文件为共享时，对于 Windows 用户组 Everyone（包括每一位用户）而言，默认的 NTFS 文件夹与文件权限为"完全控制"。这意谓着每一位用户都拥有修改、移动以及删除文件或文件夹的权限，并且可以变更 NTFS 权限。此默认值可能并不适用于所有的文件夹和文件，故常常需要重新设置 NTFS 权限。

为确保服务器的安全，要尽可能地删除不必要的用户与用户组。不过，在将 Everyone 组从 Web 服务器的"任意访问控制清单（DACL）"中删除之后，如果不做进一步的修正，会造成连匿名用户都无法访问的情形发生。这时也需要重新设置 NTFS 权限。

如果没有在硬盘驱动器、文件夹或是文件的属性对话框中看到"安全"选项卡，则说明服务器的文件系统并不是 NTFS。若要将文件系统转换成 NTFS，在命令提示符下输入命令 convert x:/fs:ntfs，式中 x 是要转换格式的驱动器名。

（2）设置 NTFS 权限。双击"我的电脑"图标，选取并用鼠标右击欲设置安全性的硬盘驱动器、文件夹或文件,然后在快捷菜单上单击"属性"命令,出现"属性"对话框,单击"安全"选项卡,选取需要变更权限的 Windows 账号。单击打勾来允许访问,单击取消打勾来拒绝访问。若需其他选项,单击"高级"按钮。NTFS 权限的设置页面如图 4.7 所示。

注意:"拒绝"的优先权比"允许"高。若将用户组的访问权限设置成"拒绝",则所有用户的访问权限都会被取消。

(3) 添加或删除 Windows 账户的 NTFS 权限到指定的用户。在"安全"选项卡中,单击"添加"按钮可以加入用户或用户组;单击"删除"按钮可以删除用户或用户组。

在"选择用户或组"对话框中,选择对象类型、查找位置、输入对象名称来选取网上相连的一台计算机或域,其上的用户或用户组将被添加或授予 NTFS 权限,如图 4.8 所示。

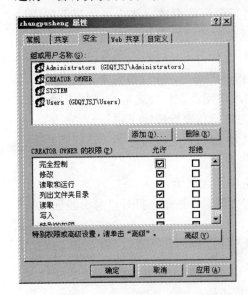

图 4.7 设置 NTFS 权限

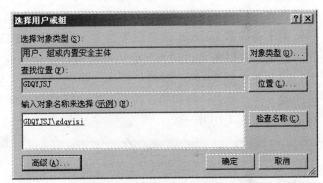

图 4.8 将 NTFS 权限指派给用户

(4) 联合使用举例。假设有文件\Administration\jimi.doc,用户或用户组对它的 NTFS 访问权限设置如表 4.1 所示。

表 4.1 NTFS 对权限的再限制

Windows 2003 Server 用户或用户组	权 限
GDQYJSJ\Administrators	完全控制
GDQYJSJ\zhangpusheng	修改
GDQYJSJ\Guests	拒绝访问

设此文件是某网站中的一个文件,网站允许匿名访问。那么,对该文件的访问权限是怎样设置的呢?

除了 Administrators 组之外,只有 zhangpusheng 这个账户才可对 jimi.doc 做修改。而以 Windows Guests 组成员名义登录网站的用户包括匿名用户,则被规定不允许访问该文件。

设置好 NTFS 权限之后,需要再对 Web 服务器进行设置,使之在用户进入受控制的文件前,先识别(或验证)其身份。可设置服务器的验证功能,请求用户在登录时必须具有合法的 Windows 账户名称及密码。

如果 NTFS 权限与 Web 服务器的权限发生冲突，系统会采用最具限制性的设置。也就是说，拒绝访问权限的优先权会高于允许访问权限的设置。这样，本例中的网站允许匿名访问，但该网站中的文件 jimi.doc 拒绝匿名访问，结果仍然是拒绝匿名访问此文件。

4.2.3 网络应用服务的安全配置

1. 身份验证和访问控制

在 Windows 中，对于通过 HTTP 协议访问，Internet 信息服务提供了三种登录认证方式，它们分别是匿名方式、明文方式和询问/应答方式。用户采用哪种方式取决于用户建立 Internet 信息服务器的目的。如果建立网站的目的是为了做广告，那么可以选择匿名方式。因为访问者中的大多数是第一次访问网站，用户不可能也没有必要为他们建立账户。如果希望通过 Internet 信息服务器为访问者提供电子邮件寄存或信息交付等网络服务，则需要选用明文方式。因为在这种方式下，访问者必须使用用户名和密码进行访问，可有效地保护数据信息的安全性。如果 Internet 信息服务器的访问者主要是网络内部的用户，并且希望服务器中的信息受到最安全的保护，可选择询问/应答方式。这种方式要求访问者在访问之前先进行访问请求，在得到许可后才可进行访问，这样，访问者对服务器的访问在直接控制下进行。

由于在许多 Internet 信息服务器上，对 Web、FTP 及 SMTP 虚拟服务器的访问都是匿名的，这里，就以匿名访问为例介绍如何进行安全认证设置。

（1）在如图 4.9 所示的对话框中，单击"目录安全性"选项卡。

（2）在"匿名访问和验证控制"选项区域中，单击"编辑"按钮，打开"身份验证方法"对话框，如图 4.10 所示。

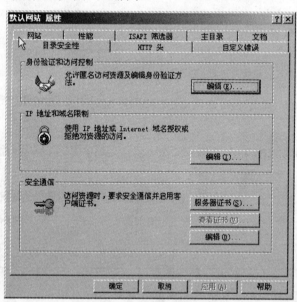

图 4.9 "目录安全性"选项卡　　　　图 4.10 设置匿名访问和验证控制

（3）要选择匿名认证方式，启用"匿名访问"复选框。在安装 Internet 信息服务时，系统将自动创建一个匿名账号：IUSR_计算机名，如果计算机名为 GDQY-LI3HFOGLBS，则匿名账号为：IUSR_GDQY-LI3HFOGLBS。使用"IUSR_计算机名"账号可以将 Web 客户登录到服务器上。允许匿名服务时，管理员可更改用户匿名请求的用户账号，并可更改此账号的密码。在"用户名"文本框中直接输入用户账号名,或者单击"浏览"按钮,打开"选择用户"对话框,选择一个要添加的用户账号。

匿名访问是 Web 站点最普遍的一种访问控制方式。它一方面允许所有人进入 Web 站点的公共区;另一方面,防止未经授权的用户进入服务器的重要管理区域及获取私密信息。

假设 Web 站点是个博物馆,匿名访问就好比允许观众参观公共画廊和展厅。但有的房间可能不希望观众进入,可将其锁上。在设置 Web 服务器的匿名访问时,可以应用 NTFS 权限来防止一般人访问私密文件或文件夹。

(4)在"身份验证方法"对话框中,启用"允许 IIS 控制密码"复选框,或者在"密码"文本框中输入用户账号密码。

(5)单击"确定"按钮,返回到"默认网站属性"对话框,然后单击"确定"按钮关闭对话框。

如果 Web 和 FTP 服务禁用匿名访问或访问受 NTFS 访问控制列表限制时,系统会自动使用明文方式进行认证,需要访问者的用户名和密码。这时,就需要选择登录验证访问方法,Internet 信息服务可选的验证方法有基本验证、Windows 域服务器的简要验证和 Windows 验证。一般选择 Windows 验证,因为基本验证是一种明文密码验证,可能会造成未经过加密的密码在网络上传输,非法访问者可使用协议分析器在验证过程中检查用户密码;Windows 域服务器的简要验证是一种简要的身份验证,使 Internet 信息服务与 Windows 域账号管理器一起工作进行验证,仅要求用户账号并将账号密码保存为加密明文文本,不利于验证信息的安全性。要使用 Windows 验证,在"身份验证方法"对话框中的"验证访问"选项区域中,启用"继承 Windows 验证"复选框。

2. IP 地址及域名限制

通过 IP 地址及域名限制,用户可禁止某些特定的计算机或者某些区域中的主机对 Web 和 FTP 站点及 SMTP 虚拟服务器的访问。当有大量的攻击和破坏来自于某些地址或者某个子网时,使用这种限制机制是非常有用的。不过,进行 IP 地址及域名限制的首要条件是用户必须知道网络黑客的计算机使用哪些 IP 地址或属于哪些网络区域,否则无法进行限制。对基于 Internet 的信息服务器,网站接受来自于各个方面的访问,用户很难进行地址限制。一般的,只有基于内部网络的信息服务器才使用 IP 地址及域名进行安全保护。下面就以 Web 站点为例介绍 IP 地址及域名限制的设置过程。

(1)如图 4.9 所示,在"IP 地址和域名限制"文本框中单击"编辑"按钮,打开"IP 地址和域名限制"对话框,如图 4.11 所示。

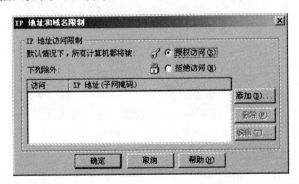

图 4.11　设置 IP 地址及域名限制

（2）如果选择"授权访问"单选按钮，除了"下例除外"列表框中的计算机外，其他所有的计算机都可以访问该 Web 站点上的内容。如果选择"拒绝访问"单选按钮，除了"下例除外"列表框中的计算机外，其他所有的计算机都不能够访问 Web 站点上的内容。

（3）假若选择"授权访问"单选按钮，就需要添加没有访问权限的计算机。单击"添加"按钮，打开"拒绝访问"对话框，如图 4.12 所示。

（4）如果要对单个计算机进行限制，选择"一台计算机"单选按钮，并在"IP 地址"文本框中输入要拒绝的计算机的 IP 地址；或者单击"DNS 查找"按钮，打开"DNS 查找"对话框，选择某个 DNS 域中要拒绝的计算机。如果要对一组计算机进行限制，选择"一组计算机"单选按钮，在"网络标识"文本框中输入要拒绝的一组计算机中的任何一台计算机的 IP 地址，并在"子网掩码"文本框中输入子网掩码。如果要对某个域中的计算机进行限制，选择"域名"单选按钮，并在"域名"文本框中输入拒绝访问域的域名。这样，被添加的一台计算机、一组计算机或者一个域的客户机将拒绝访问服务器，而其他的客户机则有访问权。

（5）单击"确定"按钮，返回到"IP 地址和域名限制"对话框，单击"确定"按钮返回到"默认网站属性"对话框，单击"确定"按钮保存设置。

3. SMTP 虚拟服务器的安全设置

（1）常规选项卡。指定 SMTP 虚拟服务器的名称和 IP 地址，接收和发送连接的方式，是否启用日志记录功能，以及设置使用的记录日志格式，如图 4.13 所示。

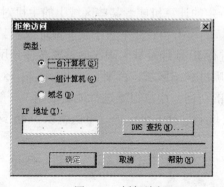

图 4.12　授权访问　　　　　　图 4.13　SMTP 虚拟服务器属性（1）

单击"高级"按钮，出现"虚拟服务器的连接设置"对话框，其中"传入"为虚拟服务器收信部分的设置，最大的连接数和等待连接的秒数，"传出"为虚拟服务器转寄邮件的设置，SMTP 的端口号默认为 25、最大连接数、连接等待的秒数和每一个网络的最大连接数。

（2）访问选项卡。访问选项卡用于设置限制其他计算机、网络或用户的访问权限，如图 4.14 所示。访问控制用于设置邮件转寄的身份验证；安全通信用于设置访问虚拟服务器时是否使用加密方式；连接控制用于限制使用 SMTP 虚拟服务器的 IP 地址和域名；中继限制用于添加允许或不允许转寄信息的 IP 地址和域名。

例如，单击"身份验证"按钮，可以选择"基本身份验证"或"集成 Windows 身份验证"来设置可接受的身份验证方法，如图 4.15 所示。

（3）邮件选项卡。邮件选项卡用于设置邮件本身的相关参数。

限制邮件大小为：最大的邮件尺寸，如果收到的邮件信息超过"限制邮件大小为"文本框中的数字，则不予处理，只要不超过"限制邮件大小为"文本框中的数字，依然会处理。

限制会话大小为：设置的连接最大数量，若是超过就会自动关闭连接。

限制每个连接的邮件数为：设置在一个连接的情况下，最大的邮件数。

限制每个邮件的收件人数为：指定同一封邮件的收件人数，默认为 100 位。

将未发送报告的副本发送到：如果邮件无法转寄，就送到此邮件地址，需要用户输入正确的电子邮件地址。

死信目录：无法转寄的邮件退回后存储的文件夹。

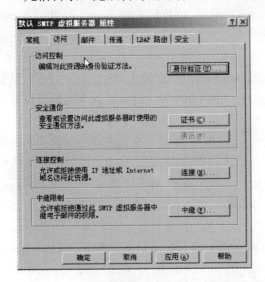

图 4.14　SMTP 虚拟服务器属性（2）

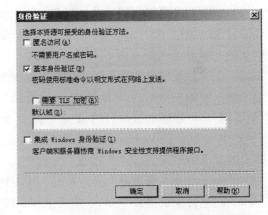

图 4.15　"身份验证"对话框

（4）传递选项卡。传递选项卡用于设置关于 SMTP 虚拟服务器邮件寄送的相关事项。

出站：重新尝试的间隔时间，可以有 4 个不同的间隔时间。

本地：本地网络设置，延迟通知传递延迟的时间，以便传递无法寄送的通知，过期超时未传递邮件的等待时间。

出站安全：设置 SMTP 虚拟服务器在转送给其他服务器时需要的认证或证书。单击"高级"按钮，出现高级发送对话框，各个选项的说明如下所述。

最大跳数：一封邮件寄达目的地可能经过很多的服务器，设置最多可以有几台服务器。

虚拟域：设置取代邮件显示的域名。

对传入的邮件执行反向 DNS 搜索：设置检查发件人的地址，决定邮件是否真的是发件人计算机寄出的电子邮件。

（5）安全选项卡。安全选项卡用于设置 SMTP 虚拟服务器的操作者，主要是指定 SMTP 虚拟服务器的使用权限，主要有以下两种情况。

① IIS 和 SMTP 虚拟服务器在同一台主机且使用相同的 IP 地址，不需要指定用户的权限一样可以使用虚拟服务器。

② IIS 和 SMTP 虚拟服务器不在同一台计算机，这台远程的 SMTP 虚拟服务器需要添加用户，才能使用虚拟服务器转寄邮件。

4.3 网络应用服务安全的实验

4.3.1 Web 服务器与 FTP 服务器的安全配置

1. 实验目的

通过实验，了解 Windows 操作系统中 Web 服务器的安全漏洞，了解文件传输的安全漏洞等问题，学会 Web 服务器与 FTP 服务器的安全配置。

2. 实验条件

在 Vmware 环境下，要求真实机安装 Windows XP 系统，虚拟机安装 Windows 2003 Server 或 Windows Server 2000，并且完全安装 IIS 服务。

3. 实验内容和步骤

（1）删除不必要的虚拟目录。打开 "C:\Inetpub\wwwroot"，删除在 IIS 安装完成后，默认生成的目录，包括 IISHelp、IISAdmin、IISSamples、MSADC 等。这些默认生成的目录是众所周知的，容易给入侵者留下入侵的机会。

（2）在 "目录安全性" 页面添加被拒绝或允许访问的 IP 地址。在选中 "授权访问" 的情况下，可以添加被拒绝的 IP 地址或 IP 地址组，其他未提到的 IP 地址视为允许访问。如选中 "拒绝访问"，可以添加被允许的 IP 地址或 IP 地址组，其他未提到的 IP 地址视为禁止访问。

（3）停止默认的 Web 站点和 FTP 站点。在 "Internet 服务管理器" 上，右击 "默认网站"，在弹出的菜单中单击 "停止" 按钮。

在 "Internet 服务管理器" 上，右击 "默认 FTP 站点"，在弹出的菜单中单击 "停止" 按钮。

（4）在主目录页面设置 Web 主目录和 FTP 主目录。例如，在 FTP 主目录下，设置 FTP 的路径 d:\iis\ftp，该目录不要与系统路径在同一个磁盘分区，删除 Everyone 用户组，设置其他用户的权限为可读不可写，只对管理员用户保留完全控制权。

（5）对 IIS 中的文件和目录进行分类、区别设置权限。对于 Web 主目录中的文件和目录，单击鼠标右键，在 "属性" 中按需要给它们分配适当的权限。在一般情况下，静态文件允许读，拒绝写；ASP 脚本文件、exe 可执行程序等允许执行，拒绝读、写；通常不要开放写权限。此外，所有的文件和目录要将 Everyone 用户组的权限设置为只读权限。

对于 FTP 取消 "允许匿名连接"，在 "FTP 站点操作员" 中只留下系统管理员一个账号。

在 "账号安全" 页面中，取消 "允许匿名连接" 选项，在 "FTP 站点操作员" 中只留下系统管理员一个账号（之前已经配置了相对安全的系统管理员账号和密码）。所以，在 FTP 站点操作员中只留下系统管理员，这就要求只有知道账号和密码的用户才可以登录和管理 FTP 服务器，限制了匿名用户等其他用户的行为。

（6）删除不必要的应用程序映射。在 "Internet 服务管理器" 中，右击网站 MyWeb，选择 "属性"，在网站目录属性对话框的 "主目录" 页面中，单击 "配置" 按钮。

在弹出的 "应用程序配置" 对话框的 "应用程序映射" 页面，删除无用的程序映射。在大多数情况下，只需要留下.asp 一项即可，将.ida、.idq、.htr 等全部删除，以避免攻击者利用这些程序映射存在的漏洞对系统进行攻击。

（7）维护日志的安全。

① 修改 IIS 日志的存放路径。在默认情况下，IIS 的日志存放在%windir%\system32\logfiles，

黑客当然非常清楚,所以最好修改一下其存放路径。在"Internet 服务管理器"中,右击网站目录,选择"属性",在网站目录属性对话框的"Web 站点"页面中,在选中"启用日志记录"的情况下,单击旁边的"属性"按钮,在"常规属性"页面,单击"浏览"按钮,选择存放路径 d:/iis/log。

在"Internet 服务管理器"中,右击网站 MyFTP,选择"属性"。在 FTP 站点目录属性对话框的"FTP 站点"页面中,选择"启用日志记录"选项;也可以单击"属性"按钮,修改保存日志的路径,设置文件和文件夹的权限,以保护日志的安全性。

② 修改日志访问权限,设置只有管理员才能访问。设置 Log 目录只能为管理员访问。

(8) 修改端口值。在"Internet 服务管理器"中,右击网站 MyWeb,选择"属性"。在网站目录属性对话框的"Web 站点"页面中,Web 服务器默认端口值为 80,这是众所周知的,而端口号是攻击者可以利用的一个便利条件。将端口号改用其他值(如 8080)增加安全性,当然也会给用户访问带来不便,根据需要决定是否采用此条策略。

在"Internet 服务管理器"中,右击网站 MyFTP,选择"属性"。在 FTP 站点目录属性对话框的"FTP 站点"页面中,FTP 服务器默认端口值为 21,这是众所周知的,而端口号是攻击者可以利用的一个便利条件。将端口号改用其他值(如 2121)来增加安全性。

4.3.2 使用 SSL 构建安全的 Web 服务器

1. 实验目的

通过实验,了解在局域网或 Internet 上实际建立安全 Web 站点的基本过程,学会使用 SSL 构建安全的 Web 服务器的方法,以及安装证书颁发机构、向 CA 提交证书请求、CA 颁发证书、安装数字证书、客户机浏览器信任 CA 的操作。

2. 实验条件

在 Vmware 环境下,使用一虚拟机安装 Windows 2003 Server,并且安装配置 Web 服务和 DNS 服务,另一虚拟机(PC2)安装 Windows 2000 Professional,真实机(PC1)安装 Windows XP Professional。

实验网络拓扑图如图 4.16 所示。Sca、Sweb 和 Sdns 分别是证书颁发服务器、Web 服务器和 DNS 服务器的计算机名称。PC1 用做 Web 的客户机,PC2 安装监听工具用做窃听者。

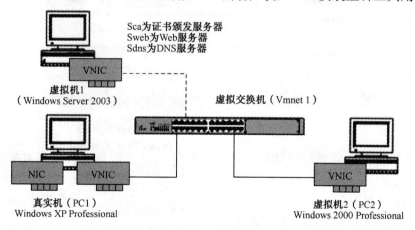

图 4.16　实验网络结构

3．实验内容和步骤

（1）搭建实验网络。可参考如图 4.16 所示的结构连接网络，在各个计算机上设置好 IP 地址、子网掩码等，通过 Ping 命令测试网络的连通性。

（2）Sca 服务器上的操作——安装证书颁发机构。在服务器 Sca 上，安装配置好 IIS。因为证书颁发机构安装完成后，会在默认的 Web 站点下生成一个名为 CertSrv 的虚拟目录，网上的用户（这里就是 Web 服务器 Sweb）通过这个虚拟目录向此证书颁发机构申请数字证书，URL 是"http://Sca 的域名或 IP 地址或计算机名/CertSrv"。当然也可在安装证书颁发机构之后再安装 IIS，新建一个站点或虚拟目录，主目录指向证书颁发机构的页面文档目录 x:\winnt\system32\certsrv。

安装证书颁发机构的操作步骤如下所述。

① 单击"开始"→"设置"→"控制面板"命令，在"控制面板"窗口中，单击"添加/删除程序"→"添加/删除 Windows 组件"命令，启动"Windows 组件向导"。

② 选中"证书服务"组件，系统提示"安装证书服务后，不能重命名计算机，并且计算机不能加入域或从域中删除。要继续吗？"，单击"是"按钮，单击"下一步"按钮继续。

③ 在"证书颁发机构类型"页面选择"独立根 CA"。有四种类型的 CA 可以选择：企业根 CA、企业下级 CA、独立根 CA 和独立下级 CA。企业根 CA 与独立根 CA 的区别在于，前者需要 Active Directory 的支持而后者不需要。独立根 CA 与企业根 CA 一样，都是 CA 体系中最受信任的 CA。单击"下一步"按钮继续。

④ 在"CA 标识信息"对话框中，填写 CA 标识信息。实验中暂把 CA 命名为"证书颁发实验室"填写一些项目。单击"下一步"按钮继续，如图 4.17 所示。

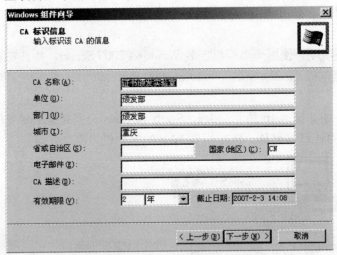

图 4.17　CA 标识信息

⑤ 在"数据存储位置"对话框中，使用默认的证书数据库和证书数据库日志位置 x:\WINNT\system32\CertLog，x 代表 Windows Server 2003 所在的盘符。单击"下一步"按钮继续，系统将提示从 Windows Server 2003 安装光盘上复制文件，重新配置相关组件，最后建立一个独立的根证书颁发机构"证书颁发实验室"。

⑥ 查看刚才安装的证书分发机构"证书颁发实验室"。单击"开始"→"设置"→"控制面板"，在"控制面板"窗口中，双击"管理工具"→"证书颁发机构"图标，可以看到"证

书颁发实验室"已经在运行,如图 4.18 所示。

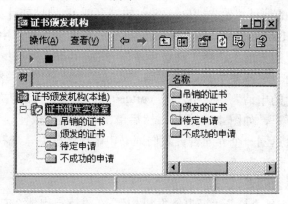

图 4.18　证书颁发机构控制台

（3）Web 服务器 Sweb 上的操作——申请数字证书。现在,Web 服务器 Sweb 即可向 CA 服务器的"证书颁发实验室"提出颁发数字证书的申请了。操作步骤如下所述。

① "创建一个新的证书"申请。此证书申请包含此 Web 服务器的标识信息,提交给 CA,CA 签名颁发后成为正式的证书。

启动 Internet 服务管理器,打开在 Sweb 上建立的 Web 站点（可以预先制作一个简单的 Web 页面,或者就用默认的 Web 站点,本例中建立了一个网站名为"网上购书中心"的站点）,选择"目录安全性"选项卡,单击"服务器证书"按钮,如图 4.19 所示。

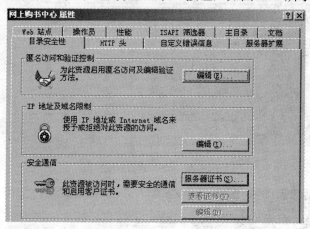

图 4.19　Web 站点属性

因为是第一次申请证书,所以在随后出现的界面中选择"创建一个新的证书",然后单击"下一步"按钮。在随后出现的"命名和安全设置"界面中输入证书的名称和密钥的位长,使用默认的名称（默认为网站的名称"网上购书中心"）和加密位长（默认为 512）就可以了继续单击"下一步"按钮,后两个界面分别是填写服务器证书申请者的组织信息和 Web 站点的公用名称。公用名称可以使用 Web 站点的域名、计算机名或 IP 地址。最后出现保存证书请求的界面,保存的文件名使用默认的 certqeq.txt 即可。

注意：这个文件"certqeq.txt"就是 Web 服务器要提交给 CA 的证书申请,这里是暂时保存在 Web 服务器上的。在后面的操作中会把它提交给 CA 的证书颁发机构。

② 把申请提交给 Sca 上的证书颁发机构。提交申请可用电子邮件的方式,也可用下面介

绍的方式。

在 Sweb 的浏览器的地址栏输入"http://Sca 的域名或 IP 地址或计算机名称/CertSrv",本例输入"http://192.168.1.2/CertSrv"。在证书颁发机构的页面上选择"申请证书",单击"下一步"按钮。在随后出现的界面上选择"高级申请",然后单击"下一步"按钮。

在接着出现的界面上选择使用 base64 编码方式来提交证书申请,然后单击"下一步"按钮。在"提交一个保存的申请"栏目下,把 certqeq.txt 文本文件的内容复制粘贴到"base64 编码证书申请"对话框里,如图 4.20 所示。然后单击"提交"按钮。

提交成功以后,会返回一个界面告诉我们证书申请已经收到,现在被挂起等待 CA 来颁发。

(4) 在 Sca 服务器上颁发证书。

① 在 Sca 的管理工具里打开"证书颁发机构",在"待定申请"中找到刚刚的申请条目,单击鼠标右键选择"颁发"命令,如图 4.21 所示。

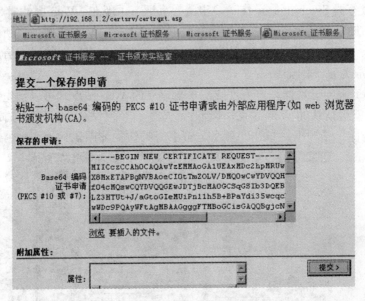

图 4.20　提交保存的申请

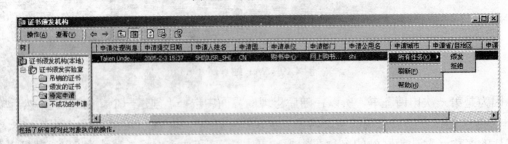

图 4.21　待定申请与颁发证书

② 在"颁发的证书"里找到刚才颁发的证书,双击其属性栏目,然后在"详细信息"里单击"复制到文件"按钮,弹出"证书导出向导"界面。

③ 把证书导出到一个文件。这里把证书导出到 CA 服务器的某共享文件夹如 D:\CertConfig,任意命名为 sqltest.cer,如图 4.22 所示。这个文件也就是 CA 对 Web 服务器证书请求的答复文件。

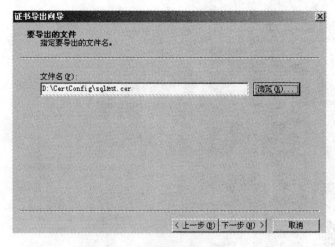

图 4.22 把证书导出到 cer 文件

（5）在 Web 服务器 Sweb 上安装数字证书，配置安全的 Web 服务器。

① 回到服务器 Sweb 的 Web 属性管理界面里重新选择证书申请，这时出来的是"挂起的证书请求"对话框。单击"下一步"按钮，弹出"处理挂起的证书请求"对话框，如图 4.23 所示。

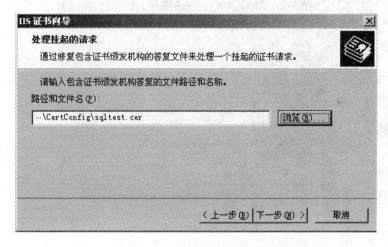

图 4.23 处理挂起的证书请求

② 在对话框的"路径和文件名"下面单击"浏览"按钮，从网上邻居中找到 Sca 服务器上共享文件夹 certconfig 里刚才导出的 CA 的答复文件 sqltest.cer，单击"下一步"按钮。

③ 确定随后出现的界面上的证书详细信息正确以后，继续单击"下一步"按钮，完成服务器证书的安装。

④ 配置安全的 Web 服务器。打开"网上购书中心"站点属性对话框，在"目录安全性"的"安全通信"选项卡上单击"编辑"按钮，弹出如图 4.24 所示的对话框。在"安全通信"栏选择"申请安全通道"，在"客户证书"栏选择"忽略客户证书"，然后单击"确定"按钮完成 SSL 的启用。

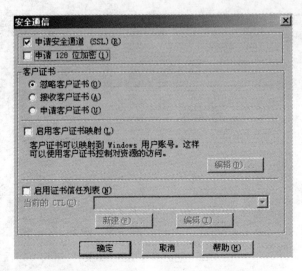

图 4.24　安全通信参数选取

现在可以看到 SSL 端口已经激活，输入保留的端口号 443，如图 4.25 所示。

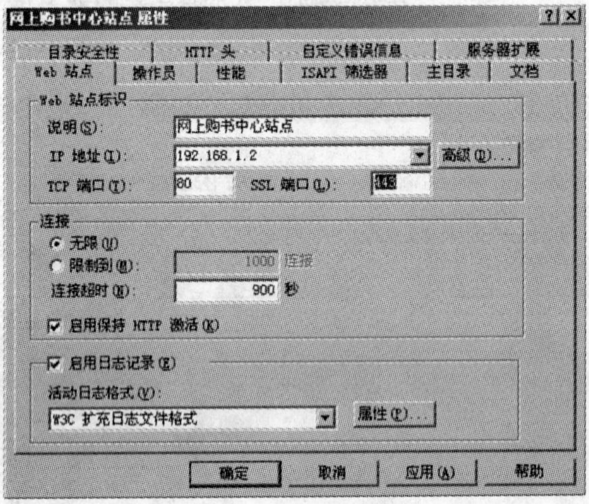

图 4.25　激活的 SSL 端口

至此，在 Web 服务器上的有关 SSL 的安装配置全部完成，接下来可以在客户 PC1 上进行访问 SSL 安全站点 Sweb 的相关操作了。

（6）PC1 上的操作——信任 Sca 上的证书颁发机构。在 Sca 上建立的 CA 是不在浏览器默认的受信任的根目录证书发行机构列表内的，故在浏览器与 Web 服务器建立 SSL 连接时会报警提示该站点的安全证书有问题，实验时可以在 PC1 上先不做信任操作来验证这一点。然后在 PC1 上进行信任这个证书颁发机构的操作：下载 Sca 的根证书并安装为受信任的根目录证书发行机构（注意这里只是把该 CA 导入到浏览器的受信任的 CA 列表中，不是安装客户证书）。操作步骤如下所述。

① 打开 PC1 的浏览器，输入"http://192.168.1.2/certsrv"进入认证中心 CA 服务器的证书申请对话框。

② 在此对话框中，选择"检索 CA 证书或证书吊销列表"任务，单击"下一步"按钮出现"检索 CA 证书或证书吊销列表"界面，单击"下载 CA 证书"按钮，将"证书颁发实验

室"的根 CA 证书下载到本地，默认的存放文件名为"certnew.cer"。

③ 打开"certnew.cer"证书文件，如图 4.26 所示，图中文字说明为"该 CA 根证书不受信任，要启用信任，请将该证书安装到受信任的根证书颁发机构存储"，单击"安装证书"按钮，则启动"证书导入向导"。

④ 单击"下一步"按钮，在弹出的"证书存储"对话框中，选择"将所有的证书放入下列存储区"，单击右侧的"浏览"按钮调出"选择证书存储"对话框，选中"受信任的根证书颁发机构"，单击"确定"按钮。

⑤ 单击"下一步"按钮，最后单击"完成"按钮，完成证书导入向导。到此，该证书颁发机构已经被 PC1 的浏览器信任。

（7）测试与验证。

① 客户 PC1 与 Web 服务器 Sweb 之间的 SSL 安全访问。在地址栏里输入 httpS://pszhang（注意必须输入 httpS，不输入"S"则不能建立连接），打开 Web 站点的"网上购书中心"主页。注意：在网页的右下角有一把锁的符号，说明现在这个网站 Sweb 与 PC1 交互的所有信息都是以加密的方式来传送的。

② 对 SSL 保密性的验证。在 PC2 上开启网络监听工具来监听 PC1 与 Web 站点之间使用 SSL 加密前后的通信。可以发现，使用 SSL 加密后网络监听工具所得到的信息都将残缺不全了。

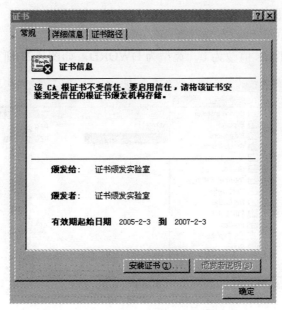

图 4.26　安装 CA 证书

4.4　超越与提高

4.4.1　注册表配置

注册表是 Windows 系统的核心数据库，里面只存放了某些文件类型的应用程序信息。修改注册表需要使用注册表编辑程序 regedit。

注册表是包括应用程序、硬件设备、设备驱动程序配置、网络协议和适配卡设置等信息的数据库。注册表包含了许多文件，例如，config.sys，autoexec.bat，system.ini，win.ini，protocol.ini，lanman.ini，control.ini，system.dat，user.dat，sam 以及一些其他文件的功能。它是一个具有容错功能的数据库，一般不会崩溃。如果系统出现错误，日志文件使用 Windows 能够恢复和修改数据库，以保证系统正常运行。

注册表的数据结构由以下 4 个子树构成。

① HKEY_LOCAL_MACHINE：含有本地系统的部分信息。这些信息包括硬件设置、操作系统设置、启动控制数据和驱动器的驱动程序。

② HKEY_CLASS_ROOT：含有与对象的连接与嵌套（OLE）和文件级关联相关的信息。

③ HKEY_CURRENT_USER：含有正在登录上网的用户信息。包括用户所属的组、环境变量、桌面设置、网络连接、打印机和应用程序等。

④ HKEY_USER：含有所有登录入网的用户信息。包括从本地访问系统的用户和远程登录的用户信息存储在注册表的远程机器中。

1. 锁定注册表

在 Windows Server 2003 中，只有 Administrators 和 Backup Operators 才有从网络上访问注册表的权限。当账号的密码泄露以后，黑客也可以在远程访问注册表，当服务器放到网络上时，一般需要锁定注册表。修改 hkey_current_user 下的子键：

Software\Microsoft\windows\currentversion\policies\system

把 DisableRegistryTools 值改为 0，类型为 DWORD，如图 4.27 所示。

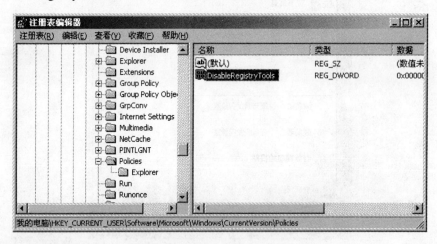

图 4.27　锁定注册表

2. 关机时清除文件

修改主键 HKEY_LOCAL_MACHINE 下的子键\software\Microsoft\Windows NT\CurrentVersion\SeCEdit\Reg Values\MACHINE/System/CurrentControlSet/Control/Session Manager/Memory Management/ClearPageFileAtShutdown，如图 4.28 所示。

图 4.28　关机时清除文件

3．关闭 DirectDraw

编辑注册表，修改主键 HKEY_LOCAL_MACHINE 下的子键 System\CurrentControlSet\Control\GraphicsDrivers\DCI\Timeout，将键值设置成 0，如图 4.29 所示。

图 4.29　关闭 DirectDraw

4．禁止判断主机类型

利用 TTL（Time To Live，生存时间）值可以鉴别操作系统的类型，通过 Ping 指令能判断目标主机类型。

许多入侵者首先会 Ping 一个主机，因为攻击某一台计算机需要根据对方的操作系统是 Windows 还是 UNIX。如果 TTL 是 128，就可以认为是 Windows 操作系统，如图 4.30 所示。

图 4.30　查看操作系统 TTL 值

从图 4.30 中可以看出，TTL 值是 128，说明主机是 Windows 操作系统。表 4.2 给出了一些常见的操作系统的 TTL 对照值。

表 4.2　常用操作系统的 TTL 值

操 作 系 统 类 型	TTL 返 回 值
Windows 2000	128
Windows NT	107
Windows 9x	128 or 127
Solaris	252
IRIX	240
AIX	247
Linux	241 or 240

修改 TTL 的值，入侵者就无法入侵计算机了。如将操作系统的 TTL 值改为 100，修改主键 HKEY_LOCAL_MACHINE 下的子键 System\CurrentControlSet\Services\Tcpip\Parameters，新建一个双字节项，如图 4.31 所示。

图 4.31　添加双字节项

在键的名称中输入"defaultTTL"，然后双击该键名，选择"十进制"，在"数值数据"文本框中输入 100，如图 4.32 所示。

编辑双字节值
数值名称(N):
defaultTTL
数值数据(V):
100
基数
十六进制(H)
十进制(D)
确定
取消

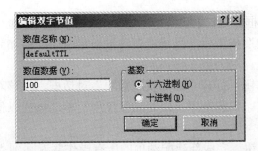

图 4.32　修改双字节项参数

设置完毕后重新启动计算机，再次使用 Ping 指令，发现 TTL 的值已经被修改为 100，如图 4.33 所示。

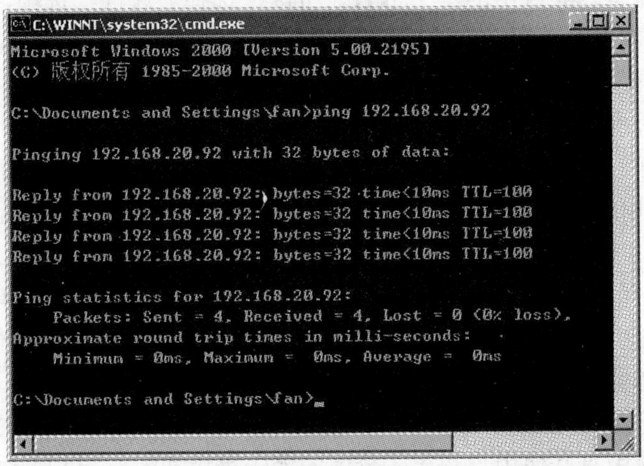

C:\WINNT\system32\cmd.exe
Microsoft Windows 2000 [Version 5.00.2195]
(C) 版权所有 1985-2000 Microsoft Corp.
C:\Documents and Settings\fan>ping 192.168.20.92
Pinging 192.168.20.92 with 32 bytes of data:
Reply from 192.168.20.92: bytes=32 time<10ms TTL=100
Reply from 192.168.20.92: bytes=32 time<10ms TTL=100
Reply from 192.168.20.92: bytes=32 time<10ms TTL=100
Reply from 192.168.20.92: bytes=32 time<10ms TTL=100
Ping statistics for 192.168.20.92:
Packets: Sent = 4, Received = 4, Lost = 0 (0% loss),
Approximate round trip times in milli-seconds:
Minimum = 0ms, Maximum = 0ms, Average = 0ms
C:\Documents and Settings\fan>

图 4.33　查看操作系统 TTL 值

4.4.2　用磁盘配额增强系统安全

在大多数情况下，黑客远程入侵网络系统必须把木马程序或后门程序上传到网络系统中。如何才能切断黑客的这条后路呢？NTFS 文件系统中的磁盘配额功能就能帮助实现对磁盘使用空间的管理。

1．磁盘配额的基本设置

Windows Server 2003 及以上的操作系统具有磁盘配额功能，它可以在每一个硬盘分区中限制任意一个用户或者组的最大磁盘使用容量。而要使用这一功能，必须同时具备三要素：Windows Server 2003 以上的操作系统、具有管理员权限、分区格式为 NTFS。

（1）双击“我的电脑”，打开“我的电脑”窗口。右击某磁盘驱动器（该驱动器 D: 使用的文件系统为 NTFS），打开其快捷菜单，选择“属性”命令，打开“本地磁盘属性”对话框。

（2）单击“配额”选项卡并激活“配额”选项卡，选定“启用配额管理”复选框，激活“配额”选项卡中的所有配额设置选项。

（3）单击“配额项”按钮，打开“本地磁盘（D:）的配额项目”窗口，通过该窗口，可以新建配额项、删除已建立的配额项，亦或是将已建立的配额项信息导出并存储为文件，以后需要时管理员可直接导入该信息文件而获得配额项信息。

（4）如果需要创建一个新的配额项，可打开“配额”菜单，选择“新建配额项”命令，将出现"选择用户"对话框。"查找范围"下拉列表框下面的列表框中，可以选定想要创建配额项的用户，单击"添加"按钮后，系统将自动把选定的用户添加到"选择了下列对象"列表框。

（5）单击"确定"按钮，打开"添加新配额项"对话框，在该对话框中，可以对选定的用户的配额限制进行设置。如选定"不限制磁盘使用"单选按钮以便用户可以任意使用服务器的磁盘空间。

（6）单击"确定"按钮，完成新建配额项的所有操作并返回到"本地磁盘（D：）的配额项目"的窗口。在该窗口中可以看到新创建的用户配额项显示在列表框中，关闭该窗口完成磁盘配额的设置并返回到"配额"选项卡。

2．网络服务器的磁盘配额

（1）右击网络服务器系统中的一个 NTFS 分区，选择"属性"选项，可以打开"分区属性设置窗口"，选择其中的"配额"选项。启用"启用配额管理"和"拒绝将磁盘空间分配给超过配额限制的用户"，这时所有的配额选项将变为可选状态。

（2）选中"磁盘空间限制为"选项，这时就可以在其中规定系统中用户使用磁盘空间的大小，如 1KB。这样，如果用户在分区中传入了一个大于 1KB 的文件，那么该文件将遭到系统拒绝，无法顺利地传入到该分区当中。此时，屏幕提示"磁盘空间不足"告诉超过配额限制的用户。

（3）在"磁盘空间限制为"选项下还有一个"警告级别"选项，如果设置了警告级别的文件大小，当用户在使用磁盘空间的过程中超出了警告级别的大小，系统将提示用户该文件超出了磁盘配额中的警告级别。

（4）选择"用户超出配额限制时记录事件"和"用户超出警告等级时记录事件"两个选项。这样，如果系统中有其他用户超出了分区的警告等级和配额限制，系统将把这些事件自动记录到系统日志当中，有利于管理员对系统分区空间的监控。

（5）完成这些配置选项设置之后，单击窗口下的"确定"按钮，即可完成对磁盘配额功能的初步配置，这时可以发现，原本还有很多剩余空间的分区，现在可用空间变得所剩无几。这时，用户已经无法向这个分区中写入大于配额的文件，并且这个配置对于系统中所有的用户生效，包括 Administrators 组中的用户。

（6）如果配置对系统中所有用户生效的话，显然很不方便用户对系统的操作，而在磁盘配额功能中提供了一个针对不同用户划分使用空间的功能。实现方法也非常简单。首先单击配额配置窗口中的"配额项"按钮，这时会弹出"分区配额项目"的窗口，单击窗口左上方的"配额"选项，再选择其中的"新建配额项"，这时会弹出一个选择用户的窗口，在其中填入或者选择系统中的一个用户名（如 pszhang），确定之后就会出现一个针对该用户使用磁盘空间限制的选项，而我们可以根据该用户在系统中的权限和使用情况，合理地为该用户指定使用空间，这样的配置既不影响系统常规的操作，同时也加强了系统的安全性。

本 章 小 结

这一章主要对网络应用服务的安全配置，例如 Web 服务器、FTP 服务器和邮件服务器的安全配置，以及使用 SSL 构建安全网站和使用微软的"证书服务"组件建立证书体系等问题进行了讨论，以期引起读者对网络应用服务的安全的重视。

在网络所提供的应用服务中，文件服务、Web 服务、FTP 服务、电子邮件服务是应用最多的服务，且在安全上也最容易出问题。因此，应该掌握它们的安全机制，增强安全防范措施。

本 章 习 题

1. **每题有且只有一个最佳答案，请把正确答案的编号填在每题后面的括号中。**

（1）FTP 服务器上的命令通道和数据通道分别使用（　　　）端口。

A．21 号和 20 号　　　　　　　　　　　B．21 号和大于 1023 号

C．大于 1023 号和 20 号　　　　　　　D．大于 1023 号和大于 1023 号

（2）创建 Web 虚拟目录的用途是（　　　）。

A．用来模拟主目录的假文件夹

B．用一个假的目录来避免感染病毒

C．以一个固定的别名来指向实际的路径，当主目录改变时，相对用户而言是不变的

D．以上都不对

（3）IIS-FTP 服务的安全设置不包括（　　　）。

A．目录权限设置　　　B．用户验证控制　　　C．用户密码设置　　　D．IP 地址限制

（4）提高电子邮件传输安全性的措施不包括（　　　）。

A．对电子邮件的正文及附件大小做严格限制

B．对于重要的电子邮件可以加密传送，并进行数字签名

C．在邮件客户端和服务器端采用必要措施防范和解除邮件炸弹以及邮件垃圾

D．将转发垃圾邮件的服务器放到"黑名单"中进行封堵

（5）下面有关 NTFS 文件系统优点的描述中，不正确的是（　　　）。

A．NTFS 可自动地修复磁盘错误　　　　B．NTFS 可防止未授权用户访问文件

C．NTFS 没有磁盘空间限制　　　　　　D．NTFS 支持文件压缩功能

（6）要把 FAT32 分区转换为 NTFS 分区，并且保留原分区中的所有文件，不可行的方法是（　　　）。

A．利用磁盘分区管理软件同时实现 FAT32 到 NTFS 的无损转换和文件复制

B．先把 FAT32 分区格式化为 NTFS 分区，再把盘上的文件转换为 NTFS 文件

C．先把分区中的文件复制出来，然后把分区格式化为 NTFS，再把文件复制回去

D．利用分区转换工具"Convert.exe"将 FAT32 转换为 NTFS 并实现文件复制

2. **选择合适的答案填入空白处。**

（1）IIS 可以实现的网络应用服务有_____、_____、_____和_____。

（2）NTFS 权限使用原则有_____、_____和_____。

（3）IIS 的安全性设置包括_____、_____、_____和_____。

（4）在使用 FTP 服务时，默认的用户是_____，密码是_____。

（5）在 Internet 上，SMTP 通信是基于传输层的_____连接的，其监听网络的默认端口为_____。

（6）电子邮件炸弹攻击主要是通过_____被攻击者邮箱。

3. 简要回答下列问题。

（1）简述 Web 服务器安全设置的要点。

（2）如何增强 FTP 服务器的安全性？

（3）如何增强 E-mail 服务器的安全性？

（4）简述 NTFS 文件系统的特点？

（5）如何对电子邮件进行过滤设置？

（6）E-mail 服务中安全证书的获取及使用方法。

第 5 章　网络防火墙技术

防火墙是什么？建筑在山林中的房子大部分是土木结构，防火性能较差。为了防止林中的山火把房子烧毁，每座房子在其周围用石头砌一座墙作为隔离带，这就是本意上的防火墙。防火墙的原意是指在容易发生火灾的区域与拟保护的区域之间设置的一堵墙，将火灾隔离在保护区之外，保证拟保护区内的安全。

为了保证网络安全，当用户与 Internet 连接时，可以在中间加入一个或多个中介系统，防止非法入侵者通过网络进行攻击，并提供数据可靠性、完整性方面的安全和审查控制，这些中间系统就是防火墙。它通过监测、限制、修改跨越防火墙的数据流，尽可能地对外屏蔽网络内部的结构、信息和运行情况，以此来实现内部网络的安全保护。在这一章中：

你将学习

◇ 防火墙的概念、类型、目的与作用。
◇ 基于防火墙的安全网络结构。
◇ 网络防火墙的结构。

你将获取

△ 配置与管理防火墙系统的技能。
△ ISA Server 防火墙的使用方法。
△ 硬件防火墙的配置技能。

5.1 案例问题

5.1.1 案例说明

1. 背景描述

某兵器集团作为我国最主要的国有大型企业之一，现有的计算机网络于 2002 年 10 月建成，在集团的生产和管理中发挥着重要的作用。该集团目前的应用主要集中在局域网内，包括科技部局域网、财务部局域网、办公室局域网以及下面的 4 个分厂的局域网。其中，网络核心交换机为华为 8512，上联路由器接入 Internet，以千兆下联各个分部以及工厂的华为 6506 交换机，各个局域网划分了多个 VLAN，而且有服务器上联核心交换机，均为千兆。

近年来，随着集团公司的业务发展，网络应用的深入，应用领域从传统的、小型的业务系统逐渐向大型的、关键的业务系统扩展。大部分子系统已接入网络，行业系统数据、监测监控系统数据等都在该网络上传输。随着网络规模的不断扩大、接入点的增多，内部网络中存在的安全隐患问题就更加突出，安全问题日益成为影响网络效能的重要问题。

2．需求分析

集团员工、远程办公人员、设备供应商、临时职员以及商业合作伙伴要求能够自由访问集团网络，而重要的客户数据与财务记录往往也存储于这些网络上。

对安全性要求较高的集团企业来说，基于软件的解决方案，例如，个人防火墙以及防病毒扫描程序等，功能都不够强大，无法满足集团网络的整体安全需求。因为即使是一个通过电子邮件传送过来的恶意脚本程序，都能轻松地将这些防护措施屏蔽掉，甚至是那些运行在主机上的"友好"应用都可能为避免驱动程序的冲突而无意中关掉这些安全性防护软件。一旦这些软件系统失效，网络系统将非常容易受到攻击。更为可怕的是，网络中的其他部分也将处在攻击威胁之下。所以，对于集团网络而言，使用普通的安全软件来抵挡日益猖獗的攻击威胁已经显得力不从心，选择一款正确而有效的防火墙是防范网络攻击的关键。

防火墙可以作为集团网络实施安全保护的核心，网络管理员可以制定安全策略来有选择地拒绝进出网络的数据流量，这些工作都是由防火墙来做的。

3．解决方案

如图 5.1 所示是加入防火墙的集团网络拓扑图。

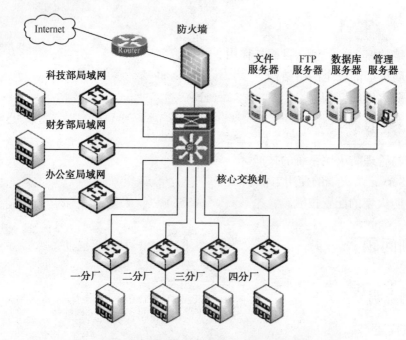

图 5.1　接入防火墙的集团网络拓扑图

防火墙作为集团网络安全体系中的核心，它过滤了大部分的非法网络流量，而对于混杂在合法网络流量中的攻击行为，检测出来并通过与防火墙的联动功能实施动态阻断。对于个别出现攻击行为的 IP 地址，则将其加入黑名单中，拒绝其 IP 地址访问集团网络内部服务器。

网络防火墙对收集的数据进行实时检测和分析，及时发现来自网络外部或内部违反安全策略的行为和攻击事件，对行为和事件实时记录日志和实时警报。将网络防火墙部署在集团网络的入口处，对可能对内部网络发起的攻击和入侵进行实时的检测。

我们知道，网络安全 70%来自于集团网络内部，可见网络安全好比守护办公大楼，给门上一道锁，将不速之客拒之门外，防火墙就是网络上的一把锁，它控制着访问网络的权限，只允许特许用户进出网络。当然，守护大楼不仅仅是给门上锁，网络安全也不仅仅是在网络周边设置防火墙，为了更有效地满足网络安全需求，还需要其他技术，如用户验证、虚拟专用网和入侵检测。

5.1.2　思考与讨论

1．阅读案例并思考以下问题

（1）据你分析，兵器集团网络可能遇到的攻击主要来自何处？

参考：如今的网络攻击和安全防范，实际上就是指网络攻防技术。攻击技术包括目标网络信息收集技术、目标网络权限提升技术、目标网络渗透技术和目标网络摧毁技术四大类。每一类技术，都是日新月异、不断更新的。所以在网络的安全防范上，需要面对越来越多的来自四面八方的新技术的攻击。

网络防火墙的解决方案只能提供风险管理，意味着尽量减少网络漏洞和风险。其实最好的办法就是增添防范的方法，并且选择最适合实际的网络安全的整体方案，才能有效地对抗攻击。网络主要面临三种漏洞：策略、配置和技术漏洞。如果对网络所许可的或禁止的知之甚少，就会出现策略漏洞。配置漏洞很容易受到攻击。此外，操作系统及缓冲器溢出等技术漏洞也是重大隐患。

（2）兵器集团的网管员应该如何制定网络安全策略呢？

参考：网络防火墙上的安全策略是如何制定的？如何制定合理的安全策略，有哪些注意事项，制定后的执行顺序是怎样的？这些都是网络管理员需要学习和掌握的。

要想在网络防火墙上制定合理的安全策略，可以从以下三个方面考虑。

① 整体考虑，统一规划。网络安全取决于系统中最薄弱的环节。"一点突破，全网突破"，单个系统考虑安全问题并不能真正有效地保证安全，需要从整体网络体系层次建立安全架构，整体考虑，全面防护。

② 在安装和配置防火墙时应当具有长远的发展眼光，对未来的安全性和网络可能受到的攻击要有预计。

③ 安全策略的立足点，不是对设备的保护，也不是对数据的看守，而是规范用户网络行为，这已经上升到了对人的管理的阶段，通过技术设备和规章制度的结合来指导、规范用户正确使用网络资源，从而对网络行为进行有效管理。

（3）根据使用 Windows 防火墙或天网防火墙的经历，你认为防火墙会有哪些作用？

参考：

① 禁止对主机的非开放服务的访问，可以防止不适当内容进入网络，可以拦截计算机网络中的间谍软件和病毒。

② 借助基于 Web 的控制台的单一集成解决方案简化管理。其安全防护包括防端口扫描、木马攻击以及 SMTP、HTTP、FTP 和 POP3 协议发现恶意有效荷载，显著减少宕机时间和管理工作量。

③ 提前进行配置，防止网络攻击。如限制同时打开的最大连接数、限制特定 IP 地址的访问、限制对外开放的服务器的向外访问，从而降低网络破坏事件。

2．专题讨论

（1）你能为网络防火墙做个定义吗？

提示："防火墙"是一种形象的说法，其实它是一种由计算机硬件和软件组成的一个或一组系统，用于增强内部网络和 Internet 之间的访问控制。防火墙在被保护网络和外部网络之间形成一道屏障，使 Internet 与内部网之间建立起一个安全网关（Security Gateway），如图 5.2 所示，从而防止发生不可预测的、潜在破坏性的侵入。它可通过监测、限制、更改跨越防火墙的数据流，尽可能地对外部屏蔽网络内部的信息、结构和运行状况，以此来实现内部网络的安全保护。防火墙已成为实现网络安全策略的最有效的工具之一，并被广泛地应用到局域网与 Internet 的接口上。

图 5.2　"防火墙"示意图

网络防火墙是指在两个网络之间加强访问控制的一整套装置，即防火墙是构造在一个可信网络（一般指内部网络）和不可信网络（一般指外部网络）之间的保护装置，强制所有的访问和连接都必须经过这个保护层，并在此进行连接和安全检查。只有合法的数据包才能通过此保护层，从而保护内部网资源免遭非法入侵。

（2）"有了防火墙，内部网络应该是安全的，而来自外部的访问则是可疑的"，这种说法正确吗？

提示：现今的网络需要将安全性从服务器向所有端点进行延伸，不论他们是在防火墙的内部网络还是外部网络。

如果防火墙只对网络的周边提供保护，这些防火墙会在流量从外部的 Internet 进入内部局域网时进行过滤和审查。但是，它们并不能确保内部网络的安全访问。这就好比给一座办公楼的大门加上一把锁，但是办公楼内的每个房间却四门大开一样，一旦有人通过了办公楼的大门，便可以随意出入办公楼内任何一个房间。

最简单的改进办法是为楼内每个房间都配置一把钥匙和一把锁，将其防火墙功能分布到网络的桌面系统、笔记本计算机以及服务器上。整个内部网络的用户需要方便地互相访问，而不会将私人数据暴露在潜在的非法入侵者面前。

凭借这种端到端的安全性能，用户无论通过内部网、外联网、虚拟专用网还是远程访问，实现与企业的互联不再有任何区别。

这是一个分布式或嵌入式防火墙的概念，它可以避免发生由于某一台端点系统的入侵而导致向整个网络蔓延的情况，同时也使通过公共账号登录网络的用户无法进入那些限制访问的计算机系统。

5.2　技术视角

5.2.1　防火墙技术概述

1. 网络防火墙的任务

（1）执行安全策略。网络防火墙作为防止不良现象发生的"警察"，能忠实地执行安全策略，限制他人进入内网，过滤掉不安全服务和非法用户，禁止未授权的用户访问受保护网络。

网络防火墙作为一个安全检查站，能有效地过滤、筛选和屏蔽有害的信息和服务。

（2）创建一个阻塞点。网络防火墙在内网和外网间建立一个检查点，所有的流量都要通过这个检查点。一旦这些检查点被创建，防火墙就可以监视、过滤和检查所有进来和出去的流量。我们称这些检查点为阻塞点。通过强制所有进出流量都通过这些检查点，网络管理员可以集中在较少的地方来实现安全目的。如果没有这样一个供监视和控制信息的点，网络管理员就要在大量的地方来进行监测。检查点的另一个名字叫做网络边界。

通过对所有进出的流量进行检查，可以防范内网或外网发动的网络攻击。

（3）记录网络活动。网络防火墙能够强制日志记录，通过防火墙上的日志服务，网络管理员可以监视进出网络的活动。好的日志策略是实现适当网络安全的有效工具之一。

网络防火墙具有审计功能，它通过记录下所有通过它的访问，有效地收集数据进出的活动情况，并提供网络使用情况的统计数据，实现安全监视和预警的目的。

（4）限制网络暴露。网络防火墙在其周围创建了一个保护的边界，并且对外网隐藏了内部系统的一些信息以增加保密性。当远程节点侦测内网时，它们仅仅能看到防火墙，远程设备将不会知道内网的布局以及都有些什么。防火墙提高认证功能和对网络加密来限制网络信息的暴露。

网络防火墙可以限定内网用户访问外网特殊站点，接纳外网对本地公共信息的访问；可以允许内网的一部分主机被外网访问，而另一部分被保护起来，防止不必要的访问。例如，内网中的 Mail、FTP、WWW 服务器等可允许被外部网访问，而其他访问则被主机禁止。有的防火墙同时充当对外服务器，而禁止对内网中主机的访问。

2．网络防火墙的技术特征

从安全角度看，网络防火墙有下列技术特征。

（1）网络防火墙中，安全策略是其灵魂和基础。通常采用的安全策略有两个基本准则。

① 一切未被允许的访问就是禁止的。基于该原则，网络防火墙要封锁所有的信息流，然后对希望开放的服务逐步开放，这是一种非常实用的方法，可以形成一个十分安全的环境，但其安全是以牺牲用户使用的方便为代价的，用户所能使用的服务范围受到较大的限制。

② 一切未被禁止的访问就是允许的。基于该准则，防火墙开放所有的信息流，然后逐项屏蔽有害的服务。这种方法构成了一种灵活的应用环境，但很难提供可靠的安全保护，特别是当保护的网络范围增大时。

（2）网络防火墙能够抵抗网络黑客的攻击，并可对网络通信进行监控和审计。防火墙构建是对网络的服务功能和拓扑结构仔细分析的基础上，在内网周边，通过专用硬件、软件及管理措施，对跨越网络边界的信息提供监测、控制甚至修改的手段。网络防火墙由多个构件组成，形成一个有一定冗余度的安全系统，避免成为网络的一个失效点。

（3）网络防火墙一旦失效、重启动或崩溃，则应完全阻断内网和外网的连接，以免闯入者进入。这种安全模式的控制方法是由防火墙安全机制来控制网络的接口的启动，称这种防火墙的失效模式是"失效—安全"模式。

（4）网络防火墙提供强制认证服务，外网对内网的访问应该经过防火墙的认证检查，包括对网络用户和数据源的认证。它应支持 E-mail、FTP、Telnet 和 WWW 等使用。

（5）网络防火墙对内网应起到屏蔽作用，并且隐蔽内网的地址和内网的拓扑结构。

3．防火墙技术的现状及发展趋势

自从 1986 年美国 Digital 公司在 Internet 上安装了全球第一个商用防火墙系统，提出了防火墙的概念后，防火墙技术得到了飞速的发展。第二代防火墙，也称代理服务器，它用来提供网络服务级的控制，起到外部网络向被保护的内部网络申请服务时中间转接的作用，这种方法可以有效地防止对内部网络的直接攻击，安全性较高。第三代防火墙有效地提高了防火墙的安全性，称为状态监控功能防火墙，它可以对每一层的数据包进行检测和监控。随着网络攻击手段和信息安全技术的发展，新一代的功能更强大、安全性更强的防火墙已经问世，这个阶段的防火墙已超出了原来传统意义上防火墙的范畴，已经演变成一个全方位的安全技术集成系统，我们称之为第四代防火墙，它可以抵御目前常见的网络攻击手段，如 IP 地址欺骗、特洛伊木马攻击、Internet 蠕虫、口令探寻攻击和邮件攻击等。

4．网络防火墙的术语

在学习网络防火墙技术之前，需要对一些重要的术语有一些认识。

（1）网关。网关是在两个设备之间提供转发服务的系统。网关的范围可以从 Internet 应用程序如公共网关接口（CGI）到在两台主机间处理流量的防火墙网关。

① 电路级网关。电路级网关用来监控受信任的客户或服务器与不受信任的主机间的 TCP 握手信息，这样来决定该会话是否合法。电路级网关在 OSI 模型的会话层上过滤数据包，这样比包过滤防火墙要高两层。另外，电路级网关还提供一个重要的安全功能：网络地址转换（NAT）将所有内部的 IP 地址映射到一个"安全"的 IP 地址，这个地址是由防火墙使用的。有两种方法来实现这种类型的网关。一种是由一台主机充当筛选路由器，而另一台充当应用级防火墙；另一种是在第一个防火墙主机和第二个之间建立安全的连接，这种结构的好处是当一次攻击发生时能提供容错功能。

② 应用级网关。应用级网关可以工作在 OSI 七层模型的任意一层上，能够检查进出的数据包，通过网关复制传递数据，防止在受信任服务器和客户机与不受信任的主机间直接建立联系。应用级网关能够理解应用层上的协议，能够做复杂一些的访问控制，并做精细的注册。通常是在特殊的服务器上安装软件来实现的。

（2）包过滤。包过滤是对进出网络的数据包进行有选择的控制与操作。可以设定一系列的规则，允许（或拒绝）哪些类型的数据包流入（或流出）网络。典型的实施方法是通过标准的路由器。包过滤是几种不同防火墙的类型之一，后面将做详细的讨论。

（3）代理服务器。代理服务器代表内部客户端与外部的服务器通信。代理服务器通常是指一个应用级的网关，电路级网关也可作为代理服务器的一种。

（4）网络地址转换。网络地址转换是对 Internet 隐藏内部地址，防止内部地址公开。这一功能可以克服 IP 寻址方式的诸多限制，完善内部寻址模式。把未注册的 IP 地址映射成合法地址，就可以对 Internet 进行访问。在网络内部使用内部地址机制，其 IP 地址为 10.0.0.0～10.255.255.255、172.16.0.0～172.31.255.255、192.168.0.0～192.168.255.255，作为保留地址，如果选择这些内部地址，不需要向 Internet 授权机构注册即可使用。使用这些地址的一个好处就是在 Internet 上永远不会被路由。Internet 上所有的路由器发现源或目标地址含有这些地址时都会自动地丢弃。

（5）堡垒主机。指一个可以防御进攻的计算机系统，被暴露于 Internet 之上，作为进入内网的一个检查点，试图把整个网络的安全问题集中在这里解决。从堡垒主机的定义可以看到，堡垒主机是网络中最容易受到侵害的主机。所以堡垒主机也必须是自身保护最完善的主机。

在多数情况下，一个堡垒主机使用两块网卡，每个网卡连接不同的网络。一块网卡连接内部网络用来管理、控制和保护，而另一块连接 Internet。堡垒主机经常配置网关服务。网关服务是一个进程，用来提供从公网到内网的特殊协议路由，反之亦然。在一个应用级的网关里，想使用的每一个应用协议都需要一个进程。因此，想通过一台堡垒主机来路由 E-mail、Web和 FTP 服务时，必须为每一个服务都提供一个守护进程。

（6）筛选路由器。筛选路由器或称包过滤路由器，至少有一个接口是连接 Internet 的。它对进出内网的所有信息进行分析，并按照一定的安全策略——信息过滤规则对进出内网的信息进行限制，允许授权信息通过，拒绝非授权信息通过。信息过滤规则以其所收到的数据包头信息为基础。采用这种技术的防火墙优点在于速度快、实现方便，但安全性能差，且由于不同操作系统环境下 TCP 和 UDP 端口号所代表的应用服务协议类型有所不同，故兼容性差。

（7）阻塞路由器。阻塞路由器或称内部路由器，执行大部分的数据包过滤工作。它允许从内网到 Internet 的有选择的出站服务。这些服务是用户的站点能使用的数据包过滤，而不是代理服务安全支持和安全提供的服务。内部路由器所允许的堡垒主机和内网之间服务，可以不同于内部路由器所允许的在 Internet 和内网之间的服务。限制堡垒主机和内网之间服务的理由是减少由此而导致的受到来自堡垒主机侵袭的机器的数量。

（8）非军事化区域（DMZ）。DMZ 是在内网与外网之间的中立区域，它作为一个额外的缓冲区隔离外网和内网。DMZ 的另一个名字叫做 Service Network，因为它的服务非常方便，然而 DMZ 区域的任何服务器都不会得到防火墙的完全保护。如图 5.3 所示是基于防火墙的网络结构拓扑。

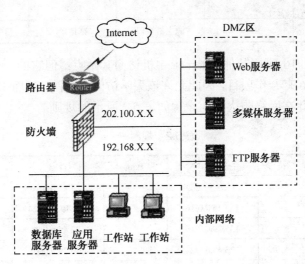

图 5.3　基于防火墙的网络结构拓扑

5.2.2　防火墙技术的分类

1．包过滤防火墙技术

包过滤防火墙中的包过滤器一般安装在路由器上，工作在网络层。它基于单个包实施网络控制，根据所收到的数据包的源地址、目的地址、TCP/UDP、源端口号及目的端口号、包出入接口、协议类型和数据包中的各种标志位等参数，与用户预定的访问控制表进行比较，决定数据是否符合预先制定的安全策略，决定数据包的转发或丢弃，即实施信息过滤。实际上，它一般允许网络内部的主机直接访问外部网络，而外部网络上的主机对内部网络的访问则要受到限制。

在 Internet 上提供某些特定服务器一般都使用相对固定的端口号，因此路由器在设置包过滤规则时指定，对于某些端口号允许数据包与该端口交换，或者阻断数据包与它们的连接。

这种防火墙的优点是简单、方便、速度快、透明性好，对网络性能影响不大，但缺乏用户日志和审计信息，缺乏用户认证机制，不具备审核管理，且过滤规则的完备性难以得到检验，复杂过滤规则的管理也比较困难。因此，包过滤型防火墙的安全性较差。

2. IP 级包过滤型防火墙

（1）概述。IP 级过滤型防火墙可看做是一个多端口的交换设备，它对每一个到来的报文根据其报头进行过滤，按一组预定义的规则来判断该报文是否可以继续转发，不考虑报文之间的前后关系。这些过滤规则称为 Packet Profile。在具体的产品中，过滤规则定义在转发控制表中，报文遵循自上向下的次序依次运用每一条规则，直到遇到与其相匹配的规则为止。对报文可采取的操作有转发、丢弃、报错和备忘等。根据不同的实现方式，报文过滤可以在进入防火墙时进行，也可以在离开防火墙时进行。

不同的 IP 级防火墙产品采用不同的传输控制表格式。为便于陈述，这里只讨论抽象的过滤规则，并采用如表 5.1 所示的格式。

表 5.1　格式

Direction	Type	Src	Port	Dest	Port	Action
传输方向	协议类型	源地址	源主机端口	宿地址	宿主机端口	控制操作

设网络 123.45.0.0/16 不愿其他 Internet 主机访问其站点；但它的一个子网 123.45.6.0/24 和某大学 135.79.0.0/16 有合作项目，因此允许该大学访问该子网；然而 135.79.99.0/24 是黑客天堂，需要禁止，为此在网络防火墙上设置如表 5.2 所示的规则。

表 5.2　规则一

	Direction	Type	Src	Port	Dest	Port	Action
1	In	*	135.79.99.0/24	*	123.45.0.0/16	*	Deny
2	Out	*	123.45.0.0/16	*	135.79.99.0/24	*	Deny
3	In	*	135.79.0.0/16	*	123.45.6.0/24	*	Allow
4	Out	*	123.45.6.0/24	*	135.79.0.0/16	*	Allow
5	Both	*	*	*	*	*	Deny

注意：*表示任意（如任意的协议类型），其他的依次类推。

注意这些规则之间并不是互斥的，因此要考虑顺序。另外，这里建议的规则只用于讨论原理，因此在形式上并非是最佳的。

（2）SMTP 处理。SMTP 是一个基于 TCP 的服务，服务器使用端口 25，客户机使用任何大于 1023 的端口。如果防火墙允许电子邮件穿越网络边界，则可定义表 5.3 所示的规则。

表 5.3　规则二

	Direction	Type	Src	Port	Dest	Port	Action
1	In	TCP	外部	>1023	内部	25	Allow
2	Out	TCP	内部	25	外部	>1023	Allow
3	Out	TCP	内部	>1023	外部	25	Allow
4	In	TCP	外部	25	内部	>1023	Allow
5	Both	*	*	*	*	*	Deny

表 5.3 的规则 1、规则 2 允许内部主机接受来自外部的邮件,规则 3、规则 4 允许内部主机向外部发送邮件,规则 5 禁止使用其他端口的协议数据包通过。

(3) HTTP 处理。HTTP 是一个基于 TCP 的服务,大多数服务器使用端口 80,也可使用其他非标准端口,客户机使用任何大于 1023 的端口。如果防火墙允许 WWW 穿越网络边界,则可定义如表 5.4 所示的规则。

表 5.4　规则三

	Direction	Type	Src	Port	Dest	Port	Action
1	In	TCP	外部	>1023	内部	80	Allow
2	Out	TCP	内部	80	外部	>1023	Allow
3	Out	TCP	内部	>1023	外部	80	Allow
4	In	TCP	外部	80	内部	>1023	Allow
5	both	*	*	*	*	*	Deny

表 5.4 的规则 1、规则 2 允许外部主机访问本站点的 WWW 服务器,规则 3、规则 4 允许内部主机访问外部的 WWW 服务器。由于服务器可能使用非标准端口,给防火墙允许的配置带来一些麻烦。实际使用的 IP 防火墙都直接对应用协议进行过滤,即管理员可在规则中指明是否允许 HTTP 通过,而不是只关注 80 端口。

其他如 POP、FTP、Telnet、RPC、UDP 和 ICMP 等协议的处理过程也类似,限于篇幅这里不再赘述。

3. 代理防火墙技术

代理服务器型防火墙(Proxy Service Firewall)通过在主机上运行的服务程序,直接面对特定的应用层服务,因此也称为应用型防火墙。其核心是运行于防火墙主机上的代理服务进程,该进程代理用户完成 TCP/IP 功能,实际上是为特定网络应用而连接两个网络的网关。对每种不同的应用(E-mail、FTP、Telnet、WWW 等)都应用一个相应的代理服务。外部网络与内部网络之间想要建立连接,首先必须通过代理服务器的中间转换,内部网络只接受代理服务器提出的要求,拒绝外部网络的直接请求。代理服务可以实施用户论证、详细日志、审计跟踪和数据加密等功能和对具体协议及应用的过滤,如阻塞 Java 或 Java Script 等。

代理服务器有两个部件:一个代理服务器和一个代理客户。代理服务器是一个运行代理服务程序的双宿主主机;而代理客户是普通客户程序(如一个 Telnet 或 FTP 客户)的特别版本,它与代理服务器交互而并不真正地与外部服务器相连。普通客户按照一定的步骤提出服务请求,代理服务器依据一定的安全规则来评测代理客户的网络服务请求,然后决定是受理还是拒绝该请求。如果代理服务器受理该请求,代理服务器就代表客户与真正的服务器相连,并将服务器的相应响应传送给代理客户。更精细的代理服务可以对不同的主机执行不同的安全规则，而不对所有主机执行同一个标准。

目前，市场上已经有一些优秀的代理服务软件。SOCKS 就是一个可以建立代理的工具，这个软件可以很方便地将现存的客户/服务器应用系统转换成代理方式下的具有相同结构的应用系统。而在 TIS FWTK（Trusted Information System Internet Firewall Toolkit）里包括了能满足一般常用的 Internet 协议的代理服务器（如 Telnet、FTP、HTTP、rlogin、X.11），这些代理服务器是为与客户端的用户程序相连而设计的。

许多标准的客户与服务器程序，不管它们是商品软件还是免费软件，本身都具有代理功能，或者支持使用像 SOCKS 这样的系统。

这种防火墙能完全控制网络信息的交换，控制会话过程，具有灵活性和安全性，但可能影响网络的性能，对用户不透明，且对每一种服务器都要设计一个代理模块，建立对应的网关层，实现起来比较复杂。

4．其他类型的防火墙

（1）电路层网关。电路层网关在网络的传输层上实施访问控制策略，在内、外网络主机之间建立一个虚拟电路进行通信，相当于在防火墙上直接开了个口子进行传输，不像应用层防火墙那样能严密地控制应用层的信息。

（2）混合型防火墙。混合型防火墙把包过滤和代理服务等功能结合起来，形成新的防火墙结构，所用主机称为堡垒主机，负责代理服务。各种类型的防火墙，各有其优缺点。当前的防火墙产品，已不是单一的包过滤型或代理服务型防火墙，而是将各种安全技术结合起来，形成一个混合的多级的防火墙系统，以提高防火墙的灵活性和安全性。如混合采用以下几种技术：① 动态包过滤；② 内核透明技术；③ 用户认证机制；④ 内容和策略感知能力；⑤ 内部信息隐藏；⑥ 智能日志、审计和实时报警；⑦ 防火墙的交互操作性；⑧ 将各种安全技术结合等。

（3）应用层网关。应用层网关使用专用软件转发和过滤特定的应用服务，如 Telnet 和 FTP 等服务连接。这是一种代理服务，代理服务技术适应于应用层，它由一个高层的应用网关作为代理器，通常由专门的硬件来承担。代理服务器在接受外来的应用控制的前提下使用内部网络提供的服务。也就是说，它只允许代理的服务通过，即只有那些被认为"可依赖的"服务才允许通过防火墙。应用层网关有登记、日志、统计和报告等功能，并有很好的审计功能和严格的用户认证功能，应用层网关的安全性高，但它要为每种应用提供专门的代理服务程序。

（4）自适应代理技术。自适应代理技术是一种新颖的防火墙技术，在一定程序上反映了防火墙目前的发展动态。该技术可以根据用户定义的安全策略，动态适应传送中的分组流量。如果安全要求较高，则安全检查应在应用层完成，以保证代理防火墙的最大安全性；一旦代理明确了会话的所有细节，其后的数据包就直接到达速度快得多的网络层。该技术兼备了代理技术的安全性和其他技术的高效率。

各种防火墙的性能比较如表 5.5 所示。

表 5.5　各种防火墙性能比较

类型 性能	包 过 滤	应 用 网 关	代 理 服 务	电路层网关	自适应代理技术
工作层次	网络层	应用层	应用层	网络层	网络层或应用层
效率	最高	低	最低	高	自适应
安全	最低	高	最高	低	自适应

性能＼类型	包 过 滤	应 用 网 关	代 理 服 务	电路层网关	自适应代理技术
根本机制	过滤	过滤	代理	代理	过滤成代理
内部信息	无	无	有	有	有
高层数据理解	无	有	有	无	有
支持应用	所有	标准应用	标准应用	所有	标准应用
UDP 支持	无	有	有	无	有

5.3 防火墙配置与管理的实验

5.3.1 天网个人软件防火墙的配置

1．实验目的

通过实验，学会天网的配置与管理的方法，掌握天网防火墙的各个功能使用，编写规则对一定的应用程序、端口、站点、网段过滤，对已有过滤规则进行测验，验证防火墙对数据包拦截、对端口的保护、网络监听等内容。

2．实验条件

在虚拟机环境下，创建一台虚拟机系统（Windows Server 2003 做服务器，IP 为 192.168.1.1，开放文件共享服务，建有 Web 站点和 FTP 站点）用于测试和验证；真实物理计算机（Windows 2000 pro 做客户机，IP 为 192.168.1.101）装有 Skynet_FireWall 软件当做防火墙。

在天网搜索上寻找并下载 Skynet_FireWall 软件，也可以在 http://www.sky.net.cn 或 http://www.zoda.com.cn 上下载最新测试版。

3．实验内容和步骤

（1）天网防火墙安装。启动下载的安装程序，进入安装界面，在欢迎界面中选中"接受许可协议"；单击"下一步"按钮，选择安装目录，然后一直单击"下一步"按钮，在开始安装页取消"安装雅虎助手"；单击"下一步"按钮，开始安装；在安装即将完成时会弹出天网防火墙设置向导，单击"下一步"按钮设置安全级别；这里选择中等级别，然后单击"下一步"按钮进行局域网信息设置，这里设置开机自动启动程序，以及本地主机在局域网中的 IP 地址，如图 5.4 所示。

单击"下一步"按钮进行常用应用程序设置，这里会列出系统常用程序的信息，默认全部允许这些程序访问网络，如图 5.5 所示。单击"下一步"按钮完成设置向导。安装完毕后，提示重新启动计算机，单击"确定"按钮，重新启动计算机。

（2）熟悉天网防火墙功能模块。

① 天网防火墙主界面。在主界面可以看到天网防火墙的功能菜单、安全级别、当前网络状态，如图 5.6 所示。

② 应用程序规则模块。单击左边的应用程序规则图标，在下方会弹出应用程序访问规则权限设置，如图 5.7 所示。

在"应用程序访问网络权限设置"旁边有相应的功能图标，如增加规则、导入规则、导出规则等。在下方选中应用程序，可单击右边的"选项"按钮来设置该应用程序的规则，如果要丢弃对该应用程序设置的规则，可以单击"删除"按扭来删除。单击"选项"按钮来设置应用程序访问网络规则，如图 5.8 所示。

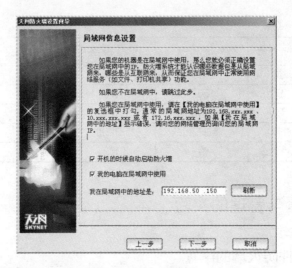

图 5.4　设置网络信息

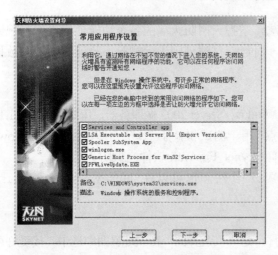

图 5.5　设置常用应用程序

图 5.6　天网防火墙的功能菜单

图 5.7　应用程序规则

图 5.8　应用程序规则设置

单击"选项"按扭后会弹出应用程序规则高级设置框，用户可以根据自己的要求来进行规则设置，然后单击"确定"按钮，保存所设置的规则。

③ IP 规则管理模块。IP 规则管理模块提供用户根据自己的网络来增加或者删除 IP 规则。选择 IP 规则管理模块图标，在下方出现自定义 IP 规则面板，如图 5.9 所示。

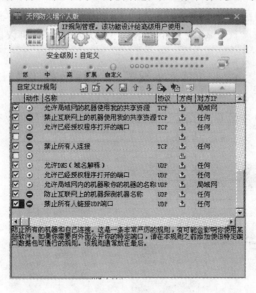

图 5.9　IP 规则管理

在面板中可以看到防火墙自身根据本地主机网络情况定义的一些 IP 规则，如"允许局域网的机器使用我的共享资源"。

单击"增加规则"图标，用户可以增加相应的 IP 规则，在弹出的增加 IP 规则设置框中输入相应的信息，然后单击"确定"按钮，规则即可添加完成，如图 5.10 所示。

④ 系统设置模块。系统设置模块是设置防火墙相应功能的一个模块，可以进行启动、IP 地址、在线升级管理、管理权限、入侵检测等功能的设置，如图 5.11 所示。

图 5.10　增加 IP 规则

图 5.11　系统设置

在各个选项卡都有对应的功能设置，实验可以根据自已的需要进行设置。

⑤ 网络使用状况模块。网络使用状况模块监视当前网络中应用程序访问网络的状况。单击"当前系统中所有应用程序网络使用状况"图标，在下方会弹出应用程序网络状态的面板，如图 5.12 所示。

在面板中可以查看当前应用程序的网络状况，访问网络的协议、监听的端口以及连接上数据包传输的状态。选择"TCP 协议"下拉框，可以选择不同协议的应用程序，比如 UDP，或者选择全部的协议。

⑥ 日志模块。日志模块是记录程序状况的一个模块。单击"日志模块"图标，在下方弹出日志面板，如图 5.13 所示。

在面板中可以查看记录的日志信息，可以选择下拉框来筛选要查看的日志，其中可以选择的有系统日志、内网日志、外网日志。

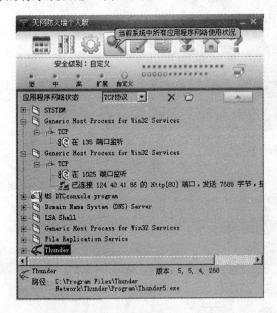

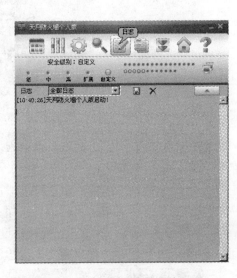

图 5.12　当前系统应用程序网络状况　　　　图 5.13　天网防火墙日志记录

（3）对防火墙的已有过滤规则进行验证。安装好天网防火墙后，程序默认定义了许多条常用的 IP 规则，如图 5.14 所示。

① 测试默认定义的"允许自己用 ping 命令探测其他机器"规则。

首先打开"开始"→"运行"，在"运行"命令框中输入 cmd，然后在弹出的命令提示符中输入 ipconfig 来查看自己的 IP，再用 ping 命令来探测 192.168.1.101 这台机器，实验中本地主机可以用 ping 命令来探测 192.168.1.101 这台机器。

禁用"允许自己用 ping 命令探测其他机器"这条规则，测试能否用 ping 探测 192.168.1.101 这台机器。这时，本地主机使用 ping 命令来探测 192.168.1.101 返回超时，也就是说本地主机已不能用 ping 来探测其他机器了。

② 测试"允许 DNS（域名解释）"规则。

在默认情况下，这条规则是生效的，如图 5.15 所示。打开"开始"→"运行"，在"运行"对话框中输入 cmd，然后在弹出的命令提示符中输入 Nslookup www.baidu.com 来测试域名是否解析成功，结果如图 5.16 所示。

从图中可以看到，域名成功被解析，返回 IP 地址为 220.181.18.155，220.181.27.48。

禁用天网防火墙中的"允许 DNS（域名解释）"这条规则，再来测试域名解析是否成功。

 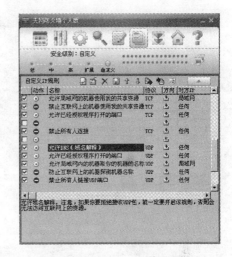

图 5.14　查看已有规则　　　　　　　　　　　　　图 5.15　查看规则

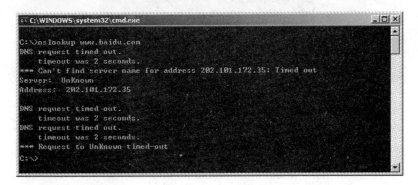

图 5.16　测试规则

从图 5.17 中可以看到，服务器返回了超时信息，域名无法被正常解析。

图 5.17　测试规则

（4）防火墙日志处理。在天网防火墙中，可以对日志进行设置与管理。这样可以通过日志来检查应用程序的运行情况。

在天网防火墙测试版中，日志大小默认为 10M，而且是不可以更改的。在日志管理中可以设置自动保存日志以及自动保存的存储路径，默认程序是没有开启自动保存日志的，这样可以方便地查看日志信息。如果不想自动存储日志，用户可以在日志模块中查看，如图 5.18 和图 5.19 所示。

图 5.18　设置日志

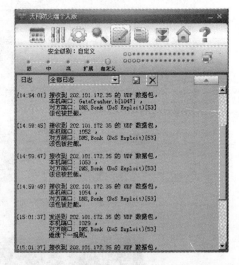

图 5.19　查看日志

在日志中，用户如果想保存日志以便以后查看，可以单击"保存"图标来保存日志。用户也可以在下拉框中选择其他日志来对日志进行筛选，如图 5.20 所示，这样就可以方便地对日志进行处理了。

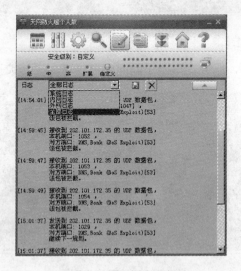

图 5.20　选择查看的类型

（5）编写规则对一定的应用程序、端口、站点、网段进行过滤。在天网防火墙中，用户可以根据自身的网络环境来定义不同的规则，使网络更好地保护计算机。

① 禁止 IE 浏览器访问网络。天网防火墙可以对某个应用程序定义规则，通过自己定义

的规则来确定某个应用程序是否可以访问网络。下面将定义一条禁止 IE 浏览器访问网络的应用程序规则。

首先，在没有定义规则时，打开 IE 浏览器，在地址栏中输入 www.baidu.com 来访问百度搜索网站，这时可以看到网站正常打开。然后，在天网防火墙中定义一条禁止 IE 访问网络的应用程序规则。打开天网防火墙，选择应用程序规则图标![图标]，接着选择增加规则，出现增加应用程序规则设置框，如图 5.21 所示。

单击右边的"浏览"按钮，选择将要定义规则的应用程序，这里选择 IE 浏览器的应用程序，然后将"该应用程序可以"下面的条件全部选中，在右边按默认选择"任何端口"，然后在"不符合上面条件时"选择"禁止操作"，然后单击"确定"按钮退出。这时，在应用程序规则面板上会多出一条规则，如图 5.22 所示。

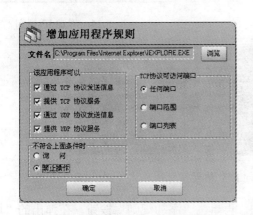

图 5.21　增加应用程序规则

图 5.22　查看增加的规则

定义完成后，下面打开 IE 浏览器，在地址栏中输入 www.baidu.com 来进行测试，结果如图 5.23 所示。

网站打开失败，这时 IE 已经不能访问网络了。

② 禁止访问 FTP。在系统服务中，FTP 服务端口号为 21，当要连接一台 FTP 服务器时，FTP 客户端会连接到服务器的 21 号端口。要使用户禁止访问 FTP，只要拒绝来自外部网络中的 21 号端口的数据包就可以了，下面定义一条"禁止访问 FTP"的 IP 规则。

打开天网防火墙，选择 IP 规则管理，然后选择增加规则，在出现的"增加 IP 规则"设置框中输入名称为"禁止访问 FTP"，选择数据包方向为"接收或发送"，再选择数据包协议类型为 TCP，在对方端口中输入 21 到 21，选择"当满足上面条件时"的操作为拦截，如图 5.24 所示。

然后单击"确定"按钮，再单击"![图标]"图标来保存规则。接下来打开命令提示符，输入 ftp 192.168.1.101 来测试是否能够访问，如图 5.25 所示。

因为防火墙成功地拦截了发送到对方 21 号的数据包，所以 FTP 会返回连接超时的信息。

③ 禁止局域网内通信。天网防火墙不仅可以针对某个端口或者某个应用程序进行规则定义，而且可以对整个网段进行过滤。比如本地主机与整个局域网隔离开来，这样就可以通过天网防火墙来实现。

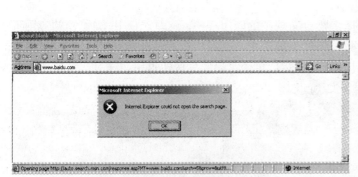

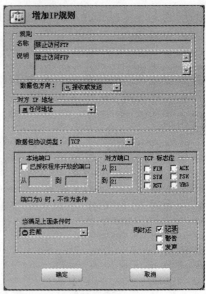

图 5.23　验证规则　　　　　　　　　　　　　　图 5.24　增加 IP 规则

图 5.25　访问 FTP 站点

首先，打开天网防火墙，选择 IP 规则管理，再单击"添加规则"按钮，在弹出的"增加 IP 规则"对话框里输入名称为"禁止局域网通信"，然后选择数据包方向为"接收或发送"，在对方 IP 地址处选择"局域网的网络地址"，其他都按默认选择，如图 5.26 所示。

图 5.26　增加 IP 规则

然后，单击"确定"按钮退出增加 IP 规则，再单击"🖫"图标来保存规则。接下来在本地主机访问局域网中 IP 地址为 192.168.1.1 的 Web 站点，或者使用 ping 命令来测试是否可以连通 192.168.1.1，实验中如果不能访问 Web 站点或者 ping 命令不能成功地探测到 192.168.1.101 这台机器，说明局域网内的通信已经被防火墙完全地过滤了。

5.3.2 ISA Server 网络软件防火墙的使用

1. 实验目的

通过实验，深入理解防火墙的功能和原理，学会 ISA Server 防火墙的简单配置，并通过防火墙策略的配置实现代理内网的客户机上网，以及发布 Web 站点供外部网络访问。

2. 实验条件

在虚拟机环境下，创建一台虚拟机系统（Windows Server 2003 服务器，安装 ISA Server，接入两块网卡，内部网卡 IP 地址为 192.168.1.1/255.255.255.0，外部网卡 IP 地址为 10.0.0.1/255.0.0.0）当做防火墙连接两个区域；一个区域用一台虚拟机（Windows 2000 pro，IP 地址为 192.168.1.101/255.255.255.0，虚拟机网卡类型设置为桥接）表示内网；另一个区域连接真实的物理计算机（Windows 2000 pro，IP 地址为 10.0.0.2/255.0.0.0，网卡类型设置为桥接）表示外网。

安装 ISA Server 应注意以下几项。

① 选择典型安装。② 安装模式为集成模式。③ 安装在 NTFS 分区。

3. 实验内容和步骤

（1）在 Windows Server 2003 服务器上新建规则。

① 单击"程序"→"Microsoft ISA Server"→"ISA Management"。

② 在"access policy"中右键单击"Protocol Rules"按钮。

③ 单击"新建"→"Rule"。

④ 输入名称后采用默认安装至结束。

（2）在 Windows Server 2003 服务器上配置规则。

① 在右侧的详细信息窗格中双击该协议规则，单击"Applies to"选项卡。

② 单击"Clients address sets specified below"选项。

③ 单击"Applies to requests coming from"右侧的"Add"按钮。

④ 单击"New"按钮，输入名称后，单击"Add"按钮。

⑤ 在"from"和"to"中输入要开通的 IP 地址即可（可以是一个网段，也可以是单个 IP 地址，输入 10.1.1.1—10.1.1.10）。

（3）ISA 2000 Server 的用户管理。

① 通过 IP 限制上网客户端。可以利用"client address sets"进行客户端设置，添加 IP 地址。

② 设置组。通过 protocol rules 添加用户组。

③ 控制用户上网的时间段。在 allow visit internet properties 中的 schedule 选项卡中新建控制时间。

④ 限制用户访问某些站点。在 policy elements 下选中"destination sets"，选择"set"设置目的地的网站。

配置完服务器后，对客户端进行配置，使得客户端通过 ISA 连接网络，同时也测试 ISA

服务器。

（4）配置客户端通过内网访问外网。ISA Server 代理内部网络接入 Internet（客户端为 Web 代理客户），让内部网络客户机（192.168.1.101/255.255.255.0）可以浏览外部网络 Web 服务器上的站点 http://10.0.0.2。

① 在外网服务器上创建一个 Web 站点。

② 在 ISA Server 上创建协议规则，允许所选的协议→HTTP 通过。

③ 把计算机（192.168.1.101）配置成 Web 代理客户，需要在计算机（192.168.1.101）上配置 IE 浏览器的代理设置。在 IE 属性的 Internet 选项→连接→局域网上设置，在代理服务器栏中选择使用代理服务器，并输入代理服务器的 IP 地址及端口。代理服务器的地址是 ISA Server 的内网地址。

④ 配置完毕后，在计算机（192.168.1.101）上 ping 10.0.0.2 不通，但可以使用 IE 浏览器访问 "http://10.0.0.2" 站点了。

（5）配置客户端通过外网访问内网。在内网主机（192.168.1.101）上建立 Web 站点，在外网主机（10.0.0.2）上测试通过 NAT 访问内网 Web 站点 http://192.168.1.101。

① 在内网主机（192.168.1.101）上创建一个 Web 站点。

② 在 ISA Server 上创建规则，允许所选的协议 HTTP 通过。

③ 把内网主机配置成 SecureNAT 客户，设置网关和 DNS 服务器，这里需要根据网络环境来设置 DNS，可以使用 192.168.1.1 的 DNS 服务器或者在内网建立一台 DNS 服务器。

④ 在外网主机上输入 http://192.168.1.101，访问内网的 Web 站点。

5.3.3 Cisco PIX 515 硬件防火墙的配置

1．实验目的

通过实验，学会 Cisco PIX 515 硬件防火墙的初始配置、基本配置、外网访问内网的配置、静态或动态地址翻译配置等。

2．实验条件

实验采用 Cisco PIX 515 硬件防火墙来进行，要求运用所学过的路由器相关命令。

3．实验内容和步骤

（1）观察 Cisco PIX 515 防火墙的组成，了解各个端口的基本功能。

（2）Cisco PIX 防火墙的升级和初始配置。

① 在打开 Cisco PIX 515 防火墙电源和启动信息显示后，立刻发送一个 BREAK 字符或按 Esc 键。

② 显示 moniter>prompt。

③ 输入一个问号（？），以列表显示可用的命令。

④ 使用接口命令以指定哪个接口可以使用 ping 传输。如果 Cisco PIX 515 只有两个接口，moniter 命令默认使用内部接口。

⑤ 使用 address 命令指定 Cisco PIX 515 防火墙接口的 IP 地址。

⑥ 使用 server 命令指定远程服务器的 IP 地址。

⑦ 使用 file 命令指定 Cisco PIX 515 防火墙映像的文件名。

⑧ 输入 gateway 命令以指定一个路由器网关的 IP 地址，通过该网关可以访问服务器。

⑨ 使用 ping 命令验证访问的正确性。如果这个命令失败，则表示网络不能访问服务器。

应检查网络连接，确定网络连接正常，能访问服务器后，再继续下一步的操作。

⑩ 使用 TFTP 命令开始下载，接收它的启动映像。

（3）Cisco PIX 515 防火墙基本配置。

① 启动控制台终端。用 Cisco PIX 515 防火墙附件箱提供的串行电缆将计算机的串口和 Cisco PIX 515 防火墙的控制台端口连接，单击"开始"→"程序"→"附件"→"通信"→"超级终端"，双击"Hypertrm.exe"，启动超级终端，输入连接名 PIX-515，单击"确定"按钮，在"连接到"窗口选择"直接连接到串口 COM1"，在 COM1 属性对话框设置比特率为 9600bps、数据位为 8、奇偶校验为无、停止位为 1、流量控制为硬件，单击"确定"按钮，窗口显示防火墙启动信息，单击"文件"→"保存"，保存当前设置，退出当前窗口。

② 进入 Cisco PIX 515 防火墙的配置模式。启动超级终端 Cisco PIX 515，启动消息出现后，提示正使用非授权模式，输入 enable，按 Enter 键，出现 password，按 Enter 键，进入授权模式，输入 configure terminal，进入配置模式。

③ 标识每个接口。使用 nameif 命令给每个接口命名，对于 2 接口的 Cisco PIX 515 防火墙，可以不必输入任何信息。

④ 给内部接口定义 IP 地址。

ip address inside 192.168.1.1   255.255.255.0

⑤ 配置以太网接口。

interface ethernet0 auto

interface ethernet1 auto

（4）Cisco PIX 防火墙外部访问内部配置。根据图 5.27 所示连接网络设置，它有 IP 地址范围 204.31.17.128～204.31.17.191，有 E-mail、WWW、FTP 等服务器，PIX Firewall 的内部虚 IP 范围为 192.168.3.1～192.168.3.25。

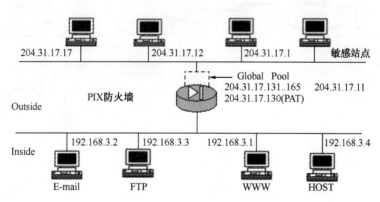

图 5.27　防火墙配置网络连接图

① 对资源主机的访问控制。对于内部的 E-mail、WWW、FTP 等服务器可以利用管道（conduit）使得外部用户访问，但必须限制对它们的访问，即禁止除 E-mail、WWW、FTP 以外的一切服务，以获得最大的安全性，配置方法如下所示。

static（inside,outside）204.31.17.129 192.168.3.1

conduit permit tcp host 204.31.17.129 eq www any

static（inside,outside）204.31.17.129 192.168.3.2

conduit permit tcp host 204.31.17.129 eq smtp any

static（inside,outside）204.31.17.129 192.168.3.3

conduit permit tcp host 204.31.17.129 eq ftp any

② 对 Internet 上的主机和资源的控制。对于 Internet 上的一些敏感资源，可能对出境的访问加以控制。下面进行配置以控制内部网络对外部主机 204.31.17.11 的访问，在 PIX Firewall 上的配置如下所示。

outbound 10 deny 204.31.17.11 255.255.255.255 www tcp

apply（inside）10 outgoing_dest

对内部主机 192.168.3.4，可以禁止它使用 WWW 方式访问外部网络。其配置如下所示。

outbound 10 deny 192.168.3.4 255.255.255.255   www tcp

apply（inside）20 outgoing _src

这样就可以对内部主机到外部的访问进行完全的控制。

③ 防范内部网络的非法 IP 和 MAC 地址。由于 IP 地址可被设置更改，非法用户常篡改、盗用他人的 IP 地址和 MAC 地址，来达到隐藏其非法访问的目的。可以使用 PIX Firewall 的 ARP 命令将内部主机的 IP 地址和它的 MAC 地址绑定，来有效地防止篡改和盗用 IP 地址现象。要将主机的 IP 地址 192.168.3.4 与它的 MAC 地址 00e0.1e40.2a7c 绑定，可进行如下配置。

arp inside 192.168.3.4 00e0.1e40.2a7c alias

wr m

（5）Cisco PIX 防火墙静态地址翻译配置。

① 根据图 5.28 所示连接网络设置。192.168.50.1 为全局地址，内部主机地址为 10.0.0.10，可以定义代码实现静态地址翻译。

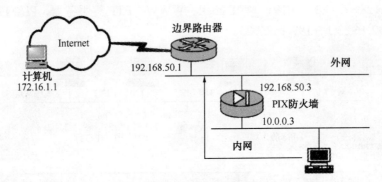

图 5.28   静态地址翻译的网络设置

② 按照下面信息配置防火墙。

nameif ethernet0 outside secutity0

nameif ethernet1 outside secutity1000

interface ethernet0 auto

interface ethernet1 auto

ip address outside 192.150.50.3 255.255.255.0

ip address inside 10.0.0.3 255.0.0.0

static（inside ,outside）192.168.50.101 10.0.0.10

（6）Cisco PIX 防火墙动态地址翻译配置。

① 根据图 5.29 所示网络连接图设置 IP 地址，PIX Firewall 外部的 IP 地址范围为

192.168.50.76～192.168.50.85，PIX Firewall 的内部 IP 地址范围为 10.0.0.1～10.0.0.20。

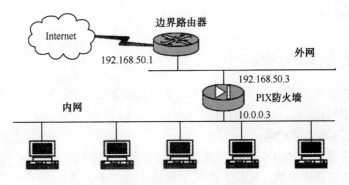

图 5.29　两个 NAT 接口配置

② 按照下面信息配置防火墙。

nameif ethernet0 outside security0

nameif ethernet1 outside security1000

interface ethernet0 auto

interface ethernet1 auto

ip address outside 192.168.50.3 255.255.255.0

ip address inside 10.0.0.3 255.0.0.0

arp time out 14400

nat（inside）1 0 0

global（outside）1 192.168.50.76～192.168.50.85

global（outside）1 192.168.50.75

no rip inside default

no rip inside passive

no rip outside default

no rip outside passive

route outside 0.0.0.0 0.0.0.0 192.168.50.1 1

timeout xlate 3:00:00 conn 1:00:00

half closed 0:10:00 udp 0:02:00

timeout rpc 0:10:00 h323 0:05:00

timeout uauth 0:05:00 absolute

conduit permit icmp any any

no snmp-server location

no snmp-server contact

snmp-server community public

telnet 10.0.0.100 255.255.255.255

telnet timeout 15

mtu outside 1500

mtu inside 1500

5.4 超越与提高

5.4.1 防火墙安全体系结构

网络防火墙的安全体系结构基本上分为 5 种：过滤路由器结构；双宿主主机结构；主机过滤结构；过滤子网结构；吊带式结构。

1. 过滤路由器防火墙结构

在传统的路由器中增加分组过滤功能就能形成这种最简单的防火墙。这种防火墙的好处是完全透明，但由于是在单机上实现，形成了网络中的"单失效点"。由于路由器的基石功能是转发分组，一旦过滤机能失效，被入侵就会形成网络直通状态，任何非法访问都可以进入内部网络。因此，这种防火墙的失效模式不是"失效—安全"型，违反了阻塞点原理。我们认为这种防火墙尚不能提供有效的安全功能，仅在早期的 Internet 中应用。过滤防火墙的基本结构如图 5.30 所示。

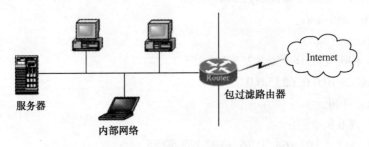

图 5.30　包过滤路由器防火墙结构

2. 双宿主主机防火墙结构

该结构至少由具有两个接口（即两块网卡）的双宿主主机构成。双宿主主机的一个接口接内部网络，另一个接口接外部网络，这种主机还可以充当与这台主机相连的网络之间的路由器，它能将一个网络的 IP 数据包在无安全控制的情况下传递给另外一个网络。但是在将一台主机安装到防火墙结构中时，首先要使双宿主主机的这种路由功能失效。从一个外部网络（如互联网络）来的 IP 数据包不能无条件地传给另一个网络（如内部网络）。只有双宿主主机支持内、外网络，并与堡垒主机实施通信，而内、外网络之间不能直接通信。双宿主主机可以提供很高程度的网络控制。如果安全规则不允许包在内、外部网络之间直传，而发现内部网络的包有一个对应的外部数据源，这就说明系统安全机制出问题了。在有些情况下，如果一个申请的数据类型与外部网络提供的某种服务不相符时，双宿主主机否决申请者要求与外部网的连接。同样情况下，用包过滤系统做到这种控制是非常困难的。当然，要充分地利用双宿主主机其他潜在的优点，其开发工作量是很大的。

双宿主主机只有用代理服务的方式或者用让用户直接注册到双宿主主机上的方式，才能提供安全控制服务。另外，这种结构要求用户每次都必须在双宿主主机上注册，这样就会使用户感到不方便。该防火墙安全结构如图 5.31 所示。

使用时，一般要求用户先注册，再通过双宿主主机访问另一边的网络，但由于代理服务器简化了用户的访问过程，可以做到对用户透明，属于"失效—安全"型。由于该防火墙仍是由单机组成的，没有安全冗余机制，仍是网络的"单失效点"，因此这种防火墙还是不完善的，在现在的 Internet 中仍有应用。

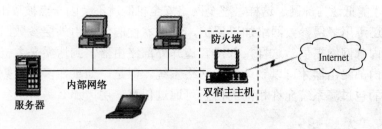

图 5.31　双宿主主机防火墙结构

3．主机过滤型防火墙结构

这种防火墙由过滤路由器和运行网关软件的堡垒主机构成。该结构提供安全保护的堡垒主机仅与内部网络相连，而过滤路由器位于内部网络和外部网络之间，如图 5.32 所示。

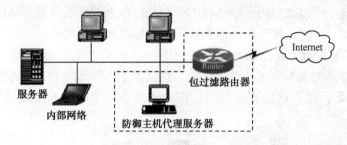

图 5.32　主机过滤型防火墙结构

该主机可完成多种代理，如 FTP、Telnet 和 WWW，还可以完成认证和交互作用，能提供完善的 Internet 访问控制。这种防火墙中的堡垒主机是网络的"单失效点"，也是网络黑客集中攻击的目标，安全保障仍不理想。一般来讲，主机过滤结构能比双宿主主机结构提供更好的安全保护区，同时也更具有可操作性，而且这种防火墙投资少，安全功能实现和扩充容易，因而目前应用比较广泛。

4．子网过滤型防火墙结构

该防火墙是在主机过滤结构中再增加一层参数网络的安全机制，使得内部网络和外部网络之间有两层隔断。由参数网络的内、外部路由器分别连接内部与外部网络，如图 5.33 所示。

用 DMZ 来隔离堡垒主机与内部网，就能减轻入侵者冲开堡垒主机后给内部网络带来的破坏力。入侵者即使冲过堡垒主机也不能对内部网络进行任意操作，而只可进行部分操作。

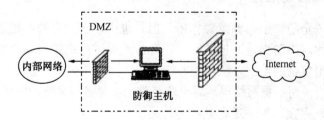

图 5.33　子网过滤型防火墙结构

在最简单的子网过滤结构中，有两台与参数网络相连的过滤路由器，一台位于参数网络与内部网络之间，而另一台位于参数网络与外部网络之间。在这种结构下，入侵者要攻击到内部网络就必须通过两台路由器的安全控制。即使入侵者通过了堡垒主机，它还必须通过内部网络路由器才能抵达内部网。这样，整个网络安全机制就不会因一点被攻击而全部瘫痪。

有些站点还可用多层参数网络加以保护，低可靠性的保护由外层参数网络提供，高可靠性的保护由内部网络提供。这样，入侵者撞开外部路由器，到达堡垒主机后，必须再破坏更为精致的内部路由器才可以到达内部网络系统。但是，如果在多层参数网络结构中的每层之间使用的包过滤系统允许相同的信息可通过任意一层，那么另外的参数网络也就不会起作用了。

这种防火墙把前一种主机的通信功能分散到多个主机组成的网络中，有的作为 FTP 服务器，有的作为 E-mail 服务器，有的作为 WWW 服务器，有的作为 Telnet 服务器，而堡垒主机则作为代理服务器和认证服务器置于周边网络中，以维护 Internet 与内部网络的连接。这种网络防火墙配置减少入侵者闯入破坏的机会，是一种比较理想的安全防范模式。

5．吊带式防火墙结构

这种防火墙与子网过滤型防火墙结构的区别是，作为代理服务器和认证服务器的网关主机位于周边网络中。这样，代理服务器和认证服务器是内部网络的第一道防线，内部路由器是内部网络的第二道防线，而把 Internet 的应用服务（如 FTP 服务器、Telnet 服务器和 WWW 服务器及 E-mail 服务器等）置于周边网络中，也减少了内部网络的安全风险。这种防火墙的结构如图 5.34 所示。这种结构正符合我们提出的 5 点要求，应是最安全的防范模式。

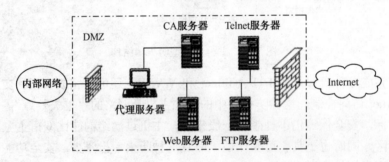

图 5.34　吊带式防火墙结构

实践表明，过滤路由器防火墙是最简单的安全防范措施，双宿主主机防火墙居中，主机过滤型防火墙和子网过滤型防火墙安全措施比较理想，而吊带式防火墙安全防范措施最好，但一般在中小型企业网中应用不广泛。

5.4.2　网络防火墙的局限性

网络防火墙在安全防护中起到重要作用，但是也应该看到它的不足之处。如今，知识渊博的黑客，均能利用网络防火墙开放的端口，巧妙地躲过网络防火墙的监测，直接针对目标应用程序。他们想出复杂的攻击方法，能够绕过传统网络防火墙。据专家统计，目前 70% 的攻击是发生在应用层，而不是网络层。对于这类攻击，网络防火墙的防护效果，并不太理想。传统的网络防火墙，存在以下不足之处。

1．无法检测加密的 Web 流量

如果部署一个门户网站，希望所有的网络层和应用层的漏洞都被屏蔽在应用程序之外。这个需求，对于传统的网络防火墙而言，是个大问题。

由于网络防火墙对于加密的 SSL 流中的数据是不可见的，防火墙无法迅速截获 SSL 数据

流并对其解密，因此无法阻止应用程序的攻击，甚至有些网络防火墙，根本就不提供数据解密的功能。

2. 普通应用程序加密后，也能轻易躲过防火墙的检测

网络防火墙无法看到的，不仅仅是 SSL 加密的数据。对于应用程序加密的数据，同样也不可见。在如今大多数网络防火墙中，依赖的是静态的特征库，与入侵监测系统的原理类似。只有当应用层攻击行为的特征与防火墙中的数据库中已有的特征完全匹配时，防火墙才能识别和截获攻击数据。

但如今，采用常见的编码技术，就能够将恶意代码和其他攻击命令隐藏起来，转换成某种形式，既能欺骗前端的网络安全系统，又能够在后台服务器中执行。这种加密后的攻击代码，只要与防火墙规则库中的规则不一样，就能够躲过网络防火墙，成功避开特征匹配。

3. 对于 Web 应用程序，防范能力不足

网络防火墙于 1990 年发明，而商用的 Web 服务器，则在一年以后才面世。基于状态检测的防火墙，其设计原理是基于网络层 TCP 和 IP 地址，来设置与加强状态访问控制列表。在这一方面，网络防火墙表现得十分出色。

近年来，在实际应用过程中，HTTP 是主要的传输协议。主流的平台供应商和大的应用程序供应商，均已转移到基于 Web 的体系结构，安全防护的目标，不再只是重要的业务数据。网络防火墙的防护范围，发生了变化。

对于常规的局域网的防范，通用的网络防火墙仍占有很高的市场份额，继续发挥重要作用，但对于新近出现的上层协议，如 XML 和 SOAP 等应用的防范，网络防火墙就显得有些力不从心。

由于体系结构的原因，即使是最先进的网络防火墙，在防范 Web 应用程序时，由于无法全面控制网络、应用程序和数据流，也无法截获应用层的攻击。由于对于整体的应用数据流，缺乏完整的、基于会话级别的监控能力，因此很难预防新的未知的攻击。

4. 应用防护特性，只适用于简单情况

目前的数据中心服务器，时常会发生变动。比如定期需要部署新的应用程序；经常需要增加或更新软件模块；管理员经常会发现代码中的 bug，已部署的系统需要定期打补丁。在这样动态复杂的环境中，安全管理需要采用灵活的方法，实施有效的防护策略。

虽然有人提出了应用防护的特性，但是只适用于简单的环境中。对于实际应用来说，这些特征存在着局限性。比如说，声称能够阻止缓存溢出，当黑客在浏览器的 URL 中输入太长数据，试图使后台服务崩溃或试图非法访问的时候，网络防火墙能够检测并制止这种情况。这是采用对 80 端口数据流中，针对 URL 长度进行控制的方法，来实现这个功能的。

如果使用这个规则，将对所有的应用程序生效。如果一个程序或者是一个简单的 Web 网页，确实需要涉及很长的 URL 时，就要屏蔽该规则。

网络防火墙的体系结构，决定了网络防火墙是针对网络端口和网络层进行操作的，因此很难对应用层进行防护，除非是一些很简单的应用程序。

5. 无法扩展带深度检测功能

基于状态检测的网络防火墙，如果希望只扩展深度检测功能，而没有相应地增加网络性能，这是不行的。真正的针对所有网络和应用程序流量的深度检测功能，需要空前的处理能力，来完成大量的计算任务，包括以下几个方面。

① SSL 加密/解密功能。

② 完全的双向有效负载检测。

③ 确保所有合法流量的正常化。

④ 广泛的协议性能。

这些任务，在基于标准计算机硬件上，是无法高效运行的，虽然有人采用基于 ASIC 的平台，但是实践发现：旧的基于网络的 ASIC 平台对于新的深度检测功能是无法支持的。

应用层受到攻击的概率越来越大，而网络防火墙在这方面又存在着不足之处。对此，人们开始意识到应用层的威胁，在防火墙上增加了一些防范措施，试图阻止这些威胁。传统的网络防火墙对于应用安全的防范上效果不佳，对于上述列出的不足之处，需要在网络层和应用层加强防范。

本 章 小 结

网络防火墙是设置在被保护网络和外部网络之间的一道屏障，实现网络的安全保护，以防止发生不可预测的、潜在破坏性的侵入。它可以有效地拦截对内部网络的非法入侵，防止非法远程主机对服务器的扫描。本章介绍了防火墙技术与其配置。首先是网络防火墙的任务、技术特征、分类，然后通过防火墙配置与管理的实验，实践操作了个人软件防火墙、网络软件防火墙、Cisco 硬件防火墙的配置与应用。

网络防火墙的使用、配置与管理过程中，一般很少采用单一的技术，通常是使用多种解决不同问题的技术组合。这种组合取决于网络管理中心向用户提供什么样的服务，以及网管中心能接受什么等级的风险。采用哪种技术还取决于经费、网络的大小或管理人员的技术、时间因素。一般可以考虑使用多堡垒主机、合并内部路由器与外部路由器、合并堡垒主机与外部路由器、合并堡垒主机与内部路由器、使用多台内部路由器、使用多台外部路由器、使用多个周边网络、使用双重宿主主机与屏蔽子网等几种形式。

本 章 习 题

1. 每题有且只有一个最佳答案，请把正确答案的编号填在每题的括号中。

（1）不属于网络防火墙的类型有（　　）。

A．入侵检测技术　　　B．包过滤　　　C．电路层网关　　　D．应用层网关

（2）下列不属于包过滤检查的是（　　）。

A．源地址和目标地址　　　　　　B．源端口和目标端口

C．协议　　　　　　　　　　　　D．数据包的内容

（3）代理服务作为防火墙技术主要在 OSI 的（　　）实现。

A．网络层　　　　B．表示层　　　　C．应用层　　　　D．数据链路层

（4）从防火墙的安全性角度出发，最好的防火墙结构类型是（　　）。

A．路由器型　　　B．服务器型　　　C．屏蔽主机结构　　　D．屏蔽子网结构

（5）一般来说，一个 Internet 的防火墙是建立在网络的（　　）。

A．内部子网之间传送信息的中枢　　　B．内部网与外部网的交叉点

C．部分内部网络和外部网络的结合点　　　D．每个子网的内部

（6）从逻辑上看，网络防火墙是（　　）。

A．过滤器　　　　　　B．限制器　　　　C．分析器　　　　　　D．A、B、C

2．将合适的答案填入空白处。

（1）为了防止外部网络对内部网络的侵犯，一般需要在内部网络和外部公共网络之间设置_____。

（2）网络防火墙的功能目标既有_____的功能，又能在_____进行代理，即从链路层到应用层进行全方位安全处理。

（3）堡垒主机是指一个可以防御进攻的计算机，被暴露于 Internet 之上，作为进入内部网络的_____，试图把整个网络的安全问题集中在这里解决。

（4）第一代防火墙技术使用的是在 IP 层实现的_____技术。

（5）包过滤是对进出网络的数据包进行有选择的_____。

（6）网络防火墙的安全结构包括_____、_____、_____、_____、_____五种。

3．简要回答下列问题。

（1）什么是防火墙？在组网时为什么要设置防火墙？

（2）根据计算机网络结构，分析防火墙都工作在哪些层？

（3）简述防火墙的主要功能和几种类型。

（4）简述包过滤的基本特点及其工作原理。

（5）上机实际操作，并说明 Windows 2003 Server 自带的防火墙配置过程。

（6）设某机构的拓扑结构如图 5.35 所示。其中，只在端口 80 上提供 Web 服务；只在端口 25 上提供邮件服务；网络系统接收发来的所有邮件并发送所有要发出的邮件；内部 DNS 系统必须查询 Internet 系统，以便进行域名解析，机构没有自己的外部 DNS；机构的安全策略允许内部用户使用（HTTP，FTP，E-mail，Web）网络应用服务。

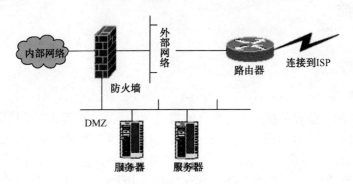

图 5.35　某机构的拓扑结构图

请制定合适的包过滤防火墙规则（要求以列表的形式给出，可以抽象表示 IP 地址，比如"源 IP"：内部网络）。

序　号	源　IP	源 端 口	目 的 IP	目 的 端 口	协　议	动　作
1	任何	1024:65535	Web 服务器	80	TCP	允许
...						

第6章　入侵检测系统

同学们，你们是不是认为网络中有了防病毒软件，有了强大的防火墙，系统打上了很多的补丁就万事大吉啦？那可就大错特错了！因为你的网络安装了防火墙（一般是在网关处）只是整个网络安全的第一道安全闸门，而防火墙对于内部的攻击是无能为力的，但内部的攻击恰恰是目前网络安全的最大隐患，那怎么办呢？不用担心，让入侵检测系统来充当这第二道安全闸门，他就像一个监控器，时刻监控网络内部的安全威胁，使你的网络更安全！

你将学习

◇ 入侵检测系统的概念、分类。
◇ 入侵检测技术。
◇ 蜜罐技术。

你将获取

△ 在 Linux 系统下安装轻量级的入侵检测系统 Snort 的技能。
△ 使用 Snort 在网络中进行入侵检测与嗅探。
△ 使用 Snort 在网络中进行数据记录。

6.1　案例问题

6.1.1　案例说明

1. 背景描述

随着 Internet 的日益普及和国家对教育的重视，大部分高校都建立了校园网，不仅提高了教育水平，而且为学生打开了了解世界的窗口。但是，随之而来的安全问题也给校园网带来了前所未有的挑战。一方面，恶意代码、病毒、黑客、不良网站、人为干扰等不安全因素对校园网的正常发展造成了一定的障碍；另一方面，出于对安全问题的考虑，许多校园网对 Internet 的使用做了许多限制，这种限制给教学造成了一定程度的影响。目前，校园网的主要功能一般集中在网络教学和 Internet 接入使用上。

随着教学和科研对关键信息系统的可靠性、可用性要求进一步提高，对应用系统连续性、数据集中也提出了更高的要求。伴随 Internet 技术的不断发展，各种 P2P 的应用也在校园网内部广泛的应用，作为一种时下流行的下载手段，P2P 应用可以让用户很方便地找到自己需要的网络资源。但是，大量无限制的 P2P 连接将极大地消耗网络带宽资源，给正常的网络业务带来极大的困扰，同时也带来了一些安全隐患。此外，由于校园网内部的学生机器较多，且没有统一安装防病毒软件，如何预防内部网络的病毒传播，也是摆在校园网中心负责人面前的一个重要问题。

2．需求分析

面对当今的混合威胁，传统的安全系统已经无法满足安全的需求。防火墙的目标是用于网络访问控制，对于黑客使用缓冲区溢出等应用或攻击操作系统弱点无能为力；另外，对于通过邮件传播的蠕虫病毒，防火墙也无法阻挡；而且，黑客的攻击都是利用防火墙允许通过的协议发起的针对主机漏洞的攻击。防病毒系统属于被动防护，只能检测出已知病毒，而对于新的未知病毒，防病毒软件无法检测出。因此，在从发现新病毒到厂商更新病毒特征码的这段时间内，公司网络系统将有可能受到损害。所以需要一种完整的方案来解决问题。

（1）黑客穿过防火墙寻找内部主机漏洞进行攻击。

（2）通过邮件传播蠕虫病毒进行检测报警。

（3）对防病毒软件无法检测的新型病毒进行告警。

（4）检测内部人员的攻击和内植木马病毒的攻击。

3．解决方案

在 Internet 与校园网之间部署了一台瑞星 RFW—100 防火墙，在内外网之间建立起一道安全屏障。但是这还不够，强大的、完整的入侵检测体系可以弥补防火墙相对静态防御的不足。

根据校园网的特点，选择一款功能强大的入侵检测系统接入中心交换机上，对来自外部网和校园网内部的各种行为进行实时检测。该入侵检测系统集入侵检测、网络管理和网络监视功能于一身，能实时捕获内外网之间传输的所有数据，利用内置的攻击特征库，使用模式匹配和智能分析的方法检测网络上发生的入侵行为和异常现象，并在数据库中记录有关事件，作为网络管理员事后分析的依据；如果情况严重，入侵检测系统可以发出实时报警，使学校管理员能够及时采取应对措施。

6.1.2　思考与讨论

1．阅读案例并思考以下问题

（1）为什么在校园网或企业网与外网之间安装了防火墙，我们内部主机也安装了防病毒软件和个人防火墙，可是受攻击的现象依然存在，而且是道高一尺，魔高一丈呢？有什么办法可以解决。

参考： 随着网络安全风险系数的不断提高，曾经作为最主要的安全防范手段的防火墙，已经不能满足人们对网络安全的需求。

伴随着计算机网络技术和 Internet 的飞速发展，网络攻击和入侵事件与日俱增，特别是近两年，政府部门、军事机构、金融机构、企业的计算机网络频遭黑客袭击。攻击者可以从容地对那些没有安全保护的网络进行攻击和入侵，如进行拒绝服务攻击、从事非授权的访问、肆意窃取和篡改重要的数据信息、安装后门监听程序以便随时获得内部信息、传播计算机病毒、摧毁主机等。攻击和入侵事件给这些机构和企业带来了巨大的经济损失和形象的损害，甚至直接威胁到国家的安全。

攻击者为什么能够对网络进行攻击和入侵呢？原因在于，计算机网络中存在着可以为攻击者所利用的安全弱点、漏洞以及不安全的配置，主要表现在操作系统、网络服务、TCP/IP协议、应用程序（如数据库、浏览器等）、网络设备等几个方面。正是这些弱点、漏洞和不安全设置给攻击者以可乘之机。另外，由于大部分网络缺少预警防护机制，即使攻击者已经侵入到内部网络，侵入到关键的主机，并从事非法的操作，网管人员也很难察觉到。这样，攻击者就有足够的时间来做他们想做的任何事情。

那么，如何防止和避免遭受攻击和入侵呢？首先要找出网络中存在的安全弱点、漏洞和不安全的配置；然后采用相应措施堵塞这些弱点、漏洞，对不安全的配置进行修正，最大限度地避免遭受攻击和入侵；同时，对网络活动进行实时监测，一旦监测到攻击行为或违规操作，能够及时做出反应，包括记录日志、报警甚至阻断非法连接。

IDS 的出现，解决了以上的问题。设置硬件防火墙，可以提高网络的通过能力并阻挡一般性的攻击行为；而采用 IDS 入侵防护系统，则可以对越过防火墙的攻击行为以及来自网络内部的违规操作进行监测和响应。

防火墙在网络安全中起到大门警卫的作用，对进出的数据依照预先设定的规则进行匹配，符合规则的就予以放行，起到访问控制的作用，是网络安全的第一道闸门。优秀的防火墙甚至对高层的应用协议进行动态分析，保护进出数据应用层的安全。但防火墙的功能也有局限性。防火墙只能对进出网络的数据进行分析，对网络内部发生的事件完全无能为力。

同时，由于防火墙处于网关的位置，不可能对进出攻击做太多判断，否则会严重影响网络性能。如果把防火墙比做大门警卫的话，入侵检测就是网络中不间断的摄像机。在实际的部署中，IDS 并联在网络中，通过旁路监听的方式实时地监视网络中的流量，对网络的运行和性能无任何影响，同时判断其中是否含有攻击的企图，通过各种手段向管理员报警，不但可以发现从外部的攻击，也可以发现内部的恶意行为。所以说，IDS 是网络安全的第二道闸门，是防火墙的必要补充，可构成完整的网络安全解决方案。

（2）入侵检测系统可以代替防火墙吗？

参考：IDS 并不是一个防范工具，它不能阻断攻击。只有防火墙才能限制非授权的访问，在一定程度上防止入侵行为。而 IDS 提供快速响应机制，报告入侵行为，意味着一种牵制政策。IDS 可以与防火墙在功能上实现联动，进行很好地配合，大大提高网络系统的安全性。当 IDS 检测到入侵行为发生，立即发出一个指令给防火墙，防火墙马上关闭通信连接，从而阻断入侵。

2．专题讨论

（1）上网搜索几种入侵检测系统进行一下功能比较，同时也进行成本比较。

提示：

① Snort 是一个很多人都喜爱的 IDS，它采用灵活的基于规则的语言来描述通信，将签名、协议和不正常行为的检测方法结合起来。其更新速度极快，成为全球部署最为广泛的入侵检测技术，并成为防御技术的标准。通过协议分析、内容查找和各种各样的预处理程序，Snort 可以检测成千上万的蠕虫、漏洞利用企图、端口扫描和各种可疑行为。

② OSSEC HIDS 一个基于主机的开源入侵检测系统，它可以执行日志分析、完整性检查、Windows 注册表监视、rootkit 检测、实时警告以及动态的适时响应。除了其 IDS 的功能之外，它通常还可以被用做一个 SEM/SIM 解决方案。因为其强大的日志分析引擎，Internet 供应商、大学和数据中心都乐意运行 OSSEC HIDS，以监视和分析其防火墙、IDS、Web 服务器和身份验证日志。

③ Fragroute/Fragrouter 是一个能够逃避网络入侵检测的工具箱，它是一个自分段的路由程序，能够截获、修改并重写发往一台特定主机的通信，可以实施多种攻击，如插入、逃避、拒绝服务攻击等。它拥有一套简单的规则集，可以对发往某一台特定主机的数据包延迟发送，或复制、丢弃、分段、重叠、打印、记录、源路由跟踪等。严格来讲，这个工具是用于协助测试网络入侵检测系统的，也可以协助测试防火墙，基本的 TCP/IP 堆栈行为。

④ BASE 是一个基于 PHP 的分析引擎，它可以搜索、处理由各种各样的 IDS、防火墙、网络监视工具所生成的安全事件数据。其特性包括一个查询生成器并查找接口，这种接口能够发现不同匹配模式的警告，还包括一个数据包查看器/解码器，基于时间、签名、协议、IP 地址的统计图表等。

⑤ Sguil 是一款被称为网络安全专家监视网络活动的控制台工具，它可以用于网络安全分析。其主要部件是一个直观的 GUI 界面，可以从 Snort/barnyard 提供实时的事件活动。还可借助于其他的部件，实现网络安全监视活动和 IDS 警告的事件驱动分析。

成本比较略，请同学们自行上网搜索。

（2）入侵检测曾经被吹捧为整个安全问题的解决方案，我们不需要保护自己的文件和系统了，只需在有人做坏事时发现并制止即可，请问这种想法正确吗？如果入侵检测不能解决所有安全问题，是不是说明没有必要安装入侵检测系统了呢？请说明理由。

提示：入侵检测作为一种积极主动的安全防护技术，提供了对内部攻击、外部攻击和误操作的实时保护，在网络系统受到危害之前拦截和响应入侵。但无论如何，入侵检测不是对所有的入侵都能够及时发现的，即使拥有当前最强大的入侵检测系统，如果不及时修补网络中的安全漏洞的话，安全也无从谈起。

入侵检测系统能够被有技术的攻击者绕过去是一个事实。但是，其他安全技术也未必能避免被黑客困扰。因此，不能说入侵检测系统和其他安全措施都没有用。虽然入侵检测系统已经不再是新的技术，但它仍有价值。人们需要记住的是应该向使用这个技术的人投资。如果使用这个技术的人没有丰富的知识，向入侵检测系统投入再多的钱都没有用。目前，对于任何网络来说都没有一个可以绝对安全的解决方案。我们应该更密切地关注使用安全技术的人，因为最终总是要用人的眼睛来分析入侵检测系统和入侵防御系统输出的数据。因此，要尽可能地保证对安全人员进行足够的培训。

6.2 技术视角

6.2.1 入侵检测技术概述

1. 入侵检测系统及起源

入侵检测（Intrusion Detection）就是察觉入侵的行为。入侵检测的软件与硬件的结合便是入侵检测系统（Intrusion Detection System，IDS）。入侵检测是基础保护机制的一个重要组成部分。

入侵检测的研究可以追溯到 JamesP.Anderson 在 1980 年的工作，他首次提出了"威胁"等术语，这里所指的"威胁"与入侵的含义基本相同，将入侵或威胁定义为：潜在的、有预谋的、未经授权的访问企图，致使系统不可靠或无法使用。1987 年乔治敦大学的 DorothyE.Denning 首次给出一个入侵检测的抽象模型，首次将入侵检测的概念作为一种计算机系统安全防御问题的措施提出。1988 年，Morris 蠕虫事件加快了对入侵检测系统的开发研究。

1990 年是入侵检测系统发展史上的一个分水岭。这一年，加州大学戴维斯分校的 L.T.Heberlein 等人开发出了 NSM（Network Security Monitor）。该系统第一次直接将网络流作为审计数据来源，因而可以在不将审计数据转换成统一格式的情况下监控异种主机。从此之后，入侵检测系统发展史翻开了新的一页，两大阵营正式形成：基于网络的 IDS 和基于主机的 IDS。

1988 年的莫里斯蠕虫事件发生之后，网络安全才真正引起了军方、学术界和企业的高度重视。美国空军、国家安全局和能源部共同资助空军密码支持中心、劳伦斯利弗摩尔国家实验室、加州大学戴维斯分校、Haystack 实验室，开展对分布式入侵检测系统（DIDS）的研究，将基于主机和基于网络的检测方法集成到一起。

DIDS 是分布式入侵检测系统历史上的一个里程碑式的产品，它的检测模型采用了分层结构，包括数据、事件、主体、上下文、威胁和安全状态 6 层。

从 20 世纪 90 年代到现在，入侵检测系统的研发呈现出百家争鸣的繁荣局面，并在智能化和分布式两个方向上取得了长足的进展。目前，SRI/CSL、普渡大学、加州大学戴维斯分校、洛斯阿拉莫斯国家实验室、哥伦比亚大学、新墨西哥大学等机构在这些方面的研究代表了当前的最高水平。

2．IDS 的基本结构

为了提高 IDS 产品、组件及与其他安全产品之间的互操作性，美国国防高级研究计划署（DARPA）和 Internet 工程任务组（IETF）的入侵检测工作组（IDWG）发起制定了一系列建议草案，从体系结构、API、通信机制、语言格式等方面规范 IDS 的标准。DARPA 提出的建议是公共入侵检测框架（CIDF），最早由加州大学戴维斯分校安全实验室主持起草工作。1999年 6 月，IDWG 就入侵检测也出台了一系列草案。但是，这两个组织提出的草案或建议目前还处于逐步完善之中，尚未被采纳为广泛接受的国际标准。不过，它们仍是入侵检测领域最有影响力的建议，成为标准只是时间问题。

公共入侵检测框架 CIDF 所做的工作主要包括四部分：IDS 的体系结构、通信机制、描述语言和应用编程接口 API。CIDF 提出了一个通用模型，将入侵检测系统分为四个基本组件：事件产生器、事件分析器、响应单元和事件数据库。结构如图 6.1 所示。在这个模型中，事件产生器、事件分析器和响应单元通常以应用程序的形式出现，而事件数据库则往往是文件或数据流的形式，很多 IDS 厂商都以数据收集部分、数据分析部分和控制台部分三个术语来分别代替事件产生器、事件分析器和响应单元。

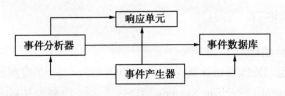

图 6.1　CIDF 的通用模型

CIDF 将 IDS 需要分析的数据统称为事件，它可以是网络中的数据包，也可以是从系统日志或其他途径得到的信息。

（1）事件产生器。

① 负责原始数据采集，并将收集到的原始数据转换为事件，向系统的其他部分提供此事件。

② 收集内容，包括系统、网络数据及用户活动的状态和行为。

③ 需要在计算机网络系统中的若干不同的关键点（不同网段和不同主机）收集信息。包括系统和网络的日志文件；网络流量；系统目录和文件的异常变化；程序执行的异常行为。

入侵检测系统很大程度上依赖于收集信息的可靠性和正确性，要保证用来检测网络系统的软件的完整性，特别是入侵检测系统软件本身应具有坚固性，防止被篡改而收集到错误的信息。

（2）事件分析器。接收事件信息，对其进行分析，判断是否为入侵行为或异常现象，最后将判断的结果转变为告警信息。分析方法主要有以下几种。

① 模式匹配。将收集到的信息与已知的网络入侵和系统误用模式数据库进行比较，从而发现违背安全策略的行为。

② 统计分析。首先给系统对象（如用户、文件、目录和设备等）创建一个统计描述，统计正常使用时的一些测量属性（如访问次数、操作失败次数和延时等）；测量属性的平均值和偏差将被用来与网络、系统的行为进行比较，任何观察值在正常之外时，就认为有入侵发生。

③ 完整性分析（往往用于事后分析）。主要关注某个文件或对象是否被更改。

（3）事件数据库。存放各种中间和最终数据的地方。从事件产生器或事件分析器接收数据，一般会将数据进行较长时间的保存。

（4）响应单元。根据告警信息做出反应，是 IDS 中的主动武器，可做出强烈反应，如切断连接、改变文件属性等，也可以做出简单的报警。

以上四个组件只是逻辑实体，一个组件可能是某台计算机上的一个进程甚至线程，也可能是多个计算机上的多个进程，它们以 GIDO（统一入侵检测对象）格式进行数据交换。GIDO 是对事件进行编码的标准通用格式（由 CIDF 描述语言 CISL 定义），GIDO 数据流可以是发生在系统中的审计事件，也可以是对审计事件的分析结果。

3．基本术语

● 误报：实际无害的事件却被 IDS 检测为攻击事件。
● 漏报：一个攻击事件未被 IDS 检测到或被分析员认为是无害的。
● 警报：当一个入侵正在发生或试图发生时，IDS 将发布一个 alert 信息通知系统管理员。
● 特征：攻击特征是 IDS 的核心，它使 IDS 在事件发生时触发。特征信息过短会经常触发 IDS，导致误报或错报；过长则会影响 IDS 的工作速度。
● 混杂模式（Promiscuous）：如果网络接口是混杂模式，就可以"看到"网段中所有的网络通信量，不管其来源或目的地。这对于网络 IDS 是必要的。

4．入侵检测系统的分类

（1）按照分析方法和检测原理分类。

● 异常入侵检测。首先总结正常操作应该具有的特征（用户轮廓），当用户活动与正常行为有重大偏离时即被认为是入侵。
● 基于误用的入侵检测。收集非正常操作的行为特征，建立相关的特征库，当监测的用户或系统行为与库中的记录相匹配时，系统就认为这种行为是入侵。

（2）按照数据来源分类。

● 基于主机的 IDS。系统获取数据的依据是系统运行所在的主机，保护的目标也是系统运行所在的主机。
● 基于网络的 IDS。系统获取的数据是网络传输的数据包，保护的是网络的正常运行。

（3）按照体系结构分类。

● 集中式。集中式结构的 IDS 可能有多个分布于不同主机上的审计程序，但只有一个中央入侵检测服务器。审计程序把当地收集到的数据踪迹发送给中央服务器进行分析处理。但这种结构在可伸缩性、可配置性方面存在致命缺陷。随着网络规模的增加，主机审计程序和服务器之间转送的数据就会骤增，导致网络性能大大降低。并且一旦中央服务器出现问题，整个系统就会陷入瘫痪。根据各个主机不同需求配置服务器也非常复杂。

- 分布式。分布式结构的 IDS 就是将中央检测服务器的任务分配给多个基于主机的 IDS。这些 IDS 不分等级，各司其职，负责监控当地主机的某些活动。所以，其可伸缩性、安全性都得到提高，但维护成本也高了很多，并且增加了所监控主机的工作负荷，如通信机制、审计开销、踪迹分析等。

（4）按照工作方式分类。

- 离线检测。离线检测系统又称脱机分析检测系统，就是在行为发生后，对产生的数据进行分析，而不是在行为发生的同时进行分析，从而检测入侵活动，它是非实时工作的系统。如对日志的审查，对系统文件的完整性检查等都属于这种。一般而言，脱机分析也不会间隔很长时间，所谓的脱机只是与联机相对而言的。
- 在线检测。又称为联机分析检测系统，就是在数据产生或者发生改变的同时对其进行检查，以便发现攻击行为，它是实时联机检测系统。这种方式一般用于网络数据的实时分析，有时也用于实时主机审计分析。它对系统资源的要求比较高。

6.2.2 基于网络 IDS 和基于主机的 IDS 比较

1. 基于主机的入侵检测系统（HIDS）

通常是安装在被重点检测的主机之上，所以也称软件检测系统。主要是对该主机的网络实时连接以及系统审计日志进行智能分析和判断。如果其中主体活动十分可疑（特征或违反统计规律），入侵检测系统就会采取相应措施。如图 6.2 所示为入侵检测系统在网络中的位置。

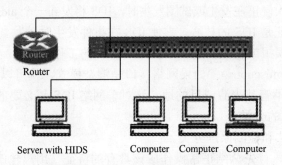

Router

Server with HIDS   Computer   Computer   Computer

图 6.2 基于主机入侵检测系统

尽管基于主机的入侵检查系统不如基于网络的入侵检查系统快捷，但它确实具有基于网络系统无法比拟的优点。这些优点包括：更好的辨识分析、对特殊主机事件的紧密关注及低廉的成本。基于主机的入侵检测系统有如下优点。

（1）确定攻击是否成功。由于基于主机的 IDS 使用含有已发生事件信息，它们可以比基于网络的 IDS 更加准确地判断攻击是否成功。在这方面，基于主机的 IDS 是基于网络的 IDS 的完美补充，网络部分可以尽早提供警告，主机部分可以确定攻击成功与否。

（2）监视特定的系统活动。基于主机的 IDS 监视用户和访问文件的活动，包括文件访问、改变文件权限，试图建立新的可执行性文件，或者试图访问特殊的设备。例如，基于主机的 IDS 可以监督所有用户的登录及下网情况，以及每位用户在连接到网络以后的行为。对于基于网络的系统要做到这个程度是非常困难的。

基于主机技术还可监视只有管理员才能实施的非正常行为。操作系统记录了任何有关用户账号的增加、删除、更改的情况，只要非授权改动，基于主机的 IDS 就能检测到这种不适当的改动。基于主机的 IDS 还可审计能影响系统记录的校验措施的改变。

最后，基于主机的系统可以监视主要系统文件和可执行文件的改变。系统能够查出那些欲改写重要系统文件或者安装特洛伊木马或后门的尝试，并将它们中断。而基于网络的系统有时会查不到这些行为。

（3）能够检查到基于网络的系统检查不出的攻击。基于主机的系统可以检测到那些基于网络的系统察觉不到的攻击。例如，来自主要服务器键盘的攻击不经过网络，所以可以躲开基于网络的入侵检测系统。

（4）适用于被加密的和交换的环境。由于基于主机的系统安装在遍布企业的各种主机上，它们比基于网络的入侵检测系统更加适于交换的和加密的环境。

交换设备可将大型网络分成许多个小型网络部件加以管理，所以从覆盖足够大的网络范围的角度出发，很难确定配置基于网络的 IDS 的最佳位置。业务映射和交换机上的管理端口有助于此，但这些技术有时并不适用。基于主机的入侵检测系统可安装在所需的重要主机上，在交换的环境中具有更高的能见度。

某些加密方式也向基于网络的入侵检测发出了挑战。由于加密方式位于协议堆栈内，所以基于网络的系统可能对某些攻击没有反应，基于主机的 IDS 没有这方面的限制，当操作系统及基于主机的系统看到即将到来的业务时，数据流已经被解密了。

（5）近于实时的检测和响应。尽管基于主机的入侵检测系统不能提供真正实时的反应，但如果应用正确，反应速度可以非常接近实时。老式系统利用一个进程在预先定义的间隔内检查登记文件的状态和内容，与老式系统不同，当前基于主机的系统的中断指令，这种新的记录可被立即处理，显著减少了从攻击验证到做出响应的时间，在从操作系统做出记录到基于主机的系统得到辨识结果之间的这段时间是一段延迟，但大多数情况下，在破坏发生之前，系统就能发现入侵者，并中止它的攻击。

（6）不要求额外的硬件设备。基于主机的入侵检测系统存在于现行网络结构之中，包括文件服务器、Web 服务器及其他共享资源。这些使得基于主机的系统效率很高。因为它们不需要在网络上另外安装登记。

（7）记录花费更加低廉。尽管很容易就能使基于网络的入侵检测系统提供广泛覆盖，但其价格通常是昂贵的。配置一个简单的入侵监测系统要花费$10000 以上，而基于主机的入侵检测系统对于单独—代理标价仅几百美元，并且客户只需很少的费用用于最初的安装。

所以，概括来说，基于主机的 IDS 的优点是：性价比高；更加细腻；误报率较低；适用于加密和交换的环境；对网络流量不敏感；确定攻击是否成功。但是我们也要看到 HIDS 也有其弱点和局限性，表现在以下几方面。

① 它依赖于主机固有的日志与监视能力，而主机审计信息存在弱点：易受攻击，入侵者可设法逃避审计。

② IDS 的运行或多或少影响主机的性能。

③ HIDS 只能对主机的特定用户、应用程序执行动作和日志进行检测，所能检测到的攻击类型受到限制。

④ 全面部署 HIDS 代价较大。

2．基于网络的入侵检测系统（NIDS）

基于网络的入侵检测系统使用原始网络包作为数据源。基于网络的 IDS 通常利用一个运行在混合模式下的网络适配器来实时监视并分析通过网络的所有通信业务。系统获取的数据是网络传输的数据包，保护的是网络的运行。如图 6.3 所示是基于网络的入侵检测系统的网络拓扑。

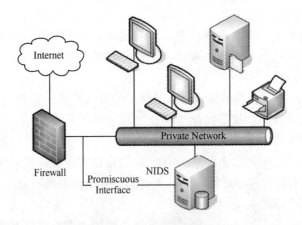

图 6.3　基于网络的入侵检测系统

基于网络的 IDS 有许多仅靠基于主机的入侵检测法无法提供的优点。实际上，许多客户在最初使用 IDS 时，都配置了基于网络的入侵检测，因为它拥有成本较低，并且反应速度快。以下内容主要说明了基于网络的入侵检测称为安全策略的实施中的重要组件的主要原因。

（1）拥有成本较低。基于网络的 IDS 可在几个关键访问点上进行策略配置，以观察发往多个系统的网络通信。所以它不要求在许多主机上装载并管理软件。由于需要监测的点较少，因此对于一个公司的环境来说，拥有成本很低。

（2）检测基于主机的系统漏掉的攻击。基于网络的 IDS 检查所有包的头部，从而发现恶意的和可疑的行动迹象。基于主机的 IDS 无法查看包的头部，所以它无法检测到这一类型的攻击。例如，许多来自于 IP 地址的拒绝服务型（DOS）和碎片包型（Teardrop）的攻击只能在它们经过网络时，检查包的头部才能发现。这种类型的攻击都可以在基于网络的系统中通过实时监测被发现。

基于网络的 IDS 可以检查有效负载的内容，查找用于特定攻击的指令或语法。例如，通过检查数据包有效负载可以查到黑客软件，而使正在寻找系统漏洞的攻击者毫无察觉。正如上面说的，基于主机的系统不检查有效负载，所以不能辨认有效负载中所包含的攻击信息。

（3）攻击者不易转移证据。基于网络的 IDS 使用正在发生的网络通信进行实时攻击的检测，所以攻击者无法转移证据。被捕获的数据不仅包括攻击的方法，而且还包括可识别黑客身份和对其进行起诉的信息。许多黑客都熟知审记记录，他们知道如何操纵这些文件掩盖他们的作案痕迹，如何阻止需要这些信息的基于主机的系统去检测入侵。

（4）实时检测和响应。基于网络的 IDS 可以在恶意及可疑的攻击发生的同时将其检测出来，并做出更快的通知和响应。例如，一个基于 TCP 的对网络进行的拒绝服务攻击（DOS）可以通过将基于网络的 IDS 发出 TCP 复位信号，在该攻击对目标主机造成破坏前，将其中断。而基于主机的系统只有在可疑的登录信息被记录下来以后才能识别攻击并做出反应。而这时关键系统可能早就遭到了破坏，或是运行基于主机的 IDS 的系统已被摧毁。实时通知时可根据预定义的参数做出快速反应，这些反应包括将攻击设为监视模式以收集信息、立即中止攻击等。

（5）检测未成功的攻击和不良意图。基于网络的IDS增加了许多有价值的数据，以判别不良意图。即便防火墙可以正在拒绝这些尝试，位于防火墙之外的基于网络的IDS可以查出躲在防火墙后的攻击意图。基于主机的系统无法查到从未攻击到防火墙内主机的未遂攻击，而这些丢失的信息对于评估和优化安全策略是至关重要的。

（6）操作系统无关性。基于网络的IDS作为安全监测资源，与主机的操作系统无关。与之相比，基于主机的系统必须在特定的、没有遭到破坏的操作系统中才能正常工作，生成有用的结果。

基于网络的IDS主要优点：隐蔽性好；实时检测和响应；攻击者不易转移证据；不影响业务系统；能够检测未成功的攻击企图。

基于网络的IDS也有其缺点：只检测直接连接网段的通信，不能检测不同网段的网络包；交换以太网环境中会出现检测范围局限；很难实现一些复杂的、需要大量计算与分析时间的攻击检测；处理加密的会话过程比较困难。

3．NIDS 和 HIDS 比较

需要将基于网络和基于主机的入侵检测系统结合起来。基于网络和基于主机的IDS方案都有各自的优点，并且互为补充，如表6.1所示。所以下一代IDS必须包含紧密融合的主机和网络部分。将现有技术结合，必须大幅度提高网络对攻击和错误使用的抵抗力，使安全措施的实施更加有效，并使设置选项更加灵活。

表 6.1　NIDS 和 HIDS 比较

项　　目	HIDS	NIDS
误报	少	一定量
漏报	与技术水平相关	与数据处理能力有关（不可避免）
系统部署和维护	与网络拓扑无关	与网络拓扑相关
检测规则	少量	大量
检测特征	事件与信号分析	特征代码分析
安全策略	基本安全策略（点策略）	运行安全策略（线策略）
安全局限	到达主机的所有事件	传输中非加密、非保密的信息
安全隐患	违规事件	攻击方法和手段

6.2.3　入侵检测技术

1．异常检测技术

基于异常的入侵检测方法主要来源于这样的思想：任何人的正常行为都是有一定的规律的，并且可以通过分析这些行为产生的日志信息（假定日志信息足够完全）总结出这些规律，而入侵和滥用行为则通常和正常的行为存在严重的差异。检查出这些差异就可以检测出入侵，甚至是通过未知攻击方法进行的入侵行为，此外不属于入侵的异常用户行为（滥用自己的权限）也能被检测到。

所以，异常检测技术就是首先总结正常操作应该具有的特征（用户轮廓），当用户活动与

正常行为有重大偏离时即被认为是入侵。它的前提是入侵是异常活动的子集，使用该技术进行检测的特点是漏报率低，误报率高。那么，什么是用户轮廓（Profile）呢？所谓的用户轮廓，通常定义为各种行为参数及其阀值的集合，用于描述正常行为范围。

异常检测系统的效率取决于用户轮廓的完备性和监控的频率；不需要对每种入侵行为进行定义，因此能有效检测未知的入侵；系统能针对用户行为的改变进行自我调整和优化，但随着检测模型的逐步精确，异常检测会消耗更多的系统资源。

要完成异常的入侵检测，需要解决以下两个问题。

（1）用户的行为有一定的规律，但应选择能反映用户的行为，而且能很容易地获取和处理的数据。

（2）通过上面的数据，如何有效地表达用户的正常行为，使用什么方法（和数据）反映出用户正常行为的概貌，怎样能学习用户新的行为，又能有效地判断出用户行为的异常，而且这种入侵检测系统通常运行在用户的机器上对用户行为进行实时监控，因此所使用的方法有一定的时效性，要考虑学习过程的时间长短，用户行为的时效性等问题。下面给出两种入侵检测方法，分别是概率统计入侵检测和神经网络入侵检测方法。

① 概率统计异常检测。这种攻击检测方法是基于对用户历史行为以及在早期的证据或模型的基础上进行的，由审计系统实时地检测用户对系统的使用情况，根据系统内部保存的用户行为概率统计模型进行检测。当发现有可疑的行为发生时，保持跟踪并监测、记录该用户的行为。系统要根据每个用户以前的历史行为，生成每个用户的历史行为记录库，当用户改变他们的行为习惯时，这种异常就会被检测出来。

在统计模型中，常用的测量参数包括审计事件的数量、间隔时间、资源消耗情况等。

这种方法对于非常复杂的用户行为很难建立一个准确匹配的统计模型；另外，由于统计模型没有普遍性，因此一个用户的检测措施并不适用于另一用户，使得算法庞大且复杂。

但是统计方法有可能应用成熟的概率统计理论来"学习"用户的使用习惯，从而具有较高检出率与可用性。但是它的"学习"能力也给入侵者以机会，通过逐步"训练"使入侵事件符合正常操作的统计规律，从而透过入侵检测系统。

② 神经网络异常检测。这种方法是利用神经网络技术来进行攻击检测的，它对于用户行为具有学习和自适应性，能够根据实际检测到的信息有效地加以处理并做出判断，这样就有效地避免了基于统计模型的检测方法的缺点。到现在为止，这种攻击检测方法还不太成熟。

在神经网络异常检测方法中，对下一事件的预测错误率在一定程度上反映了用户行为的异常程度。

该方法很好地表达了变量间的非线性关系，能更好地处理原始数据的随机特征，即不需要对这些数据做任何统计假设，并且能自动学习和更新；它有较好的抗干扰能力。但是由于网络拓扑结构以及各元素的权重很难确定，因此该方法的应用还存在困难。

理论上，基于异常的入侵检测方法具有一定入侵检测的能力，并且相对于基于误用的入侵检测有一个非常强的优势，就是能够检测出未知的攻击。但在现实情况中，理论本身也存在一定的缺陷。例如，系统所需数据的准确性难以保证；所反应出来的"异常入侵"一般很模糊，不够精确；还有由于系统自身需要学习的弱点很可能会被入侵者利用。由于这些问题使大多数此类的系统仍停留在研究领域。真正得到发展并且有很多商业产品的是入侵检测的另一个分支——基于误用的入侵检测系统。

2. 误用检测技术

基于误用的入侵检测系统通过使用某种模式或者信号标识表示攻击，进而发现相同的攻击。这种方式可以检测许多甚至全部已知的攻击行为，但是对于未知的攻击手段却无能为力，这一点和病毒检测系统类似。误用信号标识需要对入侵的特征、环境、次序以及完成入侵的事件相互间的关系进行详细的描述，这样误用信号标识不仅可以检测出入侵行为，而且可以发现入侵的企图，误用信号局部上的符合就可能代表一个入侵的企图。

误用检测技术要收集非正常操作的行为特征，建立相关的特征库，也叫攻击特征库。当监测的用户或系统行为与库中的记录相匹配时，系统就认为这种行为是入侵行为。

只有在所有的入侵行为都有可被检测到的特征时，才有必要应用误用检测技术。该技术采用模式匹配方法进行检测，误用模式能明显降低误报率，但漏报率随之增加，攻击特征的细微变化，会使得误用检测无能为力。

主要的误用检测模型包括专家系统、按键监视系统、模型推理系统、误用预测模型、状态转换分析系统、模式匹配系统。但是由于其他类型的系统的自身缺点，模式匹配已经成为入侵检测领域中应用最为广泛的检测技术和机制之一。

（1）专家系统。它是根据安全专家对可疑行为的分析经验形成的一套推理规则，然后在此基础上建立相应的专家系统。专家系统自动进行对所涉及的攻击行为的分析工作。由于这类系统的推理规则一般都是根据已知的安全漏洞进行安排和策划的，因此对于来自于未知漏洞的攻击威胁通常就难以应付了。专家系统对历史数据的依赖性总的来说比基于统计模型的检测方法要少，因此系统的适应性比较强，可以较灵活地适应广谱形的安全策略和检测需求。

所谓的规则，即是知识，不同的系统与设置具有不同的规则，且规则之间往往无通用性。专家系统的建立依赖于知识库的完备性，知识库的完备性又取决于审计记录的完备性与实时性。入侵的特征抽取与表达，是入侵检测专家系统的关键。在系统实现中，将有关入侵的知识转化为 if-then 结构（也可以是复合结构），if 部分为入侵特征，then 部分是系统防范措施。运用专家系统防范有特征入侵行为的有效性完全取决于专家系统知识库的完备性。

注意：专家系统需要解决的主要问题是处理序列数据和知识库的维护（只能检测已知弱点）。

具体实现中，专家系统主要面临以下几点问题。

① 全面性问题。难以科学地从各种手段中抽象出全面的规则化知识。

② 效率问题。所处理的数据量过大，而且在大型系统上，如何获得实时连续的审计数据也是一个问题。

由于具有这些缺陷，专家系统一般不用于商业产品中，商业产品运用较多的是模式匹配。

（2）模式匹配。基于模式匹配的入侵检测也跟专家系统一样，也需要知道攻击行为的具体知识。但是攻击方法的语义描述不是被转换为抽象的检测规则，而是将已知的入侵特征编码成与审计记录相符合的模式，因而能够在审计记录中直接寻找相匹配的已知入侵模式。这样就不像专家系统一样需要处理大量数据，从而大大提高了检测效率。

模式匹配检测理论中引入了称为入侵信号的层次性概念。依据底层的审计事件，可以从中提取出高层的事件（或者活动）；由高层的事件构成入侵信号，并依据高层事件直接的结构关系，划分入侵信号的抽象层次并对其进行分类。入侵信号可分成四个层次，每一层对应相应的匹配模式，具体介绍如下所述。

① 存在。这种入侵信号表示只要存在这样一种审计事件就足以说明发生了入侵行为或入侵企图，它所对应的匹配模式称为存在模式。存在模式可以理解为在一个固定的时间对系统的某些状态进行检查，并对系统的状态进行判定。这种状态检查可以是查询特殊文件的特殊权限、查找某个特定文件是否存在、文件内容格式是否符合规则等，通过这种检查来寻找入侵者留下的蛛丝马迹。

② 系列。有些入侵是由一些按照一定顺序发生的行为所组成的，它具体可以表现为一组事件的序列。其对应的模式匹配就是序列模式，这种入侵的审计事件可以表示为在图形中某个方向上一串连续的峰值。在序列模式中，事件的过程时间是由在这个流里面已经发生过的事件所决定的。

③ 规则表示。规则表示模式是指用一种扩展的规则表达式方式构造匹配模式，规则表达式是由用 and 逻辑表达式连接一些描述事件的原语构成的。适用这种模式的攻击信号通常由一些相关的活动所组成，而这些活动间没有什么事件顺序的关系。

④ 其他。其他是指一些不能用前面的方法进行表示的攻击，在此统一为其他模式。下面举几个其他模式的例子。

包含内部否定的模式。这种模式很好理解，前面全是符合某种条件的攻击，还有一些攻击是在不满足某个条件下发生的，它的规则表示可以是"abc"。

包含归纳选择的模式。例如，在 x 个条件中出现 x-3 个条件即匹配，则任意一个 x-3 的组合都表示攻击。

（3）基于异常和基于误用两种不同的检测方法之间的区别。

① 异常检测系统试图发现一些未知的入侵行为；而误用检测系统则是标识一些已知的入侵行为。

② 异常检测指根据使用者的行为或资源使用情况来判断是否入侵，而不依赖于具体行为是否出现来检测；而误用检测系统则大多是通过对一些具体的行为的判断和推理，从而检测出入侵。

③ 异常检测的主要缺陷在于误检率很高，尤其在用户数目众多或工作行为经常改变的环境中；而误用检测系统由于依据具体特征库进行判断，准确度要高很多。

④ 异常检测对具体系统的依赖性相对较小；而误用检测系统对具体的系统依赖性太强，可移植性不好。

3. 入侵诱骗技术

入侵诱骗技术是一种主动防御技术。它用其特征吸引攻击者，试图将攻击者从关键系统引诱开。同时对攻击者的各种攻击行为进行分析，从现存的各种威胁中提取有用的信息，以发现新型的攻击工具、确定攻击的模式并研究攻击者的攻击动机，进而找到有效的对付方法。

网络与信息安全技术的核心问题是对计算机系统和网络进行有效的防护。网络安全防护涉及面很广，从技术层面上讲主要包括防火墙技术、入侵检测技术、病毒防护技术、数据加密和认证技术等。在这些安全技术中，大多数技术都是在攻击者对网络进行攻击时对系统进行被动的防护。而蜜罐技术（Honeypot）采取主动的方式，利用特有的特征吸引攻击者，同时对攻击者的攻击行为进行分析，并寻找相应的对付方法。如图 6.4 所示为蜜罐在网络中的位置。

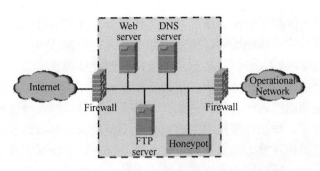

图 6.4　蜜罐的位置

那么蜜罐究竟是什么呢？美国 L.Spizner 是一个著名的蜜罐技术专家。他曾对蜜罐做了这样的一个定义：蜜罐是一种资源，它的价值是被攻击或攻陷。这就意味着蜜罐是用来被探测、被攻击甚至最后被攻陷的，蜜罐不会修补任何东西，这样就为使用者提供了额外的、有价值的信息。蜜罐不会直接提高计算机网络安全，但是它却是其他安全策略所不可替代的一种主动防御技术。

具体来讲，蜜罐系统最为重要的功能是对系统中所有操作和行为进行监视和记录，可以网络安全专家通过精心的伪装，使得攻击者在进入到目标系统后仍不知道自己所有的行为已经处于系统的监视下。为了吸引攻击者，通常在蜜罐系统上留下一些安全后门以吸引攻击者上钩，或者放置一些网络攻击者希望得到的敏感信息，当然这些信息都是虚假的信息。

另外一些蜜罐系统对攻击者的聊天内容进行记录，管理员通过研究和分析这些记录，可以得到攻击者采用的攻击工具、攻击手段、攻击目的和攻击水平等信息，还能对攻击者的活动范围以及下一个攻击目标进行了解。同时在某种程度上，这些信息将会成为对攻击者进行起诉的证据。不过，它仅仅是一个对其他系统和应用的仿真，可以创建一个监禁环境将攻击者困在其中，还可以是一个标准的产品系统。无论使用者如何建立和使用蜜罐，只有它受到攻击，它的作用才能发挥出来。

4．入侵响应技术

在入侵检测系统中，在完成系统安全状况分析并确定系统所出问题之后，就要让人们知道这些问题的存在（在特定情况下，还要采取行动），这在入侵检测处理过程模型中称为响应。响应包括被动响应和主动响应。

（1）主动响应。入侵检测系统在检测到入侵后能够阻断攻击，影响进而改变攻击的进程。包括隔离入侵者 IP、禁用被攻击对象的特定端口和服务、隔离被攻击对象、告警被攻击者、跟踪攻击者、断开危险连接、攻击报复攻击者。

（2）被动响应。入侵检测系统仅仅简单地报告和记录所检测出的问题。包括记录安全事件、产生报警信息、记录附加日志、激活附加入侵检测工作等。它是发现入侵时最常见的行动类型。被动响应造成合法通信数据受干扰的可能性很小，并且最容易以完全自动的方式实施。作为一般规则，被动响应采取收集更多信息或者向有权在必要时采取更严厉行动的人发送通知的方法。

在网络站点安全处理措施中，入侵检测的一个关键部分就是确定使用哪一种入侵检测响应方式以及根据响应结果来决定采取哪些行动。

主动响应可以采取较严厉的方式，如入侵跟踪技术；也可以采取温和的方式，如报警和修正系统环境等。对一个事件的主动响应应该能够采取最快的行动，以便减少事件的影响。

不过，如果没有对行为的后果做出详细的考虑并仔细测试设置的原则，那么主动响应就可能对合法用户造成干扰或完全拒绝服务。下面介绍一下入侵跟踪技术。

入侵跟踪技术就是跟踪入侵者，找到入侵者所在的地址和其他信息，然后进行反击。对入侵者采取反击行动的方式在一些组织和机构特别受欢迎，因为这些组织和机构的网络安全管理人员特别希望能够追踪入侵者的攻击来源，并采取行动切断入侵者的机器和网络连接。特别是打击计算机犯罪，维护计算机网络信息系统不受侵害，从而切实保障国家和人民的利益，入侵跟踪技术显得很重要。但是这一方式本身就存在安全纰漏。首先入侵者的常用攻击方法是先黑掉一个系统，然后再利用它作为攻击另外系统的平台；其次，即使入侵者来自非合法控制的系统，但他也会利用 IP 地址欺骗技术使反击误伤到无辜者，并且反击的结果可能挑起更猛烈的攻击，因为入侵者会从常规监视和扫描演变成全面的攻击，从而使系统资源陷入危机。进一步来讲，由于反击行动涉及重要法规和现实问题，所以这种响应方式也不应该成为最常用的主动响应。

由于传统的入侵跟踪技术带来的种种问题，人们利用 Java 和 cookies 技术也可以记录和标记用户上网和主机连接等信息，利用 Java 和 cookies 技术可以进行入侵跟踪。它有其独有的优势：占用资源少、效率高，隐蔽性好。但是在实施过程中，该技术方法利用了网络安全存在的漏洞，带有一定的攻击性，需要相应的法律授权，不可随意滥用。

6.2.4　入侵检测系统实例

1．Snort 简介

Snort 是一个强大的轻量级的网络入侵检测系统。它具有实时数据流量分析和日志 IP 网络数据包的能力，能够进行协议分析，对内容进行搜索/匹配。它能够检测各种不同的攻击方式，对攻击进行实时报警。更重要的是，它是免费的，基于规则的体系结构使 Snort 非常灵活，它的设计者将它设计的很容易插入和扩充新的规则，这样它就能够对付那些新出现的威胁。Snort 在中小企业中很好地适应网络环境，不需要太多的资源和资金就能建立起一个优秀的IDS 系统。

Snort 的体系结构由三个主要部分组成。图 6.5 中显示的是这些组成部分的简化表示。对它们的描述如下所述。

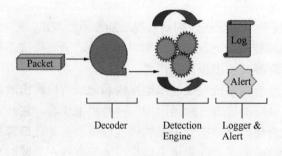

图 6.5　Snort 的体系结构

（1）包解码。Snort 的包解码支持以太网和 SLIP 及 PPP 媒体介质。包解码所做的所有工作就是为探测引擎准备数据。

（2）探测引擎。探测引擎是 Snort 的心脏。它主要负责的工作是：按照启动时加载的规则，对每个数据包进行分析。探测引擎将 Snort 规则分解为链表头和链表选项进行引用。链表头是诸如源/目标 IP 地址及端口号这些普通信息标识。链表选项定义一些更详细的信息，如 TCP 标志、ICMP 代码类型、特定的内容类型、负载容量等。探测引擎按照 Snort 规则文件中定义的规则依次地分析每个数据包。与数据包中数据匹配的第一条规则触发在规则定义中指定的动作。凡是与规则不匹配的数据包都被丢弃。探测引擎中的关键部分是 plugin 模块，如端口扫描模块等，它增加的一些分析能力增强了 Snort 的功能。

（3）日志记录/告警系统。告警和日志是两个分离的子系统。日志允许你将包解码收集到的信息以可读的格式或以 tcpdump 格式记录下来。你可以配置告警系统，使其将告警信息发送到 syslog、flat 文件、UNIX 套接字或数据库中。在进行测试或入侵学习过程中，你还可以关掉告警。默认情况下，所有的日志将会写到 /var/log/Snort 文件夹中，告警文件将会写到/var/log/Snort/alerts 文件中。

2．Snort 的安装与运行

Snort 有三种工作模式：嗅探器、数据包记录器、网络入侵检测系统。嗅探器模式仅仅是从网络上读取数据包并连续不断地显示在终端上。数据包记录器模式把数据包记录到硬盘上。网络入侵检测模式是最复杂的，而且是可配置的。可以让 Snort 分析网络数据流以匹配用户定义的一些规则，并根据检测结果采取一定的动作。

（1）嗅探器模式。所谓的嗅探器模式就是 Snort 从网络上读出数据包，然后显示在控制台上。

./snort -vd

（2）数据包记录器模式。如果要把所有的包记录到硬盘上，需要指定一个日志目录，Snort 就会自动记录数据包。

./snort -dev -l ./log

当然，./log 目录必须存在，否则 Snort 就会报告错误信息并退出。当 Snort 在这种模式下运行时，它会记录所有看到的包将其放到一个目录中，这个目录以数据包目的主机的 IP 地址命名，例如 192.168.10.1。

如果只指定了-l 命令开关，而没有设置目录名，Snort 有时会使用远程主机的 IP 地址作为目录，有时会使用本地主机 IP 地址作为目录名。为了只对本地网络进行日志，需要给出本地网络。

./snort -dev -l ./log -h 192.168.1.0/24

这个命令告诉 Snort 把监测到的 C 类网络 192.168.1 的所有数据，包括数据链路层、TCP/IP 以及应用层的所有信息，都记录到目录./log 中。

（3）入侵检测模式。Snort 最重要的用途还是作为网络入侵检测系统（NIDS），使用下面命令行可以启动这种模式。

./snort -dev -l ./log -h 192.168.1.0/24 -c snort.conf

snort.conf 是规则集文件。Snort 会对每个包和规则集进行匹配，发现这样的包就采取相应的行动。如果你不指定输出目录，Snort 就输出到 /var/log/snort 目录。

注意：如果想长期使用 Snort 作为入侵检测系统，最好不要使用-v 选项。因为使用这个选项，使 Snort 向屏幕上输出一些信息，会大大降低 Snort 的处理速度，从而在向显示器输出的过程中丢弃一些包。

这是使用 Snort 作为网络入侵检测系统最基本的形式，日志符合规则的包，以 ASCII 形式保存在有层次的目录结构中。

3．Snort 的规则

Snort 规则文件是一个 ASCII 文本文件，可以用常用的文本编辑器对其进行编辑。规则文件的内容由以下几部分组成。

（1）变量定义。在这里定义的变量可以在创建 Snort 规则时使用。

（2）Snort 规则。在入侵检测时起作用的规则，这些规则应包括总体的入侵检测策略。在本文的后面给出了一个 Snort 规则。

（3）预处理器。即插件，用来扩展 Snort 的功能。如用 portscan 来检测端口扫描。

（4）包含文件 Include Files。可以包括其他 Snort 规则文件。

（5）输出模块。Snort 管理员通过它来指定记录日志和告警的输出。当 Snort 调用告警及日志子系统时会执行输出模块。

Snort 规则逻辑上可以分为两个部分：规则的头部和规则选项部分。对 Snort 规则的描述必须在一行之内完成，另外它必须包含 IP 地址，以便在不能按照主机名进行查找时使用。图 6.6 显示了 Snort 规则的头及选项的细节。

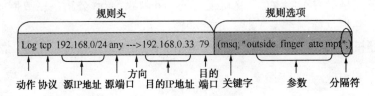

图 6.6　规则表的结构组成

在 Snort 的主页中，读者对 Snort 的规则细节中最感兴趣的链接是"Writing Snort Rules"。另外，Snort 的发行版本中提供的 RULES.SAMPLE 是一个非常不错的文档。可以参照它为工作环境构建 Snort 规则。在写规则前，建议先写出网络入侵检测策略。这包括先定义出进行日志记录、忽略或发出告警信息的事件。下面的代码例子给出了一个非常简单的规则表。

```
##
#Define our network and other network
#
var OURNET 208.177.13.0/24
var OTHERNET !$OURNET
var NIDSHOST 208.177.13.251
var PORTS 10
var SECS 3
##
# Log rules
##
log tcp $OTHERNET any -> $OURNET 23
log tcp $OTHERNET any -> $OURNET 21
log tcp $OTHERNET any -> $OURNET 79
##
#Alert Rules
##
alert udp any any -> $OURNET 53 (msg:"UDP IDS/DNS-version-query";content: "version";)
```

```
alert tcp any any -> $OURNET 53 (msg:"TCP IDS/DNS-version-query";content:"version";)
alert tcp any any -> $OURNET 80 (msg:"PHF attempt";content:"/cgi-bin/phf";)
##
# Load portscan pre-processor for portscan alerts
##
preprocessor portscan: $OTHERNET $PORTS $SECS
/var/log/snort/pscan_alerts
preprocessor portscan-ignorehosts: $OURNET
##
# Pass Rules (Ignore)
##
pass tcp $OURNET any -> $OTHERNET 80
pass udp any 1024: <> any 1024:
pass tcp any 22 -> $NIDSHOST 22
```

Snort 使用一种简单的、轻量级的规则描述语言，这种语言灵活而强大。在开发 Snort 规则时要记住一些原则。

大多数 Snort 规则都写在一个单行上，或者在多行之间的行尾用"/"分隔。Snort 规则被分成两个逻辑部分：规则头和规则选项。规则头包含规则的动作、协议、源和目标 IP 地址与网络掩码，以及源和目标端口信息；规则选项部分包含报警消息内容和要检查的包的具体部分。

下面是一个规则范例。

alert tcp any any -> 192.168.1.0/24 111 (content:"|00 01 86 a5|"; msg: "mountd access";)

括号前的部分是规则头（rule header），括号内的部分是规则选项（rule options）。规则选项部分中冒号前的单词称为选项关键字（option keywords）。注意，不是所有规则都必须包含规则选项部分，选项部分只是为了使对要收集或报警或丢弃的包的定义更加严格。组成一个规则的所有元素对于指定的要采取的行动都必须是真的。当多个元素放在一起时，可以认为它们组成了一个逻辑与（AND）语句。同时，Snort 规则库文件中的不同规则可以认为组成了一个大的逻辑或（OR）语句。

6.3 入侵检测的相关实验

6.3.1 Windows 下使用 SessionWall 进行实时入侵检测

1．实验目的

通过实验，了解 IDS 的原理，掌握 Windows 平台下 CASessionWall 产品的配置和使用。

2．实验条件

局域网内两台计算机 A 和 B，计算机 A 操作系统为 Windows Server 2003，其上安装 SessionWall-3，另一台计算机 B 安装扫描软件。

3．实验内容和步骤

（1）单击"开始"→"程序"→"SessionWall-3"，打开"SessionWall"，如图 6.7 所示。

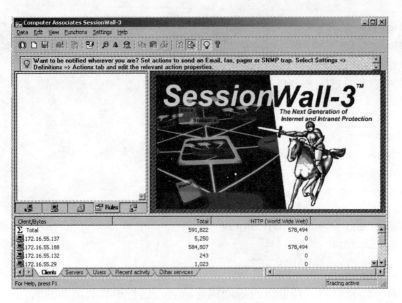

图 6.7 启动 SessionWall

（2）在 B 主机建立几个 HTTP 和 FTP 连接。

（3）在 A 的 SessionWall 中，在下面的 Client/Bytes 窗格中右键选择"current"→"Protocl Distribution"，观察右侧窗格协议带宽占用分布图形显示，如图 6.8 所示。

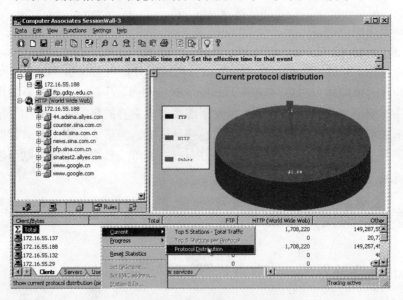

图 6.8 查看网络协议分布情况

（4）查看网络中其他主机的当前活动，可以看见各种网络协议的交通流量和具体数据，甚至可以看到主机 B 正在查看的网页，如图 6.9 所示。

（5）在 SessionWall 中创建、设置和编辑入侵检测规则。选择" SessionWall "→" Functions "→" Instrusion Attempt Detection Rules "，显示如图 6.10 所示。

（6）在图 6.10 打开的对话框中，单击" Edit Rules "→" New "→" Insert before "，如图 6.11 所示。

（7）编辑新建的规则。如图 6.12 所示，任何一条规则都包含以下几个属性：网络组件（主机的 IP 地址范围)、规则类型、规则的执行动作、规则描述、规则的执行者。选择相应的选项卡进行设置。单击"确定"按钮,规则就编辑完成了。

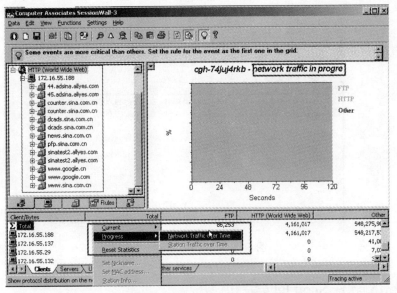

图 6.9 查看 B 主机上网的记录

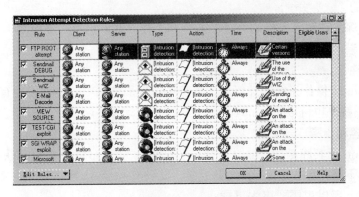

图 6.10 创建、编辑入侵检测规则

图 6.11 新建规则

图 6.12 编辑规则

（8）在主机 B 上进行一些攻击和扫描等测试，主机 A 上单击 图标，查看报警信息，如图 6.13 所示。

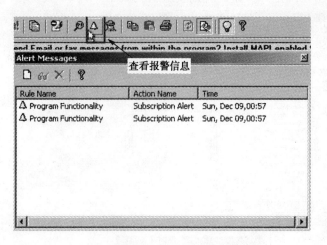

图 6.13　查看 Alert message

6.3.2　入侵检测软件 Snort 的安装和使用

1．实验目的

通过实验，深入理解入侵检测系统的原理和工作方式，熟悉入侵检测工具 Snort 在 Linux 操作系统中的安装和配置方法。

2．实验条件

一台安装 Linux 操作系统的计算机，连接到本地局域网中，本网段中有若干台主机，可以是 Windows 系统，也可以是 Linux 系统。

3．实验内容和步骤

（1）下载 Snort 及其库函数。Snort 的操作需要调用 libpcap 库函数以捕获数据包，在 Linux 系统中必须单独下载并在安装 Snort 之前安装。此外有些 Snort 版本安装时需要调用 libnet 和 libpcre 等库函数，所以也需要事先下载。

从 http://www.tcpdump.com 上下载 libpcap 库。

从 http://www.packetfactory.net/Projects/libnet 上下载 libnet 库。

从 http://www.pcre.org 上下载 libpcre 库。

从 http://www.snort.org 上下载 Snort 安装程序。

（2）安装 Snort 及其库函数。

① 在安装之前，必须先安装 libpcap 库。

#tar–zxvf libpcap-*.tar.gz　　　解压源文件，如图 6.14 所示。

#cd libpcap-*

#./configure　　　该命令的作用是检查系统、变量和操作的相关配置，后面可以设置参数，如图 6.15 所示。

#make　　　编译命令，如图 6.16 所示。

#make install　　　安装 libpcap 库函数，如图 6.17 所示。

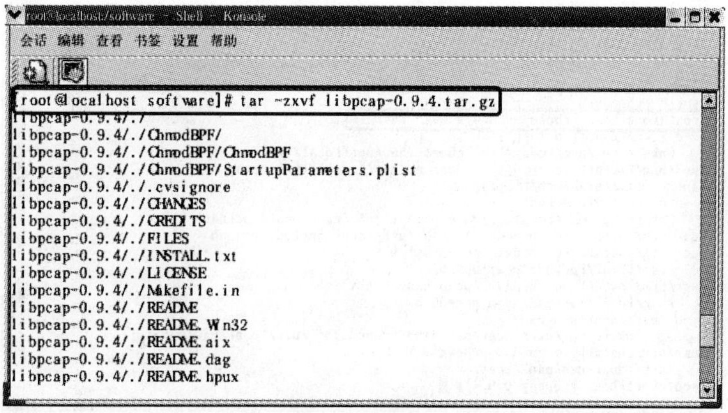

图 6.14　解压 libpcap 文件

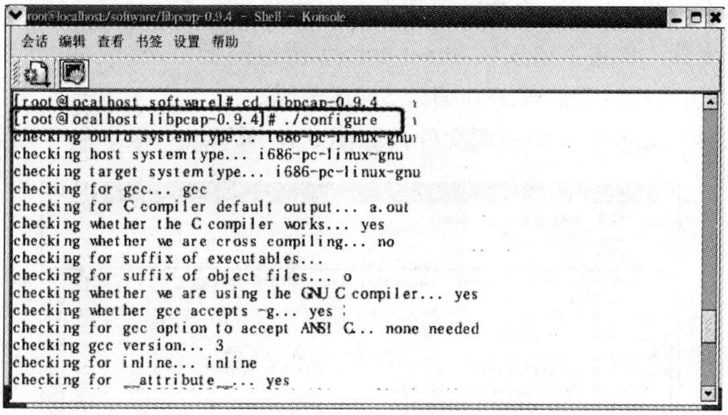

图 6.15　运行./configure

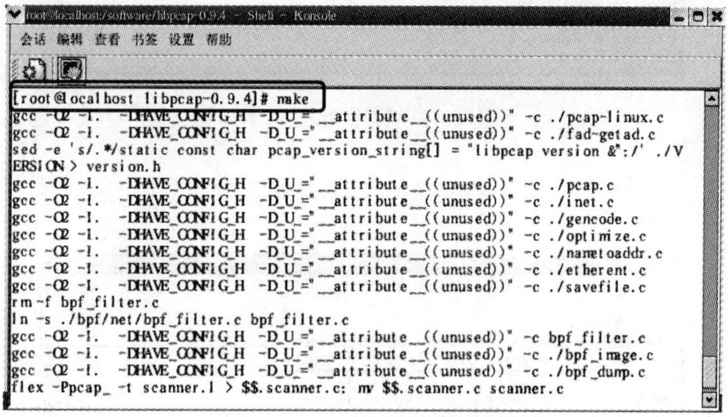

图 6.16　运行 make

② pcap 库安装好之后，需要复制它的头文件到 /usr/include 中相应的目录下，即复制到 /usr/include/pcap。

#mkdir /usr/include/pcap

#cp *.h /usr/include/pcap

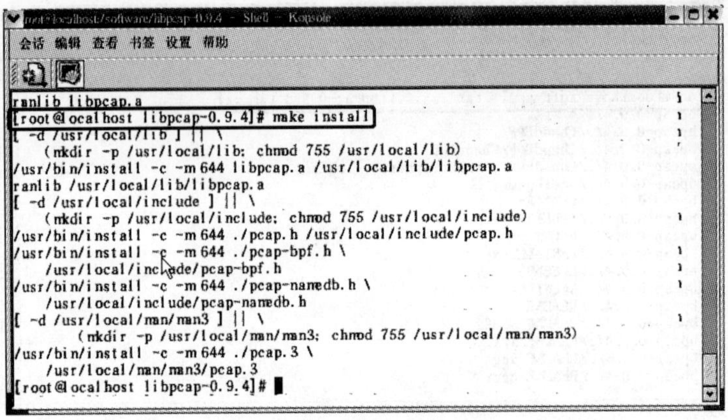

图 6.17 运行 make install

同时也需要安装 libpre 库，安装过程和上面安装 libpcap 库的过程类似，也分解压、测试、编译、安装四个步骤。如果需要安装 libnet 库，步骤也同上。

③ 安装好库函数后，最后安装并编译 Snort 源码。

#tar –xzf snort-*.tar.gz 　　　解压源文件，如图 6.18 所示。

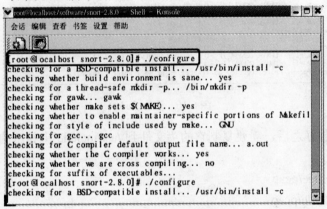

图 6.18 解压 Snort 文件

#cd snort-*

#./configure 　　　如图 6.19 所示。

图 6.19 配置 Snort

#make   如图 6.20 所示。

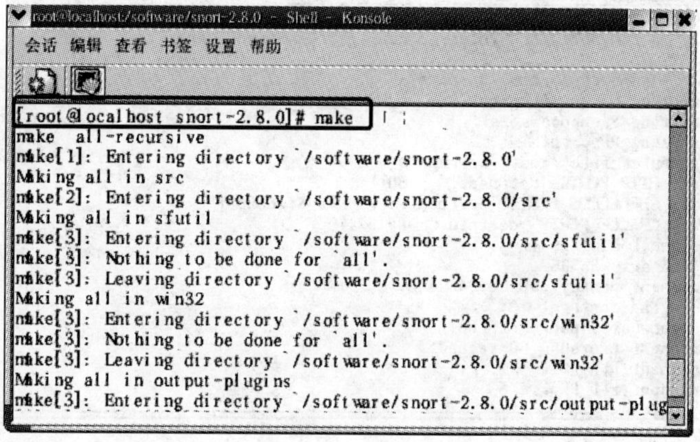

图 6.20   运行 make

#make install   如图 6.21 所示。

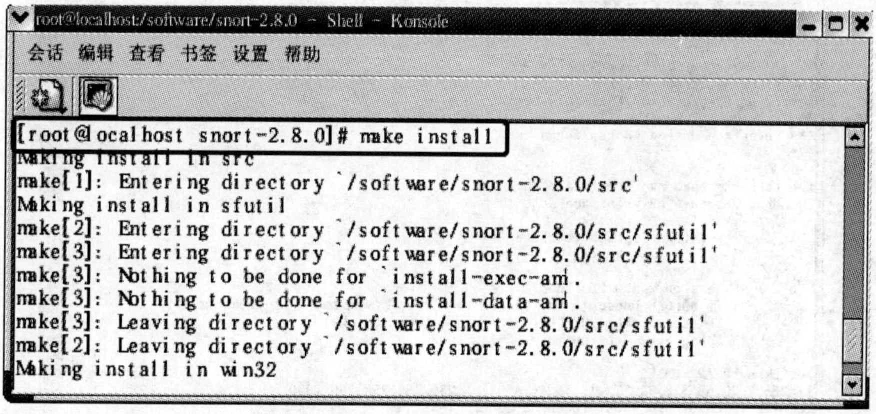

图 6.21   运行 make install

先把当前目录下的 etc 目录和 rules 目录复制到 /usr/local 的目录下，再把 etc 下的 classification.config、reference.config、snort.conf 复制到/root/目录下。

#cp rules /usr/local –r

#cp etc /usr/local –r

#cp /software/snort-2.8.0/etc/classification.config /root

#cp /software/snort-2.8.0/etc/reference.config /root

#cp /software/snort-2.8.0/etc/snort.conf /root/.snortrc

输入 Snort 进行检测，查看 Snort 是否安装正确，如果提示没有错误则证明安装 Snort 成功，如图 6.22 所示。

（3）在嗅探器模式下使用 Snort。执行 #snort –v 命令在网络上查看 TCP/IP 报文，查看 TCP/IP 报文的头部信息，并显示在屏幕上，如图 6.23 所示。

如果在 TCP/UDP/ICMP 信息的头部信息之外，希望查看到网络协议传输的应用数据，执行以下命令：#snort –vd，如图 6.24 所示。

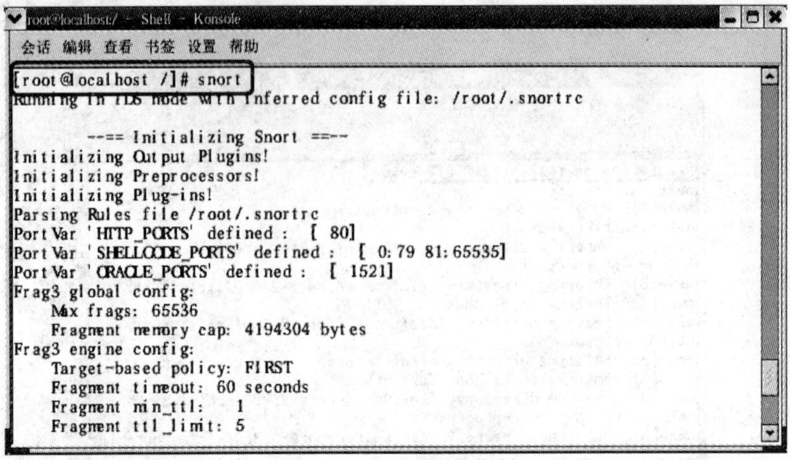

图 6.22 运行 Snort 测试

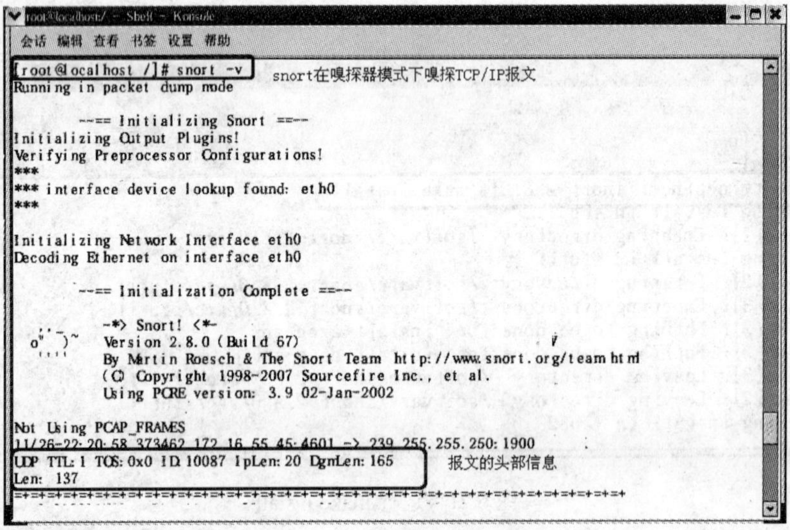

图 6.23 Snort 嗅探报文头部信息

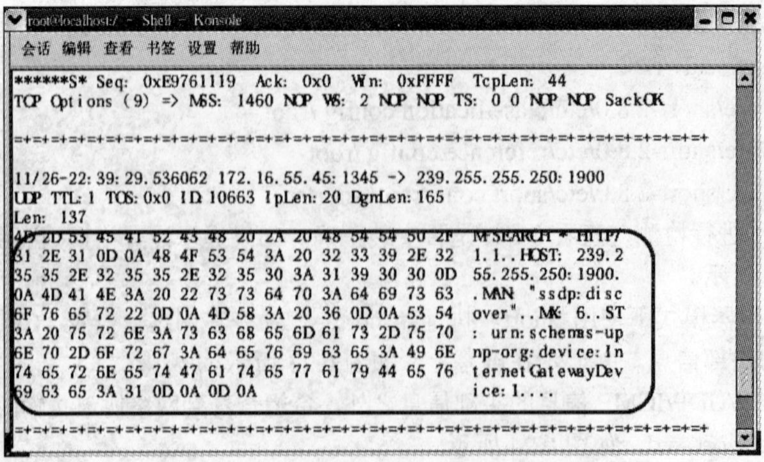

图 6.24 查看网络协议传输的应用层数据

如果还想得到更多信息，如数据链路层信息，可以执行以下命令：#snort –vde，如图 6.25
所示。

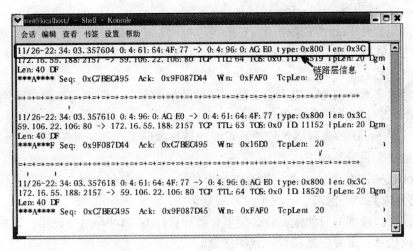

图 6.25 查看链路层信息

执行 Snort 过程中，Snort 将一直嗅探网络信息，直到按<Ctrl>+<C>组合键终止运行，终
止后显示数据报文统计信息。

（4）在数据报记录器模式下使用 Snort。在这种模式下，Snort 记录的数据信息将保存在
硬盘的日志文件中，为此，首先需要建立一个 log 目录，用于存储日志文件：#mkdir log。

接着使用 Snort 命令，将捕获的信息写入此 log 目录下：#./snort –vde –l /log。

为了只对本地网络进行日志，需要给出本地网络：#./snort –dev –l /log –h 172.18.21.0/24。

这个命令的含义是，Snort 把进入网络 172.18.21.0 的所有包的数据链路、TCP/IP 以及应
用层记录到目录/log 中。

（5）在入侵探测模式下使用 Snort。Snort 最重要的用途还是作为网络入侵检测系统，使
用下列命令可以将 Snort 作为网络入侵检测（NIDS）模式启动。

#snort–dev   –l /root/log –h 172.16.55.0/24 –c snort.conf，如图 6.26 所示。

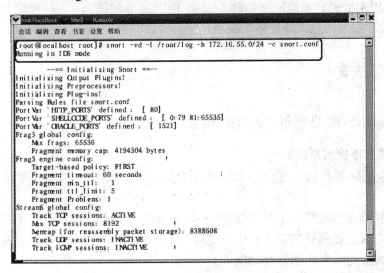

图 6.26 Snort 进行入侵检测

这是使用 Snort 作为入侵探测的基本模式，snort.conf 是设定规则集的配置文件，Snort 会利用这个文件中包含的规则集和每一个数据包进行匹配，以检测入侵的行为。如果不指定输出目录，Snort 就输出到/var/log/snort 目录。

注意：如果想使 Snort 长期作为自己的入侵检测系统，最好不要使用-v 选项，因为使用这个选项，使得屏幕上输出一些信息，大大降低了 Snort 的处理速度，从而在向显示器输出的过程中丢弃一些包。

此外，绝大多数情况下，也没有必要记录链路层的包头，所以-e 也可以不用。

#snort–d –h 172.18.21.0/24 –l/root/log –c snort.conf

这个是使用 Snort 作为网络入侵检测系统的最基本形式，日支付和规则的包以 ASCII 格式保存在有层次的目录结构中。

（6）Snort 规则的编写。一条规则写在一个单行上，或者在多行之间的行尾用"/"分隔。Snort 规则被分成两个逻辑部分：规则头和规则选项。

规则头包括：规则响应动作、协议类型、源和目标 IP 地址与网络掩码、源和目标端口。

规则选项包括：报警信息和异常包的信息。

响应动作有以下五种。

Alert——使用选择报警方法生成一个警报，然后记录这个包。

Log——记录这个包。

Pass——丢弃这个包。

Activate——报警并且激活另一条 Dynamic 规则。

Dynamic——保持空闲直到被一条 Activate 规则激活，被激活后就作为一条 Log 规则执行。

最基本的规则包含四个域：处理动作、协议、方向、注意的端口。举例如下。

Log tcp any any ->10.1.1.0/24 79

这条规则表示：让 Snort 记录从外部网络到 C 类网址 10.1.1 端口为 79 的所有数据包。

Snort 规则还可以有规则选项，这些选项可以定义更为复杂的行为，实现更强大的功能。举例如下。

alert tcp any any ->10.1.1.0/24 80(content:"/cgi-bin/phf";msn"PHF probe!";)

这条规则用来检测对本地网络 Web 服务器 PHF 服务的探测，一旦检测到这种探测数据包，Snort 就发出报警信息，并把整个探测包记录到日志。

6.4 超越与提高

6.4.1 基于移动代理的分布式入侵检测系统（MADIDS）

1. 分布式入侵检测系统架构

根据 IDS 的体系结构可以分为集中式入侵检测系统（CIDS）和分布式入侵检测系统（DIDS）。

分布式入侵检测系统采用了基于通用硬件平台的分布式体系结构，可通过单控制台、多检测器的方式对大规模网络的主干网信道进行入侵检测和宏观安全监测，具有良好的可扩展性和灵活的可配置性。其网络拓扑如图 6.27 所示。

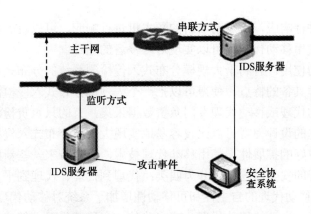

图 6.27 分布式入侵检测系统的拓扑图

2. 移动代理（Mobile Agent）技术

对代理（Agent）技术的研究源于人工智能领域。代理是一种软件实体，它具有一定的自主性、灵活性和智能性，能够在特定的环境下执行特定的任务。代理可以是静态的，也可以是移动的。静态代理（Stationary Agent）驻于某一固定的位置或某一固定的平台，而移动代理（Mobile Agent）可以从某一个位置移动到另一个位置，或从一种平台移动到另一种平台，移动之后仍能执行该移动代理具备的功能。

代理技术具备不少优点，比如可以自主完成特定的功能，具备一定的智能性等，特别是移动代理，可以就地分析、处理问题，进行响应，这恰好符合入侵检测系统快速检测和响应的要求。代理和移动代理技术的特点和优点，正好可以弥补现有入侵检测系统的一些缺点和不足。因此，近几年研究人员将代理技术引入到入侵检测系统中，陆续开展了此方面的研究。

在入侵检测系统中使用代理可以完成数据采集、数据预处理、数据分析等功能，用移动代理可以实时就地处理数据和突发事件，减少系统内部通信量，对入侵进行响应和追踪等。具体说来，使用移动代理有如下几个优点。

（1）移动代理可以自主执行，动态适应。移动代理具备一定的自主性和智能性，它提供一种灵活多样的运行机制，使得自身可以比较"聪明"地适应所处的环境，对环境的变化做出反应，比如，移动代理可以移动到负载较重的地方，协助处理数据以实现负载的平衡，同时移动代理也可以方便地被系统中负责管理移动代理的协调模块进行克隆、分派、挂起、回收（或杀死）。

（2）使用移动代理可以减轻网络负载和减少网络延时，减少系统内部通信量。由于移动代理可以移动到事发地进行现场处理，因此使用移动代理可以有效减轻和平衡网络负载，有利于提高网络的使用效率，减小网络延时。需要在网络中传输的数据少了，系统内部的通信量也就减少了。

（3）移动代理可以运行于多种平台之上，或者说，代理的运行是与平台无关的。由于移动代理可以从一种平台移动到另一种平台，移动后仍能正常运行，因此移动代理的运行是与平台无关的，移动代理的这种性能对于系统及时采取响应很有好处，因为入侵和对入侵的响应随处都可能存在和发生。

（4）使用移动代理可以实时就地采取响应措施。这是移动代理最大的优点和潜力，由于入侵是不可预知的，而响应又需要及时做出，再加上移动代理可以跨平台运行，因此采用移动代理对于加强和完善大规模分布式入侵检测系统的响应机制很有帮助。使用移动代理可以从攻击的目标主机进行响应，从发动攻击的源主机进行响应，可以及时切断源主机和目标主机的连接。另外，使用移动代理还可以实现对入侵者的追踪。

（5）移动代理的使用，有利于大规模分布式入侵检测系统的分布式结构和模块化设计的实现。由于移动代理具备的特点，使得可以把一个大规模分布式入侵检测系统根据功能进行模块化。比如，有的代理或移动代理专门负责数据采集，有的只负责检测一种或少数的几种入侵等。这种模块化的设计使得可以比较容易地实现大规模分布式入侵检测系统的分布式结构，使得系统有比较好的扩展性。使用移动代理技术，也会带来一些新问题，最突出的就是安全问题。移动代理的安全问题可以分为四类：代理到代理、代理到平台、平台到代理和其他外部实体到平台。移动代理的自主性和可移动性增加了系统对移动代理识别和管理的难度，攻击者可能会冒充某一合法的移动代理，或修改某一个移动代理，使其成为攻击者可操纵的工具。

研究基于移动代理的分布式入侵检测系统在理论和实践上都具有深刻的意义。它可以基于现有的成熟的入侵检测技术，结合移动 Agent 技术，设计一种基于移动代理的分布式入侵检测系统模型；并在基于 Java 的移动代理平台 IBM Aglets 上，构建实验监测系统，完成对一些典型的入侵攻击的检测。

6.4.2　入侵防护系统 IPS

1．IPS 概述

随着网络入侵事件的增加和黑客攻击水平的提高，一方面网络遭受攻击的速度日益加快；另一方面网络受到攻击做出响应的时间却越来越滞后。解决这一矛盾，防火墙或入侵检测技术（IDS）显得力不从心，这就需要引入一种入侵防护（Intrusion Prevention System，IPS）技术。

防火墙是实施访问控制策略的系统，对流经的网络流量进行检查，拦截不符合安全策略的数据包。入侵检测技术（IDS）通过监视网络或系统资源，寻找违反安全策略的行为或攻击迹象，并发出报警。传统的防火墙旨在拒绝那些明显可疑的网络流量，但仍然允许某些流量通过，因此防火墙对于很多入侵攻击仍然无计可施。绝大多数 IDS 系统都是被动的，而不是主动的。也就是说，在攻击实际发生之前，它们往往无法预先发出警报。而入侵防护系统（IPS）则倾向于提供主动防护，其设计宗旨是预先对入侵活动和攻击性网络流量进行拦截，避免其造成损失，而不是简单地在恶意流量传送时或传送后才发出警报。IPS 是通过直接嵌入到网络流量中实现这一功能的，即通过一个网络端口接收来自外部系统的流量，经过检查确认其中不包含异常活动或可疑内容后，再通过另外一个端口将它传送到内部系统中。这样一来，有问题的数据包，以及所有来自同一数据流的后续数据包，都能在 IPS 设备中被清除掉。

2．IPS 的分类

（1）基于主机的入侵防护（HIPS）。在技术上，HIPS 采用独特的服务器保护途径，由包过滤、状态包检测和实时入侵检测组成分层防护体系。这种体系能够在提供合理吞吐率的前提下，最大限度地保护服务器的敏感内容，既可以以软件形式嵌入到应用程序对操作系统的调用当中，拦截针对操作系统的可疑调用，提供对主机的安全防护，也可以以更改操作系统内核程序的方式，提供比操作系统更加严谨的安全控制机制。

由于 HIPS 工作在受保护的主机/服务器上，它不但能够利用特征和行为规则检测，阻止诸如缓冲区溢出之类的已知攻击，还能够防范未知攻击，防止针对 Web 页面、应用和资源的未授权的任何非法访问。HIPS 与具体的主机/服务器操作系统平台紧密相关，不同的平台需要不同的软件代理程序。

（2）基于网络的入侵防护（NIPS）。NIPS 通过检测流经的网络流量，提供对网络系统的安全保护。由于它采用在线连接方式，所以一旦辨识出入侵行为，NIPS 就可以去除整个网络会话，而不仅仅是复位会话。同样，由于实时在线，NIPS 需要具备很高的性能，以免成为网络的瓶颈，因此，NIPS 通常被设计成类似于交换机的网络设备，提供线速吞吐速率以及多个网络端口。

3．目前 IDS 和 IPS 的关系

绝大多数 IDS 系统都是被动的，而不是主动的。在攻击实际发生之前，IDS 往往无法预先发出警报。IPS 则倾向于提供主动性的防护，其设计旨在预先对入侵活动和攻击性网络流量进行拦截，避免其造成任何损失，而不是简单地在恶意流量传送时或传送后才发出警报。这也是 IPS 市场启动的根源。

在主动防御渐入人心之时，担当网络警卫的 IDS 的报警作用更加重要。尽管 IDS 功过参半，但是 IDS 的报警功能仍是主动防御系统所必需的，也许 IDS 的产品形式会消失，但是 IDS 的检测功能并不会因其形式的消失而消失，只是逐渐被转化和吸纳到其他的安全设备当中。

IDS 与 IPS 技术还会并驾齐驱很长一段时间。据市场研究公司 Infonetics Research 发布的数据显示，到 2006 年，全球 IDS/IPS 市场收入将超过 13 亿美元。

其实 IDS 的发展道路可以借鉴防火墙的发展。防火墙早期从包过滤、应用代理发展起来，是从网络层应用及应用层解释开始，一步步关心起具体的协议。包过滤关注分组的包头，应用代理关心分组的有效载荷，状态检测开始关注分组之间的关系。从安全设备发展的角度，这些并未发展到头，因为对有效载荷的分析还比较弱。IDS 从特征匹配开始到协议分析，走的也是这条路，只是 IDS 走到协议分析，也算是比较深入了，但网络上的应用太复杂，技术挑战性太大，依照当前的用法与定位，IDS 很难长期生存。但它对分组有效载荷的分析有自己的优势，这种技术可以用于所有的网络安全设备。IPS 其实解决的也是边界安全问题，它已开始像是防火墙的升级版了。

由此来看，IDS 和 IPS 将会有着不同的发展方向和职责定位。IDS 短期内不会消亡，IPS 也不会完全取代 IDS 的作用。虽然 IPS 市场前景被绝大多数人看好，市场成熟指日可待，但要想靠蚕食 IDS 市场来扩大市场份额，对于 IPS 来说还是很困难的。

本 章 小 结

本章学习了入侵检测的基础知识，包括入侵检测的起源、发展现状以及未来的趋势。重点对入侵检测的分类和主要技术做了详细的介绍。基于主机的入侵检测和基于网络的入侵检测的特点、区别和适用范围是本章的重点和难点；异常检测技术和误用检测技术也是本章要求掌握的主要内容。在实验环节，安排了基于误用的入侵检测系统 Snort 的实验，要求学生通过实验对入侵检测的本质有更好的掌握，同时对入侵检测系统的应用有很好的感性认识。最后，通过"超越和提高"一节，介绍了目前流行的基于移动代理的分布式入侵检测技术，以及入侵防护系统 IPS 的概况。

本 章 习 题

1. 每题有且只有一个最佳答案，请把正确答案的编号填在每题后面的括号中。

（1）入侵检测系统是对（　　　）的合理补充，帮助网络抵御网络攻击。

A. 交换机　　　　　　　　B. 路由器　　　　　　C. 服务器　　　　　　D. 防火墙

（2）（　　　）是一种在互联网上运行的计算机系统，它是专门为吸引并"诱骗"那些试图非法闯入他人计算机系统的人（如计算机黑客或破解高手等）而设计的。

A. 网络管理计算机　　B. 蜜罐　　　　　　　C. 傀儡计算机　　　　　D. 入侵检测系统

（3）根据数据分析方法的不同，入侵检测可以分为两类（　　　）。

A. 基于主机和基于网络　　　　　　　B. 基于异常和基于误用

C. 集中式和分布式　　　　　　　　　D. 离线检测和在线检测

（4）下面哪一项不属于误用检测技术的特点？（　　　）

A. 发现一些未知的入侵行为　　　　　B. 误报率低，准备率高

C. 对系统依赖性较强　　　　　　　　D. 对一些具体的行为进行判断和推理

（5）下列哪一项不是基于主机的 IDS 的特点？（　　　）

A. 占用主机资源　　　　　　　　　　B. 对网络流量不敏感

C. 依赖于主机的固有的日志和监控能力　　D. 实时检测和响应

（6）下面有关被动响应的陈述，哪一种是正确的？（　　　）

A. 被动响应是入侵检测时最不常用的方法

B. 网络的重新配置是被动响应的一个实例

C. 被动响应通常采取收集信息的形式

D. 被动响应通常采取主动报复的形式

2. 选择合适的答案填入空白处。

（1）CIDF 提出了一个通用模型，将入侵检测系统分为四个基本组件：＿＿＿＿＿＿、＿＿＿＿＿＿、＿＿＿＿＿＿、＿＿＿＿＿＿。

（2）＿＿＿＿＿＿＿的含义是：通过某种方式预先定义入侵行为，然后监视系统的运行，并找出符合预先定义规则的入侵行为。

（3）直接影响攻击者行为的 IDS 响应是＿＿＿＿＿＿＿。

（4）面对当今用户呼吁采取主动防御，早先的 IDS 体现了自身的缺陷，于是出现了＿＿＿＿＿，提供了主动性的防护。

（5）实际无害的事件却被 IDS 检测为攻击事件称为＿＿＿＿＿＿。

（6）Snort 的体系结构由三个主要的部分组成，分别为＿＿＿＿＿＿、＿＿＿＿＿＿、＿＿＿＿＿＿。

3. 简要回答下列问题。

（1）简要描述公共入侵检测框架（CIDF）模型。

（2）基于主机的入侵检测和基于网络的入侵检测有什么区别？

（3）基于异常的入侵检测技术和基于误用的入侵检测技术有什么区别？

（4）蜜罐技术在入侵检测系统中的作用是什么？

（5）未来 IDS 会退出历史舞台吗？IPS 会取代 IDS 吗？

第 7 章　网络病毒及防范

员工在工作时间里都认真工作了吗？有没有在 QQ 或者 MSN 上聊天，或是在玩游戏？有没有浏览与工作无关的网站？收发私人邮件？或者下载 BT\迅雷？这些现象可能是企事业单位领导感到头痛的问题。员工乱上网导致天天忙着维护计算机，如杀毒、修复系统错误等，同时网络安全问题存在隐患，大量的重要文件、财物数据受到网络病毒的感染，虽然有杀毒软件可以清杀，但为什么网络管理员不采用相关的预防措施，把网络安全问题降到最低点呢？这一章中：

你将学习

- ◇ 计算机病毒的特征、分类、防治。
- ◇ 网络病毒的特点、传播及防治。
- ◇ 常用杀毒软件的使用。

你将获取

- △ 阻击计算机病毒和网络病毒破坏的技能。
- △ 杀毒软件的安装和配置方法。
- △ 特定的网络病毒的查杀方法。

7.1　案例问题

7.1.1　案例说明

1. 背景描述

由于资金、技术等方面的原因，中小企业的安全问题一直隐患重重。据了解，许多中小企业没有设置专门的网络管理员，一般采用兼职管理方式，这使得中小企业的网络管理在安全性方面存在严重漏洞，与大型企业、行业用户相比，它们更容易受到网络病毒的侵害，损失严重。另一方面，由于网络维护、运行、升级等事务性工作繁重而且成本较高，这也使得善于精打细算的中小企业在防范网络病毒问题上进退两难。

有些中小企业对于病毒心存侥幸，殊不知，病毒威胁无处不在。从近年来病毒发作的情况来看，病毒的攻击目标没有特定性，而且越来越隐蔽，如不提前防范，一旦被袭，网络阻塞、系统瘫痪、信息传输中断、数据丢失等，无疑将给企业业务带来巨大的经济损失。无论是熟知的 CIH、I love You 和 Melissa，还是 SriCam、CodeRed、Nimda 和 Goner 等，可能正在从桌面、服务器、邮件服务器、Internet 网关等各个点侵入到企业网络。

据报道，现在全世界平均每 20 秒就发生一次计算机网络入侵事件。现在，日常使用的 U 盘、CD、VCD、DVD 都可能携带病毒；E-mail、上网浏览、下载以及聊天都可能感染病毒；

甚而有之，用户可能不做任何事情就会感染病毒。随着中小企业越来越多的业务依赖于信息技术，中小企业的信息安全压力也同样越来越大。

2．需求分析

目前，中小企业用户占我国企业主体比重的95%以上，但由于分布较散，购买力相对较弱，中小企业的安全问题似乎一直没有得到安全厂商的足够重视。市场上的安全产品五花八门、种类繁多，防病毒、防火墙、信息加密、入侵检测、安全认证、核心防护无不囊括其中，但从其应用范围来看，这些方案大多数面向银行、证券、电信、政府等行业用户和大型企业用户，针对中小企业的安全解决方案寥寥无几，产品仅仅是简单的客户端加服务器，不能完全解决中小企业用户所遭受的安全威胁。目前，网络版病毒软件由于功能的单一，并不能为中小企业提供完善的防护。

一般认为，中小企业防病毒系统应该具有系统性与主动性的特点，能够实现全方位多级防护，其中，与大型企业一样，中小企业同样需要网关防病毒。因为随着病毒技术的发展，病毒的入口点越来越多，即使网络上只连接几台机器的中小企业也需要考虑在每一种需要防护的平台上部署防病毒软件，绝不能因为中小企业的小，就单纯地认为他们的防病毒系统可以简化，麻雀虽小也是五脏俱全。

其实，安全的漏洞往往存在于系统中最薄弱的环节，邮件系统、网关无一不直接威胁着企业网络的正常运行；中小企业需要防止网络系统遭到非法入侵、未经授权的存取或破坏可能造成的数据丢失、系统崩溃等问题，而这些都不是单一的防病毒软件外加服务器就能够解决的。因此无论是网络安全的现状，还是中小企业自身，都提出了更高的要求。

3．解决方案

计算机网络病毒形式及传播途径日趋多样化，网络系统的防病毒工作已不再像单台计算机病毒的检测及清除那样简单，而需要建立多层次、立体的病毒防护体系，而且要具备完善的管理系统来设置和维护对病毒的防护策略。

一个网络的防病毒体系是建立在每个网络的防病毒系统上的，应该根据每个网络的防病毒要求，建立网络防病毒控制系统，分别设置有针对性的防病毒策略。中小企业防病毒体系的建立呼之欲出。它包括以下几部分。

① 客户端。不管客户端使用什么操作系统，都必须具有相应的防病毒软件进行安装防范。

② 邮件服务器。电子邮件目前已经成为病毒传播的重要途径，一个好的邮件病毒防范系统可以很好地和服务器的邮件传输机制结合在一起，完成对服务器以及邮件正文的病毒清除工作。目前邮件病毒的传输方式已经从以前的单纯附件携带方式扩展为内容携带方式。

③ 其他服务器。网络中除了邮件服务器外，还存在大量的其他服务器，如文件服务器、应用服务器等，这些服务器也需要安装相应的防病毒软件。

④ 网关。网关是隔离内部网络和外部网络的设备，如防火墙、代理服务器等，在网关级别进行病毒防范可以起到对外部网络中病毒进行隔离的作用。

7.1.2 思考与讨论

1．阅读案例并思考以下问题

（1）"有了安全意识，才能拒绝病毒"，说明主观能动性在防范病毒攻击中所起到的作用。

参考：病毒的蔓延，经常是由于企业内部员工对病毒的传播方式不够了解所造成。病毒传播的渠道有很多种，可通过网络、物理介质等。查杀病毒，首先要知道病毒到底是什么，它的危害是怎么样的，知道了病毒的危害性，提高安全意识，杜绝毒瘤的战役就已经成功了一半。平时，企业要从加强安全意识着手，对日常工作中隐藏的病毒危害提高警觉性，如安装一种大众认可的网络版杀毒软件，定时更新病毒定义，对来历不明的文件运行前进行查杀，每周查杀一次病毒，减少共享文件夹的数量，文件共享的时候尽量控制权限和增加密码等，都可以很好地防止病毒在网络中的传播。

（2）根据你操作计算机的经历，列举几种计算机及网络病毒常见的破坏形式。

参考：

① 删除磁盘上特定的可执行文件或数据文件；修改或破坏文件中的数据；在系统中产生无用的新文件；对系统中用户存储的文件进行加密或解密。

② 攻击系统数据区，即攻击硬盘的主引导扇区、Boot 扇区、文件分配表、文件目录等内容。一般来说，攻击系统数据区的病毒是恶性病毒，受损的数据不易恢复。

③ 改变磁盘上目标信息的存储状态；更改或重新写入磁盘的卷标；在磁盘上产生"坏"的扇区，减少磁盘空间，达到破坏有关程序或数据文件的目的；改变磁盘分配，使数据写入错误的盘区，对整个磁盘或磁盘的特定磁道进行格式化。

④ 系统空挂，造成显示屏幕或键盘的封锁状态。

⑤ 攻击内存。内存是服务器或客户机的重要资源，也是病毒的攻击目标。其攻击方式主要有占用大量内存、改变内存总量、禁止分配内存、影响内存常驻程序的正常运行等。

⑥ 干扰系统运行，改变系统的正常进程，不执行用户指令，干扰指令的运行，内部栈溢出，占用特殊数据区，时钟倒转，自动重新启动计算机，死机等。

⑦ 盗取有关用户的重要数据。

（3）有什么办法既能够降低网络病毒的发生率，减少网络管理工作量，同时又能够合理地利用人力资源？

参考：面对日新月异的病毒、木马和网络蠕虫，是否曾经让你"烦"不胜"烦"。明明已经安装了最新杀毒软件和防火墙，为什么文件被破坏，密码被窃取，网络不可用，还是照常发生呢？因为每天都有新的病毒和木马被制造出来，黑客们使用各种免杀技术让病毒逃过杀毒软件的法眼，通过网页挂马让你心甘情愿地做它们的"肉机"。为此，只能加强防范工作。例如，根据用户的不同工作性质来分配上网权限；合理分配网络有限的带宽资源，实施有效的用户管理；开通或禁止工作相关的服务，且可以设置网站关键字过滤，防止不良信息；开通或者禁止使用 QQ、MSN、BT 下载，免费邮局，代理服务器，网络游戏等。

2．专题讨论

（1）请比较目前常用的几种网络版杀毒软件。

提示：病毒以多种形式借助网络迅速传播，它们攻击客户端、服务器、网关，单机的杀毒已不能有效解决问题，这时就需要网络版杀毒软件来彻底清除了。

一般而言，网络版杀毒软件查杀是否彻底，界面是否友好、方便，能否实现远程控制、集中管理是决定一个网络杀毒软件的三大要素。

（2）凭你自己的理解分析，计算机病毒与计算机网络病毒之间的主要区别在哪里？

提示：防止单机计算机病毒本身就是令人头痛的问题。个人计算机感染病毒后，使用单机版杀毒软件即可清除，然而在网络中，一台机器一旦感染，病毒便会自动复制、发送并采用各种手段不停地交叉感染网络内的其他用户。

随着信息时代的到来，"网络"这个概念被越来越多的人所认识，网络上的信息资源被越来越多的人所共享，人们对计算机网络的依赖也越来越大，而网络的这种开拓性发展也使病毒引发毁灭性的灾难成为可能。据估计，在 PC 上横行的计算机病毒，一旦经由网络传播，其对整个网络工作环境所造成的干扰，将远远超过一台封闭的 PC，而且，病毒在网络上的感染速度，是非网络环境的数十倍。

7.2　技术视角

7.2.1　计算机病毒基础知识

1．计算机病毒简介

计算机病毒首次出现是在 1986 年，此后，各种病毒一直是威胁计算机系统安全的重大隐患。尽管杀毒软件在不断地推陈出新，但似乎永远赶不上病毒繁衍滋生的速度。

每逢 26 日就发作的 CIH 病毒让人们"谈虎色变"。震惊世界的 CIH 病毒的制造者陈盈豪毕业于台湾大同工学院资讯工程系。1999 年 4 月 26 日，CIH 病毒在全球肆虐。CIH 发作会造成两种结果，一是硬盘消失，二是硬盘消失和基本输入输出被改写，这两种结果都将导致数据消失。有关统计数字显示，全世界至少已有 6000 万台计算机受到 CIH 的侵害，横跨亚洲、欧美与中东，遍及世界各国。

计算机病毒是一种具有自我复制能力的计算机程序，它不仅能够破坏计算机系统，而且还能够传播、感染到其他的系统，它能影响计算机软件、硬件的正常运行，破坏数据的正确与完整。

计算机病毒的来源多种多样，有的是计算机工作人员或业余爱好者纯粹为了寻开心而制造出来的，有的则是软件公司为保护自己的产品不被非法复制而制造的报复性惩罚，因为他们发现用病毒比用加密对付非法复制更有效且更具威胁，这种情况助长了病毒的传播。还有一种情况就是蓄意破坏，它分为个人行为和政府行为两种。个人行为多为雇员对雇主的报复行为，而政府行为则是有组织的战略战术手段（据说在海湾战争中，美国国防部的一个秘密机构曾对伊拉克的通信系统进行了有计划的病毒攻击，一度使伊拉克的国防通信陷于瘫痪）。另外有的病毒还是用于研究或实验而设计的"有用"程序，由于某种原因失去控制扩散出实验室或研究所，从而成为危害四方的计算机病毒。

2．计算机病毒的特征

要做好反病毒技术的研究，首先要认清计算机病毒的特点和行为机理，为防范和清除计算机病毒提供充实可靠的依据。根据对计算机病毒的产生、传播和破坏行为的分析，总结出病毒有以下六个主要特点。

（1）自我复制能力。传染性是病毒的基本特征。在生物界，通过传染使病毒从一个生物体扩散到另一个生物体，在适当的条件下，它可得到大量繁殖，并使被感染的生物体表现出病症甚至死亡。同样，计算机病毒也会通过各种渠道从已被感染的计算机扩散到未被感染的计算机，在某些情况下造成被感染的计算机工作失常甚至瘫痪。与生物病毒不同的是，计算机病毒是一段人为编制的计算机程序代码，这段程序代码一旦进入计算机并得以执行，它会搜寻其他符合其传染条件的程序或存储介质，确定目标后再将自身代码插入其中，达到自我繁殖的目的。只要一台计算机感染病毒，如不及时处理，那么病毒会在这台计算机上迅速扩散，大量文件（一般是可执行文件）会被感染，而被感染的文件又成了新的传染源，再与其他机器进行数据交换或通过网络接触，病毒会继续进行传染。

正常的计算机程序一般是不会将自身的代码强行连接到其他程序上的。而病毒却能使自身的代码强行传染到一切符合其传染条件的未受到传染的程序之上。计算机病毒可通过各种可能的渠道，如软盘、计算机网络去传染其他的计算机。当在一台机器上发现了病毒时，往往曾在这台计算机上用过的盘已感染上了病毒，而与这台机器联网的其他计算机也许也被该病毒传染了。是否具有传染性是判别一个程序是否为计算机病毒的最重要条件。

（2）夺取系统控制权。一般正常的程序是由用户调用，再由系统分配资源，完成用户交给的任务。其目的对用户是可见的。而病毒具有正常程序的一切特性，它隐藏在正常程序中，当用户调用正常程序时窃取系统的控制权，先于正常程序执行，病毒的动作、目的对用户是未知的，是未经用户允许的。

（3）隐蔽性。不经过代码分析，病毒程序与正常程序是不容易区别开来的。一般在没有防护措施的情况下，计算机病毒程序取得系统控制权后，可以在很短的时间里传染大量程序，而且受到传染后，计算机系统通常仍能正常运行，使用户不会感到任何异常。试想，如果病毒在传染到计算机上之后，机器马上无法正常运行，那么它本身便无法继续进行传染了。正是由于隐蔽性，计算机病毒得以在用户没有察觉的情况下扩散传播。计算机病毒的隐蔽性还体现在病毒代码本身设计得非常短小，一般只有几百到几千字节，非常便于隐藏到其他程序中或磁盘的某一特定区域内。随着病毒编写技巧的提高，病毒代码本身还进行加密或变形，使得对计算机病毒的查找和分析更困难，容易造成漏查或错杀。

（4）破坏性。任何病毒只要侵入系统，都会对系统及应用程序产生程度不同的影响。轻者会降低计算机工作效率，占用系统资源，重者可导致系统崩溃。计算机病毒的破坏性多种多样，若按破坏性粗略分类，可将病毒分为良性病毒与恶性病毒。良性病毒是指不包含立即直接破坏的代码，只是为了表现其存在或为说明某些事件而存在，如只显示些画面、无聊的语句或出点音乐，或者根本没有任何破坏动作，但会占用系统资源。恶性病毒是指在代码中包含损伤、破坏计算机系统的操作，在其传染或发作时会对系统直接造成严重破坏。它的破坏目的非常明确，如破坏数据、删除文件、加密磁盘、格式化磁盘或破坏主板等。

计算机病毒激发后，就可能进行破坏活动，轻者干扰屏幕显示，降低计算机运行速度，重者使计算机硬盘文件、数据被肆意篡改或全部丢失，甚至使整个计算机系统瘫痪。

（5）潜伏性。大部分的病毒感染系统之后一般不会马上发作，它可长期隐藏在系统中，只有在满足其特定条件时才启动其表现（破坏）模块，显示发作信息或进行系统破坏。这样的状态可能保持几天、几个月甚至几年。使计算机病毒发作的触发条件主要有以下几种。

① 利用系统时钟提供的时间作为触发器，这种触发机制被大量病毒使用。

② 利用病毒体自带的计数器作为触发器。病毒利用计数器记录某种时间发生的次数，一旦计数器达到设定值，就执行破坏操作。这些操作可以是计算机开机的次数，可以是病毒程序被运行的次数，还可以是从开机起被运行过的程序数量。

③ 利用计算机内执行的某些特定操作作为触发器。特定操作可以是用户按下某些特定的组合键，可以是执行的命令，可以是对磁盘的读写。被病毒使用的触发条件多种多样，而且往往是由多个条件组合触发。大多数病毒的组合条件是基于时间的，再辅以读写操作、按键操作以及其他条件。

（6）不可预见性。从对病毒的检测方面来看，病毒还有不可预见性。不同种类的病毒，它们的代码相差甚远，但有些操作是共有的（如驻内存，改中断）。有些人利用病毒的这种共性，制作了声称可查所有病毒的程序。这种程序的确可查出一些新病毒，但由于目前软件的种类极其丰富，且某些正常程序也使用了类似病毒的操作甚至借鉴了某些病毒的技术，使用这种方法对病毒进行检测势必会造成较多的误报情况。而且病毒的制作技术也在不断地提高，病毒对反病毒软件永远是超前的。

3．计算机病毒的分类

不同种类的病毒有着各自不同的特征，它们有的以感染文件为主，有的以感染系统引导区为主。大多数病毒只是开个小小的玩笑，少数病毒则危害极大，这就要求采用适当的方法对病毒进行分类，进一步满足日常操作的需要。

（1）按程序运行平台分类。病毒按程序运行平台分类可分为 DOS 病毒、Windows 病毒、Linux 病毒、UNIX 病毒等，它们分别发作于 DOS、Windows、Linux、UNIX 操作系统平台上。

（2）按传染方式分类。病毒按传染方式可分为引导型病毒、文件型病毒和混合型病毒三种。其中，引导型病毒主要是感染磁盘的引导区，在使用受感染的磁盘（无论是软盘还是硬盘）启动计算机时，它们就会首先取得系统控制权，驻留内存之后再引导系统，并伺机传染其他软盘或硬盘的引导区，它一般不对磁盘文件进行感染；文件型病毒一般只传染磁盘上的可执行文件（COM，EXE），在用户调用染毒的可执行文件时，病毒首先被运行，然后病毒驻留内存伺机传染或直接传染其他文件，其特点是附着于正常程序文件，成为程序文件的一个外壳或部件；混合型病毒则兼有以上两种病毒的特点，既感染引导区又感染文件，因此扩大了这种病毒的传染途径。

（3）按链接方式分类。病毒按链接方式可分为源码型病毒、入侵型病毒、操作系统型病毒、外壳型病毒四种。其中，源码型病毒主要攻击高级语言编写的源程序，它会将自己插入到系统的源程序中，并随源程序一起编译、链接成可执行文件，从而导致刚刚生成的可执行文件直接带毒，不过该病毒较为少见，亦难以编写；入侵型病毒则是那些用自身代替正常程序中的部分模块或堆栈区的病毒，它只攻击某些特定程序，针对性强，一般情况下也难以被发现，清除起来也较困难；操作系统病毒则是用其自身部分加入或替代操作系统的部分功能，危害性较大；外壳病毒主要是将自身附在正常程序的开头或结尾，相当于给正常程序加了个外壳，大部分的文件型病毒都属于这一类。

（4）按破坏性分类。根据病毒破坏的能力可划分为以下几种。

① 无害型：除了传染时减少磁盘的可用空间外，对系统没有其他影响。

② 无危险型：这类病毒仅仅是减少内存，显示图像，发出声音及同类音响。

③ 危险型：这类病毒在计算机系统操作中造成严重的错误。

④ 非常危险型：这类病毒删除程序，破坏数据，清除系统内存区和操作系统中重要的信息。

这些病毒对系统造成的危害并不是本身的算法中存在危险的调用，而是当它们传染时会引起无法预料的和灾难性的破坏。由病毒引起其他程序产生的错误也会破坏文件和扇区，这些病毒也按照它们引起的破坏能力划分。

（5）其他类型病毒。

① 宏病毒主要是使用某个应用程序自带的宏编程语言编写的病毒，如感染 Word 软件的 Word 宏病毒、感染 Excel 软件的 Excel 宏病毒等。宏病毒与以往的病毒有着截然不同的特点。如它感染数据文件，彻底改变了人们的"数据文件不会传播病毒"的错误认识；宏病毒冲破了以往病毒在单一平台上传播的局限，当 Word、Excel 这类软件在不同平台上运行时，就可

能会被宏病毒交叉感染；以往病毒是以二进制的计算机机器码形式出现的，而宏病毒则是以人们容易阅读的源代码形式出现的，所以编写和修改宏病毒比以往的病毒更容易；另外宏病毒还具有容易传播、隐蔽性强、危害巨大等特点。总的来说，宏病毒应该算是一种特殊的文件型病毒，同时它应该也可以算是"按程序运行平台分类"中的一种特例。

② 黑客软件本身并不是一种病毒，它实质上是一种通信软件，而不少别有用心的人却利用它的独特特点通过网络非法进入他人计算机系统（如特洛伊木马），获取或篡改各种数据，危害信息安全。正是由于黑客软件直接威胁网络数据安全，况且具有用户手工很难对其进行防范的独特特点，因此各大反病毒厂商纷纷将黑客软件纳入病毒范围，利用杀毒软件将黑客从用户的计算机中驱逐出境，从而保护了网络安全。

③ 电子邮件病毒实际上并不是一类单独的病毒，它严格来说应该划入到文件型病毒及宏病毒中去，只不过由于这种病毒采用了独特的电子邮件传播方式（其中不少种类还专门针对电子邮件的传播方式进行了优化），因此习惯于将它们定义为电子邮件病毒。

4. 计算机病毒的防范、检测、清除

① 不使用盗版或来历不明的软件，特别不能使用盗版的杀毒软件。

② 系统盘与数据盘严格区分开来，绝不把用户数据写到系统盘上。

③ 安装真正有效的防毒软件，并经常进行升级。

④ 安装新的应用程序之前首先进行病毒检查，以免机器染毒。对外来程序要使用尽可能多的查毒软件进行检查（包括从硬盘、软盘、局域网、Internet、E-mail 中获得的程序），未经检查的可执行文件不能复制进硬盘，更不能使用。

⑤ 备份重要的数据文件、常用的工具软件，包括硬盘引导区和主引导扇区。此后一旦系统受病毒侵犯，就可以使用备份还原系统。

⑥ 随时注意计算机的各种异常现象（如速度变慢，弹出奇怪的文件，文件尺寸发生变化，内存减少等），一旦发现，立即用杀毒软件仔细检查。

⑦ 开机启动杀毒软件，并对整个硬盘进行扫描。

⑧ 发现病毒后，一般应用杀毒软件清除文件中的病毒，如果可执行文件中的病毒不能被清除，一般应将其删除，然后重新安装相应的应用程序。同时，还应将病毒样本送交反病毒软件厂商的研究中心，以供详细分析。

⑨ 某些病毒在 Windows 状态下无法完全清除，此时应采用事先准备的干净的系统引导盘引导系统，然后在 DOS 下运行相关杀毒软件进行清除。

7.2.2 网络病毒的检测、防范清除

计算机病毒在网络中快速繁殖，导致网络中计算机的相互感染。网络只是为这些病毒提供了广泛的传播途径，当对网络进行有关操作时，病毒就会向网络服务器传播，然后再向各工作站传播，这就形成了网络病毒。

1. 网络病毒入侵原理及现象

计算机网络的基本构成包括服务器和客户机。计算机病毒一般首先通过各种途径进入到工作站，也就进入网络，然后开始在网上的传播。具体地说，其传播方式有以下几种。

（1）病毒直接从工作站拷贝到服务器中或通过邮件在网内传播。

（2）病毒先传染工作站，在工作站内存驻留，等运行网络程序时再传染给服务器。

（3）病毒先传染工作站，在工作站内存驻留，在病毒运行时直接通过映像路径传染到服

务器中。

（4）如果远程工作站被病毒侵入，病毒也可以通过数据交换进入服务器中。一旦病毒进入文件服务器，就可通过它迅速传染到整个网络的每一个计算机上。对于无盘工作站来说，由于其并非真的"无盘"（它的盘是网络盘），当其运行网络盘上的一个带毒程序时，便将内存中的病毒传染给该程序或通过映像路径传染到服务器的其他的文件上，因此无盘工作站也是病毒孳生的温床。

由计算机病毒在网络上的传播方式可见，在网络环境下，网络病毒除了具有可传播性、可执行性、破坏性等计算机病毒的共性外，还具有一些新的特点。

2．网络病毒的特点

网络病毒为什么用单机版无法彻底清除？主要因为网络病毒有着其特有的网络特性。目前对于网络病毒没有一个统一的说法，只是对于可以在网络中传播的病毒，统称为网络病毒。在网络环境下，网络病毒除了具有可传播性、可执行性、破坏性等计算机病毒的共性外，还具有一些新的特点。

（1）感染速度快。在单机环境下，病毒只能通过介质从一台计算机带到另一台计算机，而在网络中则可以通过网络通信机制进行迅速扩散。根据测定，在网络正常工作情况下，只要有一台工作站有病毒，就可在几十分钟内将网上的成千上万台计算机全部感染。

（2）扩散面广。由于病毒在网络中扩散非常快，扩散范围很大，不但能迅速传染网络内所有计算机，还能通过远程工作站将病毒在一瞬间传播到千里之外。

（3）传播的形式复杂多样。网络病毒通过从"工作站"到"服务器" 再到"工作站"的途径进行传播，但现在病毒技术进步了不少，传播的形式复杂多样。

（4）难以彻底清除。单机上的计算机病毒有时可以通过带毒文件来解决。低级格式化硬盘等措施能将病毒彻底清除。而网络中只要有一台工作站未能清除干净，就可使整个网络重新被病毒感染，甚至刚刚完成杀毒工作的一台工作站，就有可能被网上另一台带毒工作站所感染。因此，仅对工作站进行杀毒，并不能解决病毒对网络的危害。

（5）破坏性大。网络病毒直接影响网络的工作，轻则降低速度，影响工作效率，重则使网络崩溃，破坏服务器信息，使多年工作毁于一旦。

（6）可激发性。网络病毒激发的条件多样化，可以是内部时钟、系统的日期和用户名，也可以是网络的一次通信等。一个病毒程序可以按照病毒设计者的要求，在某个工作站上激发并发出攻击。

（7）潜在性。网络一旦感染了病毒，即使病毒已被清除，其潜在的危险性也是巨大的。根据统计，病毒在网络上被清除后，85%的网络在 30 天内会被再次感染。

例如尼姆达病毒，会搜索本地网络的文件共享，无论是文件服务器还是终端客户机，一旦找到，便安装一个隐藏文件，名为 Riched20.DLL 到每一个包含"DOC"和"eml"文件的目录中，当用户通过 Word、写字板、Outlook 打开"DOC"和"eml"文档时，这些应用程序将执行 Riched20.DLL 文件，从而使机器被感染，同时该病毒还可以感染远程服务器被启动的文件。带有尼姆达病毒的电子邮件，不需要打开附件，只要阅读或预览了带病毒的邮件，就会继续发送带毒邮件给通讯簿里的朋友。

3．网络病毒传播的途径

（1）病毒通过工作站传播。工作站是网络的大门，病毒通过工作站入侵网络系统是最为常见的传播途径。如果网络上的工作站已感染了病毒，则服务器很快就会被病毒感染，因为当工作站进行登录时，网络上的 Login 子目录就会被映射成工作站的一个网络驱动器盘符，这样，在执行登录命令入网时，就会感染网络服务器上的所有共享目录，进而通过服务器，感染所有以后在此登录的网络工作站。

（2）病毒通过服务器传播。服务器是网络的核心，一旦服务器被病毒传染，就会使服务器无法启动，整个网络陷于瘫痪。有些网络病毒攻击 Web 服务器，就拿"尼姆达病毒"来举例说明吧，它主要通过两种手段来进行攻击。第一，它检查计算机是否已经被红色代码 II 病毒所破坏，因为红色代码 II 病毒会创建一个"后门"，任何恶意用户都可以利用这个"后门"获得对系统的控制权。如果尼姆达病毒发现了这样的机器，它会简单地使用红色代码 II 病毒留下的"后门"来感染机器。第二，病毒会试图利用"Web Server Folder Traversal"漏洞来感染机器。如果它成功地找到了这个漏洞，病毒会使用它来感染系统。

（3）病毒通过电子邮件传播。大多数的 Internet 邮件系统提供了在网络间传送附带格式化文档邮件的功能。只要简单地敲敲键盘，邮件就可以发给一个或一组收信人。因此，受病毒感染的文档或文件就可能通过网关和邮件服务器涌入网络。

病毒经常会附在邮件的附件里，然后起一个吸引人的名字，诱惑人们去打开附件，一旦人们执行之后，机器就会染上附件中所附的病毒。有些蠕虫病毒会利用 Microsoft Security Bulletin 在 MS01-020 中讨论过的安全漏洞将自身藏在邮件中，并向其他用户发送一个病毒副本来进行传播。正如在公告中所描述的那样，该漏洞存在于 Internet Explorer 之中，但是可以通过 E-mail 来利用，只需简单地打开邮件就会使机器感染上病毒，并不需要打开邮件附件。因此，当收到来历不明的匿名邮件时，不应打开查阅，而应该立即将其删除。

（4）病毒通过文件下载传播。许多 Internet 网站都提供软件下载服务，有些甚至是免费的。虽然大部分网友知道下载的软件中可能含有病毒，但面对最新时尚软件的巨大吸引力，往往很难抵挡住这种诱惑，或者抱有侥幸心理，因而随意地从网上下载软件。结果，等于给自己的计算机安下了一枚定时炸弹，随时都有引爆的危险，轻则造成数据丢失，重则导致整个计算机系统的工作陷于瘫痪。

4．网络病毒的防范

病毒防治，重在防范。了解病毒发展的最新动态，防患于未然才能高枕无忧。

（1）留心邮件的附件。对于邮件附件尽可能小心，在打开邮件之前对附件进行预扫描。因为有的病毒邮件恶毒之极，只要将鼠标移至邮件上，哪怕并不打开附件，它也会自动执行。更不要打开陌生人来信中的附件文件，当收到陌生人寄来的一些自称是"不可不看"的有趣文件时，千万不要不假思索地贸然打开它，尤其对于一些".exe"之类的可执行程序文件，更要慎之又慎！

尽量不要从在线聊天系统的陌生人那里接收附件，比如 ICQ 或 QQ 中传来的东西。有些人通过 QQ 聊天取得你的信任之后，给你发一些附有病毒的文件，所以对附件中的文件不要打开，先保存在特定目录中，然后用杀毒软件进行检查，确认无病毒后再打开。

当收到自认为有趣的邮件时，不要盲目转发，因为这样会帮助病毒的传播；给别人发送程序文件甚至电子贺卡时，一定要先在自己的计算机中试试，确认没有问题后再发，以免好心办了坏事。

（2）注意文件扩展名。因为 Windows 允许用户在文件命名时使用多个扩展名，而许多电子邮件程序只显示第一个扩展名，有时会造成一些假象。所以我们可以在"文件夹选项"中，设置显示文件名的扩展名，这样一些有害文件，如 VBS 文件就会原形毕露。注意，千万别打开扩展名为 VBS、SHS 和 PIF 的邮件附件，因为一般情况下，这些扩展名的文件几乎不会在正常附件中使用，它们经常被病毒和蠕虫使用。例如，我们看到的邮件附件名称是 wow.jpg，而它的全名实际是 wow.jpg.vbs，打开这个附件意味着运行一个恶意的 VBScript 病毒，而不是 JPG 察看器。

（3）不要轻易运行程序。对于一般人寄来的程序，都不要运行，就算是比较熟悉、了解的朋友们寄来的信件，如果其信中夹带了程序附件，但是他却没有在信中提及或是说明，也不要轻易运行。因为有些病毒是偷偷地附着上去的，也许他的计算机已经染毒，可他自己却不知道。比如"happy 99"就是这样的病毒，它会自我复制，跟着邮件传播。当收到邮件广告或者主动提供的电子邮件时，也尽量不要打开附件以及它提供的链接。

（4）堵住系统漏洞。现在很多网络病毒都是利用了微软的 IE 和 Outlook 的漏洞进行传播的。因此，需要特别注意微软网站提供的补丁，很多网络病毒可以通过下载和安装补丁文件或安装升级版本来消除阻止它们。同时，及时给系统打补丁也是一个良好的习惯，可以让网络系统时时保持最新、最安全。但是要注意，最好从信任度高的网站下载补丁。

（5）禁止 Windows Scripting Host。对于通过脚本"工作"的病毒，可以采用在浏览器中禁止 Java 或 ActiveX 运行的方法来阻止病毒的发作。禁用 Windows Scripting Host。Windows Scripting Host（WSH）运行各种类型的文本，但基本都是 VBScript 或 Jscript。许多病毒/蠕虫，如 Bubbleboy 和 KAK.worm 使用 Windows Scripting Host，无须用户单击附件，就可自动打开一个被感染的附件。同时应该把浏览器的隐私设置设为"高"。

提示：一般人的 Windows 系统中并不需要 Windows Scripting Host 功能，微软有时会为我们考虑得太多。

（6）注意共享权限。一般情况下，不要将磁盘上的目录设为共享，如果确有必要，请将权限设置为只读，读操作须指定口令，也不要用共享的软盘安装软件，或者是复制共享的软盘，这是导致病毒从一台机器传播到另一台机器的方式。在 Windows 系统中，安装完成后会自动创建一些隐藏的共享，这些默认的共享给病毒入侵带来了方便，所以要关闭这些默认的共享来提高网络系统的安全性。

（7）从正规网站下载软件。不要从任何不可靠的渠道下载任何软件，因为通常无法判断什么是不可靠的渠道，所以比较保险的办法是对安全下载的软件在安装前先做病毒扫描。

（8）多做自动病毒检查。确保计算机对插入的 U 盘、光盘和其他的可插拔介质，以及对电子邮件和下载文件都会做自动的病毒检查。

（9）使用最新的网络版杀毒软件。要养成用最新杀毒软件及时查毒的好习惯。但是千万不要以为安装了杀毒软件就可以高枕无忧了，一定要及时更新病毒库，否则杀毒软件就会形同虚设；另外要正确设置杀毒软件的各项功能，充分发挥它的功效。

7.3 网络病毒及防范的相关实验

7.3.1 杀毒软件的使用

1. 实验目的

通过实验，学会卡巴斯基杀毒软件的安装，以及实时监视、定时更新、定时杀毒的启用。

2. 实验条件

在 VMware 环境下，操作系统 Windows Server 2003，IP 地址为 192.168.1.1 的虚拟机安装有卡巴斯基 6.0 软件作为实验用计算机，真实机系统（Windows 2000 pro 做客户机，IP 地址为 192.168.1.2）作为测试用计算机。卡巴斯基 6.0 软件可从 http://www.kaspersky.com.cn/ 下载。

3. 实验内容和步骤

（1）安装卡巴斯基 6.0。双击运行卡巴斯基 6.0 安装程序，出现卡巴斯基 6.0 安装向导，然后单击"下一步"按钮，出现许可协议页，选择"我接受许可协议条款"；单击"下一步"按钮，设置安装目录为默认，然后单击"下一步"按钮选择安装类型为完整，然后单击"安装"按钮开始安装卡巴斯基 6.0。

文件安装完成后，单击"下一步"按钮，导入激活码或者 Key 文件，然后按默认设置单击"下一步"按钮，最后，提示安装完成并提示重启计算机，选择"重启计算机"，然后单击"完成"按钮退出。

重启后自动运行卡巴斯基，打开主界面如图 7.1 所示。

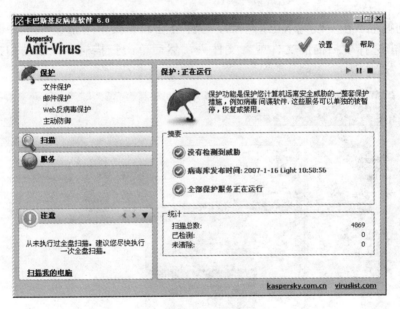

图 7.1　卡巴斯基主界面

（2）使用卡巴斯基进行杀毒。卡巴斯基扫描病毒有两种方式，一种是自动扫描，一种是手动扫描。

① 自动扫描。在卡巴斯基中有三种扫描选项，分别为扫描"关键区域"、"我的电脑"、"启动对象"。在默认设置中，开机自动扫描的选项为"启动对象"，如图 7.2 和图 7.3 所示。

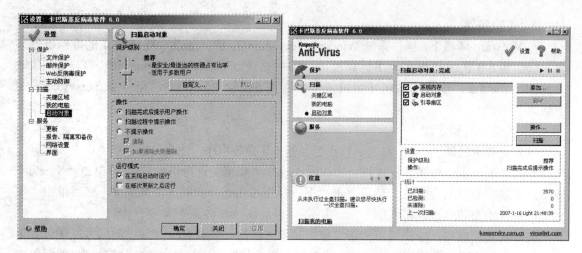

图 7.2 设置自动扫描　　　　　　　　　　　　图 7.3 自动扫描状态

用户可以根据需要进行设置，例如，在开机启动后自动扫描"我的电脑"或者是"关键区域"等。

② 手动扫描。在安装完卡巴斯基后，程序会在右键菜单中添加"扫描病毒"的链接，用户可以右击选择要扫描的文件或者文件夹，然后单击扫描病毒来手动扫描，如图 7.4 所示。

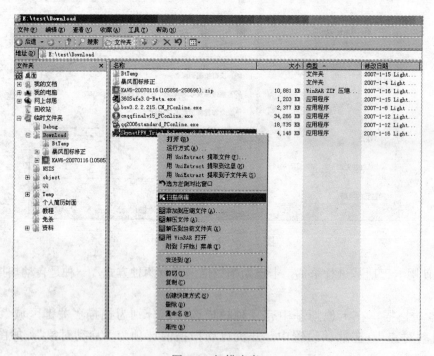

图 7.4 扫描病毒

单击之后会弹出扫描框，如图 7.5 所示。

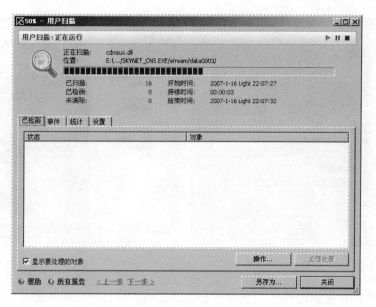

图 7.5　扫描过程

如果扫描出病毒，则在已检测下方会显示病毒的信息，然后可以单击操作对病毒做处理。

用户也可以大面积扫描病毒，例如，扫描一个磁盘，或者扫描整个硬盘。这样就需要打开卡巴斯基 6.0 主界面，然后切换到扫描选项，在右边列表中默认列出了所有驱动器以及重要的区域，如图 7.6 所示。

在右边选中要扫描的驱动器，然后单击"扫描"按钮开始扫描病毒。用户可以手动添加单独要扫描的文件或者文件夹，单击"添加"按钮，如图 7.7 所示。

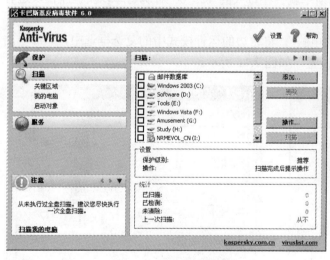

图 7.6　选择扫描对象

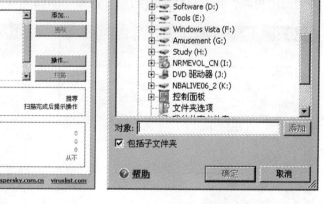

图 7.7　选择扫描对象

在下方选择要扫描的目标，然后单击"确定"按钮，再单击"扫描"按钮即可进行扫描。

（3）启用卡巴斯基的实时监视功能。打开卡巴斯基主界面，然后单击右上方的"设置"选项，弹出卡巴斯基 6.0 设置框，然后选择"保护"选项，如图 7.8 所示。

在右边的常规选项下选上"启用保护"，并选中"在系统启动时运行卡巴斯基反病毒软件6.0"，然后选择保护下方的"文件保护"选项，选中"启动文件保护"，如图 7.9 所示。

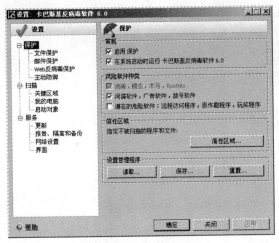
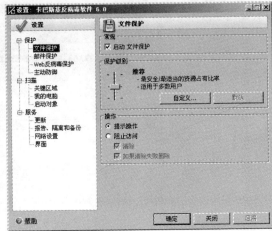

图 7.8 启用保护   图 7.9 启动文件保护

接下来再将邮件保护、Web 反病毒保护以及主动防御三项中的保护开启，这样卡巴斯基就会对这些功能进行监控了。

（4）卡巴斯基的定时更新与定时杀毒。杀毒软件要及时更新才能保护系统的安全，并且要定时对计算机进行杀毒。在卡巴斯基中可以设置自动更新和定时杀毒。

打开卡巴斯基 6.0 主界面，选择"设置"按钮，在出现的设置框中选择"服务"→"更新"，在右边的更新方式中选择"每隔一天"，然后单击"更改"按钮对更新计划进行设置，如图 7.10 所示。

在计划下拉框中选择"每天"，然后在计划设置中设置为"每 1 天"，选中"时间"，然后将时间设置为"12：00"，这样，卡巴斯基就会在每天的 12：00 对病毒库以及程序模块进行更新。

在设置框中选择"扫描"→"我的电脑"，将右边的运行模式中的复选框选中，然后单击旁边的"更改"按钮对计划时间进行设置，如图 7.11 所示。

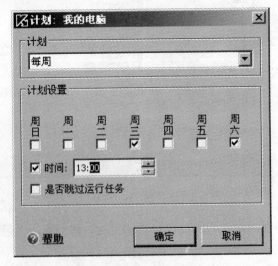

图 7.10 设置定时更新   图 7.11 设置定时扫描

因为要扫描整个硬盘，所以这里将计划设置为每周三和周六的下午 1 点，然后单击"确定"按钮退出设置。这样，在每个星期的星期三以及星期六的下午 1 点，卡巴斯基就会对计算机进行扫描。

7.3.2 病毒的发现、清除和系统修复

1. 实验目的

通过实验，学会使用杀毒工具扫描发现病毒、清除病毒，彻底解决网络系统漏洞，并修复因为中毒所带来的异常问题。

2. 实验条件

在 VMware 环境下，操作系统 Windows Server 2003，IP 地址为 192.168.1.1 的虚拟机作为实验用计算机，真实机系统（Windows 2000 pro 做客户机，IP 地址为 192.168.1.2）作为测试用计算机。

3. 实验内容和步骤

（1）查杀尼姆达病毒后彻底解决漏洞并手工修复。

对于服务器：

① 首先安装 IIS 补丁（此 IIS 补丁防止遭受攻击）和 IE 相应的最新补丁（IE 补丁防止浏览带毒网页时中毒）。

② 安全隔离，将服务器隔离，断开所有网线。

③ 解决病毒留下的后门程序，将 IIS 服务的 Scripts 目录中 TFTP*.exe 和 ROOT.exe 文件全部移除。

④ 去掉共享。当受到尼姆达病毒的入侵后，系统中会出现一些新的共享，如 C、D 等，应该将其共享属性去掉。

⑤ 查看管理权限，查看一下 administrators 组中是否加进了 "guest" 用户，如果是，将 guest 用户从 administrators 组中删除。

⑥ 查杀病毒。使用杀毒软件进行查杀，彻底清除尼姆达病毒。

⑦ 恢复网络连接。

对于客户端：

① 及时断开所有的网络连接。

② 热启动，结束蠕虫病毒的进程。

③ 在系统的 temp 文件目录下删除病毒文件。

④ 使用干净无毒的 riched20.dll（约 100K）文件替换染毒的同名的 riched20.dll 文件（57344字节）。

⑤ 将系统目录下的 load.exe 文件（57344 字节）以及 Windows 根目录下的 mmc.exe 文件彻底删除。在各逻辑盘的根目录下查找 Admin.DLL 文件，如果有 Admin.DLL 文件的话，删除这些病毒文件，并要查找文件名为 Readme.eml 的文件，也要删除它。

⑥ 如果使用的是 Windows 2000 操作系统的计算机，则打开 "控制面板" → "用户和密码"，将 Administrator 组中 guest 账号删除。

（2）清除尼姆达病毒后修复 OFFICE 运行异常问题。由于尼姆达病毒用自身覆盖了 system 目录下的 riched20.dll 文件，所以 Word 等字处理软件运行不正常。杀毒之后，可以从系统安装盘里找到相应的文件重新复制回来。如 Windows 2000 在 system32\dllcache 目录有备份，将它复制到 system32 目录，或者也可以从其他未感染过病毒的机器复制这些文件。

（3）冲击波病毒的发现和防治。

① 病毒通过微软的最新 RPC 漏洞进行传播，因此用户应先给系统打上 RPC 补丁。

② 病毒运行时会建立一个名为"BILLY"的互斥量，使病毒自身不重复进入内存，并且病毒在内存中建立一个名为"msblast"的进程，用户可以用任务管理器将该病毒进程终止。

③ 病毒运行时会将自身复制为：%systemdir%\msblast.exe，用户可以手动删除该病毒文件（%systemdir%是一个变量，它指的是操作系统安装目录中的系统目录）。

④ 手工清除注册表的 HKEY_LOCAL_MACHINE\SOFTWARE\Microsoft\Windows\Current Version\Run 项中的"windows auto update"="msblast.exe"键值。

⑤ 使用防火墙软件将病毒会用到的 135、4444、69 等端口禁止或者使用"TCP/IP 筛选"功能，禁止这些端口。

（4）冲击波病毒的手工清除。病毒种类很多，虽然有许多的安全工具可以清除，但是有些病毒连安全工具也无法清除干净，而有些病毒因为隐藏很深，杀毒软件根本无法将其清除掉。

① DOS 环境下清除病毒。当用户中毒出现以上现象后，用 DOS 系统启动盘启动进入 DOS 环境下，进入 C 盘的操作系统目录，输入命令：

C：\>cd c：\windows （或 cd c：\winnt）

C：\>dir msblast.exe /s/p   //查找目录中的"msblast.exe"病毒文件

找到后，进入病毒所在的子目录，然后直接将该病毒文件删除。

C：\>Del msblast.exe

② 在安全模式下清除病毒。如果用户手头没有 DOS 启动盘，还有一个方法，就是启动系统后进入安全模式，然后搜索 C 盘，查找 msblast.exe 文件，找到后直接将该文件删除，然后再次正常启动计算机即可。

手工清除了病毒体后，应上网下载相应的补丁程序，给系统打上补丁。

7.3.3 病毒惯用技术及病毒分析技术

1．实验目的

通过实验，了解计算机病毒为了对付杀毒软件和病毒分析而采用"压缩加壳"的技术，学会如何针对压缩加壳的病毒软件进行解压脱壳，以及掌握常用的静态分析工具的使用，以实现对病毒代码的分析。

2．实验条件

在虚拟机（Windows Server 2000 或 Windows 2003 Server）上搭建一个计算机病毒的分析实验平台，实施对加壳文件进行侦壳、脱壳，以及对其进行病毒代码的分析。

其中，实验用的病毒代码文件用一般软件代替。

3．实验内容和步骤

（1）加壳工具的使用。软件加壳原本是一种代码的保护，以防止软件被反编译。

① 下载加壳工具 ASPack（相关软件有 ASProtect、UPXShell、Petite 等），并运行 ASPack。

② 在 ASPack 操作界面的"Open File（打开文件）"页面上，单击"Open（打开）"按钮，打开准备压缩的可执行文件，如图 7.12 所示。

图 7.12　选择要压缩的文件

③ 在"Compress（压缩）"页面中，单击"Go!"按钮，对所选定的文件进行压缩。

注意：被压缩的文件必须是在非运行状态下，否则会出现错误信息。

（2）侦壳工具的使用。

① 下载侦壳工具（FileInfo 或 pe-scan），并运行 FileInfo v3.01r。

② 将已经加壳的程序拖至该程序图标之上，然后放开；如图 7.13 所示的 ASPack v2.12 A.Solodovnikov.data 表示对该程序进行加壳的工具及其版本，如果该程序没有加过壳，显示的即是该程序是由哪个编程工具编写的。

```
C:\DOCUME~1\FX\桌面\fi.exe                                    _ □ ×

U=A OfN   * ✿ @ F i l e V e r s i o n    2 . 0 5      D ‡ @ I n t e r n a l N

ASPack v2.12  A.Solodovnikov  .data                              50138

IPMSG.exe              DEC          HEX           Interesting values

Signature [00000000h] "PE"          5045h            76576      00012B20h

Alignment file = phys 00512        0200h        Entry point :   11801h
     6 sections = virt 04096        1000h         11800h  RVA  00027001h
1→
Base of image   v0.00              400000h  15 Jan 2004    Size :    2B000h
        code          04096        1000h   09:29:42        Size :   1A000h
        data                       1B000h                  i.Size :   C000h
Type Subsystem  v4.00 00002        0002h                  u.Size :      0h
Required CPU/OS v4.00 00332        014Ch   80386          Flags  0000010Fh

Size of header is     01536        0600h   /010Bh  NTHdrSize :    00E0h
Loader flag shows     00000        0000h   /0000h  TimeStamp : 40065D86h

Checksum of file      00000        0000h        Linker version : 6.00

Size init/commit heap 00100000h /00001000h    60 E8 03 00 00  00 E9 EB 04 5D
              stack   00100000h /00001000h    45 55 C3 E8 01  00 00 00 EB 5D
```

图 7.13　侦壳工具 FileInfo 显示界面

（3）脱壳工具的使用。

① 使用侦壳工具侦测，看看程序有没有加壳。如果已经加壳才使用适当的脱壳工具进行脱壳，当找不到适当的脱壳工具时，可以试用总体脱壳工具来脱壳。

② 下载脱壳工具（UNASPACK 或 AspackDie），运行 AspackDie v1.41，双击该图标，出现一个打开窗口。

③ 在打开窗口中，选取想要脱壳的程序，单击"打开"按钮，如果脱壳成功，会出现相关的提示。

（4）静态分析工具的使用。所谓静态分析即从反汇编出来的程序清单上进行病毒代码分析。

① 下载静态分析工具（W32DASM 或 IDA Pro），运行 W32DASM 黄金版中文版。

② 在"反汇编"菜单下，单击"打开文件"按钮，打开可执行文件，如 aa.exe 即可。

注意：可执行文件不能有壳；如果有壳，参照前面的方法来解壳。

③ W32DASM 黄金版中文版反汇编出来的代码由三列组成，第一列为行地址（虚拟地址），第二列为机器码（最终修改时用 ultraedit 修改），第三列为汇编指令，如下表所示。

第一列	第二列	第三列
: 00418000	FF21	jmp dword ptr [ecx]
: 00418002	029000070008	add dl,　byte ptr [eax+08000700]
: 00418008	00D4	add ah,　dl
: 0041800A	A940008EDD	test eax,　DD8E0040
: 0041800F	75DB	jne 00417FEC
: 00418011	3F	aas
: 00418012	AA	stosb

④ 将鼠标移到 W32DASM 最左边，单击一下，将有一红点出现，再按住<Shift>键，移到需要的下一行，再单击鼠标一下，将选中一段，按<Ctrl>＋<C>组合键复制，按<Ctrl>＋<V>组合键粘贴到记事本或其他编辑处。

7.4　超越与提高

7.4.1　防范网络病毒体系

在实际网络应用中，病毒比一般攻击更可怕。危及网络安全的，首先是病毒或恶意代码。为了避免因为病毒而造成损失，计算机网络需要构建一个具有三层结构的实时防范病毒体系。

1．入口处防病毒

一个好的防病毒系统应该能够覆盖到每一种需要的平台。"病从口入"，病毒也是从网络系统的入口侵入的。我们都知道，病毒的入口点是非常多的。在一个具有多个网络入口的连接点的网络环境中，病毒可以由软盘、光盘等传统介质进入，也可能由电子邮件、网络服务器等进入，还有可能从外部网络中通过文件传输等方式进入。任何一点只要没有部署防病毒系统，对整个网络的安全都是一个威胁。所以，一般需要考虑在每一种需要防护的平台上都部署防病毒软件。它大体上分为以下几类平台：客户端、邮件服务器、其他服务器、网关。

应该在与 Internet 的接口处拦截病毒，并随时诊测隐藏在电子邮件附件中和共享软件里的病毒。通常，可利用防火墙将外部网络传输的邮件或文件传给病毒服务器，病毒服务器运用同步检查/异步检查模式，对防火墙传过来的内容检测病毒，例如，若发现恶意 Java/ActiveX 小程序，可对源文件进行必要修改，实现杀毒。对于不明病毒可进行记录和报警，防火墙根据情况决定是否放行/丢弃。

2．网络中防范病毒

应该监视网络和各个工作站病毒入侵情况，即在病毒通过网络或病毒在客户端上激活时，对于活动病毒进行动态告警、杀灭。同时应该配置网络系统整体的病毒检测、杀除时间表，实现对病毒检测与杀除的周期性、计划性，使网络系统对病毒的防御能力保持在同一水平。要对病毒事件进行安全审计，向系统管理员提供证据，用来跟踪、追查各种可能的病毒事件。

实时网络防范病毒是指防病毒软件能够常驻内存，对所有活动的文件进行病毒扫描和清除。但是，由于网络病毒活动频繁，加之网络管理员工作忙碌，有可能会导致病毒特征码不能及时更新。这就需要网络防病毒体系能够具有一定程度的对未知病毒的识别能力，一旦发现一个文件可能携带病毒，就应该立即提供一种解决方法对该文件进行处理，以免系统或者文件受到未知病毒的破坏。另外，病毒一般都存在一个爆发期。在这个爆发期之前，网络防范病毒系统应该能够依据具体情况自动进行报警、策略修改或者更新特征码等工作，以免病毒进一步扩散。

3．单机上防治病毒

单机除了要防范来自于光驱、U 盘上的病毒之外，还要提防来自计算机网络上的破坏性程序，以实现动态防御与静态杀毒相结合。

在使用计算机网络，特别是访问 Internet 时，可能在下述情况下感染病毒。

① 进行 WWW 浏览时，在某些不太可靠的站点上下载文件，然后又运行这些文件。

② 使用 FTP 远程登录到服务器，进行下载文件操作，然后又运行所下载的文件。

③ 收到电子邮件后，通过"附件"方式插入携带宏病毒的 Word 文档，并用 Word 编辑器进行编辑，或者是在附件中插入含有病毒的可执行文件。

针对以上情况，需要采取的措施有：不要随便下载文件，如确有必要，下载后应立即进行病毒检测；对接收的包含 Word 文档的电子邮件，应立即用能清除"宏病毒"的软件予以检测，或者是用 Word 打开文档，选择"取消宏"或"不打开"按钮。

7.4.2　使用杀毒软件的误区

几乎用过计算机的人都遇到过计算机病毒，也使用过杀毒软件。但是，对病毒和杀毒软件的认识许多人还存在误区。需要对杀毒软件有正确的认识，合理地使用杀毒软件。

误区一：好的杀毒软件可以查杀所有的病毒。

有人认为杀毒软件可以查杀所有的已知和未知的病毒，这是不正确的。对于一个病毒，杀毒软件厂商首先要先将其截获，然后进行分析，提取病毒特征，测试，然后升级给用户使用。

目前，许多杀毒软件厂商都在不断努力查杀未知病毒，有些厂商甚至宣称可以 100%地查杀未知病毒。不幸的是，经过专家论证这是不可能的。杀毒软件厂商只能尽可能地去发现更多的未知病毒，但还远远达不到 100%的标准。

甚至一些已知病毒，比如覆盖型病毒，由于病毒本身就将原有的系统文件覆盖了，因此，即使杀毒软件将病毒杀死也不能恢复操作系统的正常运行。

误区二：杀毒软件是专门查杀病毒的，木马专杀才是专门杀木马的。

计算机病毒在《中华人民共和国计算机信息系统安全保护条例》中被明确定义，病毒是指"编制或者在计算机程序中插入的破坏计算机功能或者破坏数据，影响计算机使用并且能够自我复制的一组计算机指令或者程序代码"。随着信息安全技术的不断发展，病毒的定义已经被广义化。它大致包含：引导区病毒、文件型病毒、宏病毒、蠕虫病毒、特洛伊木马、后门程序、恶意脚本、恶意程序、键盘记录器、黑客工具等。可以看出，木马是病毒的一个子集，杀毒软件完全可以将其查杀。从杀毒软件角度讲，清除木马和清除蠕虫没有本质的区别，甚至查杀木马比清除文件型病毒更简单。因此，没有必要单独安装木马查杀软件。

误区三：我的机器没重要数据，有病毒重装系统，不用杀毒软件。

许多计算机用户，特别是一些网络游戏玩家，认为自己的计算机上没有重要的文件，计算机感染病毒，直接格式化重新安装操作系统就万事大吉，不用安装杀毒软件。这种观点是不正确的。

几年前，病毒编写者撰写病毒主要是为了寻找乐趣或是证明自己的能力。这些病毒往往采用高超的编写技术，有着明显的发作特征（比如某月某日发作，删除所有文件等等）。但是，近几年的病毒已经发生了巨大的变化，病毒编写者以获取经济利益为目的。病毒没有明显的特征，不会删除用户计算机上的数据。但是，它们会在后台悄悄运行，盗取游戏玩家的账号信息、QQ 密码甚至是银行卡的账号。由于这些病毒可以直接给用户带来经济损失，对于个人用户来说，它的危害性比传统的病毒更大。

对于此种病毒，往往发现感染病毒时，用户的账号信息就已经被盗用了。即使格式化计算机重新安装系统，被盗的账号也找不回来了。

误区四：查毒速度快的杀毒软件才好。

不少人都认为，查毒速度快的杀毒软件才是最好的，甚至不少媒体进行杀毒软件评测时都将查杀速度作为重要指标之一。不可否认，目前各个杀毒软件厂商都在不断努力改进杀毒软件引擎，以达到更高的查杀速度。但仅仅以查毒速度快慢来评价杀毒软件的好坏是片面的。

杀毒软件查毒速度的快慢主要与引擎和病毒特征有关。举个例子，一款杀毒软件可以查杀 10 万个病毒，另一款杀毒软件只能查杀 100 个病毒。杀毒软件查毒时需要对每一条记录进行匹配，因此查杀 100 个病毒的杀毒软件速度肯定会更快些。

一个好的杀毒软件引擎需要对文件进行分析、脱壳甚至虚拟执行，这些操作都需要耗费一定的时间。而有些杀毒软件的引擎比较简单，对文件不做过多的分析，只进行特征匹配。这种杀毒软件的查毒速度也很快，但它却有可能漏查比较多的病毒。

由此可见，虽然提高杀毒速度是各个厂商不断努力奋斗的目标，但仅从查毒速度快慢来衡量杀毒软件好坏是不科学的。

误区五：杀毒软件不管正版盗版，随便装一个能用的就行。

目前，有很多人机器上安装着盗版的杀毒软件，他们认为只要装上杀毒软件就万无一失了，这种观点是不正确的。杀毒软件与其他软件不太一样，杀毒软件需要经常不断升级才能够查杀最新最流行的病毒。

此外，大多数盗版杀毒软件都在破解过程中或多或少地损坏了一些数据，造成某些关键功能无法使用，系统不稳定或杀毒软件对某些病毒漏查漏杀等。更有一些居心不良的破解者，直接在破解的杀毒软件中捆绑了病毒、木马或者后门程序等，给用户带来不必要的麻烦。

杀毒软件卖的是服务，只有正版的杀毒软件，才能得到持续不断的升级和售后服务。同时，如果盗版软件用户真的遇到无法解决的问题，也不能享受和正版软件用户一样的售后服务，使用盗版软件看似占了便宜，实际得不偿失。

误区六：根据任务管理器中的内存占用判断杀毒软件的资源占用。

很多人，包括一些媒体进行杀毒软件评测，都用 Windows 自带的任务管理器来查看杀毒软件的内存占用，进而判断一款杀毒软件的资源占用情况，这是值得商榷的。

不同杀毒软件的功能不尽相同，比如一款优秀的杀毒软件有注册表、漏洞攻击、邮件发送、接收、网页、引导区、内存等监控系统。比起只有文件监控的杀毒软件，内存占用肯定会更多，但却提供了更全面的安全防护。

同时，也有一小部分杀毒软件厂商为了对付评测，故意在程序中限定杀毒软件可占用内存数的大小，使这些数值看上去很小，一般在 100KB 甚至几十 KB 左右。实际上，内存占用虽然小了，但杀毒软件却要频繁地进行硬盘读写，反而降低了软件的运行效率。

误区七：只要不用 U 盘，不乱下载东西就不会中毒。

目前，计算机病毒的传播有很多途径。它们可以通过软盘、U 盘、移动硬盘、局域网、文件，甚至是系统漏洞等进行传播。一台存在漏洞的计算机，只要连入 Internet，即使不做任何操作，都会被病毒感染。

因此，仅仅从使用计算机的习惯上来防范计算机病毒难度很大，一定要配合杀毒软件进行整体防护。

误区八：杀毒软件应该至少装三个才能保障系统安全。

尽管杀毒软件的开发厂商不同，宣称使用的技术不同，但他们的实现原理却可能是相似或相同的。同时开启多个杀毒软件的实时监控程序很可能会产生冲突，比如多个病毒防火墙同时争抢一个文件进行扫描，安装有多种杀毒软件的计算机往往运行速度缓慢并且很不稳定。因此，并不推荐一般用户安装多个杀毒软件，即使真的要同时安装，也不要同时开启它们的实时监控程序（病毒防火墙）。

误区九：杀毒软件和个人防火墙装一个就行了。

许多人把杀毒软件的实时监控程序认为是防火墙，确实有一些杀毒软件将实时监控称为"病毒防火墙"。实际上，杀毒软件的实时监控程序和个人防火墙完全是两个不同的产品。

通俗地说，杀毒软件是防病毒的软件，而个人防火墙是防黑客的软件，二者功能不同，缺一不可。建议用户同时安装这两种软件，对计算机进行整体防御。

误区十：专杀工具比杀毒软件好，有病毒先找专杀。

不少人都认为杀毒软件厂商推出专杀工具是因为杀毒软件存在问题，杀不干净此类病毒，事实上并非如此。针对一些具有严重破坏能力的病毒，以及传播较为迅速的病毒，杀毒软件厂商会义务地推出针对该病毒的免费专杀工具，但这并不意味着杀毒软件本身无法查杀此类病毒。如果你的机器安装有杀毒软件，完全没有必要再去使用专杀工具。

专杀工具只是在用户的计算机上已经感染了病毒后进行清除的一个小工具。与完整的杀毒软件相比，它不具备实时监控功能，同时专杀工具的引擎一般都比较简单，不会查杀压缩文件、邮件中的病毒，并且一般也不会对文件进行脱壳检查。

本 章 小 结

本章介绍了计算机网络病毒与防范。首先介绍了计算机病毒的基本概念、计算机病毒的特征、计算机病毒的分类、传播方式及危害。接着介绍了杀毒软件和专杀工具的使用方法，随后对病毒惯用技术进行了分析。病毒是一种计算机程序，它不仅能够破坏计算机及网络系统，而且还能够传播或感染到其他系统，因此掌握几种网络病毒的查杀和防范方法会有利于学习和工作。

计算机网络的主要特点是资源共享。一旦共享资源感染病毒，网络各结点间信息的频繁传输会把病毒传染到所共享的机器上，从而形成多种共享资源的交叉感染。病毒的迅速传播、再生、发作将造成比单机病毒更大的危害。对于系统的敏感数据，一旦遭到破坏，后果不堪设想。因此，网络环境下病毒的防治就显得更加重要了。

计算机网络病毒是一个社会性的问题，仅靠信息安全厂商研发的安全产品而没有全社会的配合，是无法有效地建立网络安全体系的。因此，面向全社会普及计算机及网络病毒的基础知识，增强大家的病毒防范意识，"全民皆兵"并配合适当的反病毒工具，才能真正地做到防患于未然。所谓"道高一尺，魔高一丈"，只要细心地查看注册表、系统文件目录、系统进程、网络服务，再强的病毒和木马也要俯首称臣。

本 章 习 题

1. 每题有且只有一个最佳答案，请把正确答案的编号填在每题后面的括号中。

（1）计算机及网络病毒通常是（　　　）进入系统的。

A．作为一个系统文件　　　　　　　　　B．作为一段应用数据

C．作为一组用户文件　　　　　　　　　D．作为一段可运行的程序

（2）计算机及网络病毒感染系统时，一般是（　　　）感染系统的。

A．病毒程序都会在屏幕上提示，待操作者确认之后

B．是在操作者不觉察的情况下

C．病毒程序会要求操作者指定存储的磁盘和文件夹之后

D．在操作者为病毒指定存储的文件名之后

（3）网络病毒不能够做的事情是（　　　）。

A．自我复制　　　　　　　　　　　　　B．影响网络使用

C．保护版权　　　　　　　　　　　　　D．破坏网络通信或者毁坏数据

（4）以下说法正确的是（　　　）。

A．木马不像病毒那样有破坏性　　　　　B．木马不像病毒那样能够自我复制

C．木马不像病毒那样是独立运行的程序　D．木马与病毒都是独立运行的程序

（5）使用防病毒软件时，一般要求用户每隔两周进行升级，这样做的目的是（　　　）。

A．对付最新的病毒，因此需要下载最新的程序

B．程序中有错误，所以要不断升级，消除程序中的 BUG

C．新的病毒在不断出现，因此需要用及时更新病毒的特征码资料库

D．以上说法都不对

（6）下面可执行代码中属于有害程序的是（　　　）。

A．宏　　　　　　　　B．脚本　　　　　　C．黑客工具软件　　　　D．插件

2. 选择合适的答案填入空白处。

（1）计算机病毒的结构一般由＿＿＿＿＿＿、＿＿＿＿＿＿、＿＿＿＿＿＿三部分组成。

（2）计算机病毒的特点包括＿＿＿＿＿＿、＿＿＿＿＿＿、＿＿＿＿＿＿、＿＿＿＿＿＿、＿＿＿＿＿＿。

（3）计算机病毒一般可以分成＿＿＿＿＿＿、＿＿＿＿＿＿、＿＿＿＿＿＿、＿＿＿＿＿＿四种主要类别。

（4）网络病毒除了具有计算机病毒的特点之外，还有＿＿＿＿＿＿、＿＿＿＿＿＿、＿＿＿＿＿＿等特点。

（5）网络反病毒技术的三个特点是＿＿＿＿＿＿、＿＿＿＿＿＿、＿＿＿＿＿＿。

（6）网络病毒的来源主要有两种：一种威胁是来自_____；另一种主要威胁来自于_____。

3. 简要回答下列问题。

（1）什么是网络病毒？

（2）简述病毒的危害。

（3）简述怎样识别病毒。

（4）病毒有哪些主要特征？

（5）简要说明如何防范计算机网络病毒？

（6）简要说明如何清除计算机网络病毒？

第8章 网络的攻击与防范

1999 年 7 月 7 日，希拉里·克林顿发布了自己的网站（www.hillary2000.org），为自己参加纽约参议员竞选活动做宣传。但随后，部分访问者却发现无法访问希拉里的这个网站，因为他们的浏览器会自动连接到她的竞争者的支持者开设的网站（www.hillaryno.com），据计算机安全专家分析，这种情况可能是采用"DNS 毒药"或"cache 毒药"手法的黑客干的，它可以让访问某个网站的用户被带到另一个完全不同的网站。

网络攻击正是利用系统存在的漏洞和安全缺陷对系统资源进行破坏攻击。为了提高网络的安全性，必须了解网络攻击方法和防御黑客技术。在这一章中：

你将学习

◇ 网络攻击方法、攻击目的、攻击实例。
◇ 端口扫描、密码破解、特洛伊木马、缓冲区溢出、拒绝服务、网络监听等。
◇ 常用攻击工具及攻击的防备。

你将获取

△ 防范用户密码被破解的技能。
△ 网络监听及其检测方法。
△ 检测与删除特洛伊木马程序的方法。

8.1 案例问题

8.1.1 案例说明

1. 黑客现象

"黑客"一词源于麻省理工学院，当时一个学生组织的一些成员因不满当局对某个计算机系统的使用所采取的限制措施，而开始自己"闲逛"闯入该系统。现在"黑客"主要是指对计算机网络系统的非法侵入者。

1991 年的海湾战争，被美国军方认为是第一次把信息战从研究报告中搬上实战战场的战争。在这场战争中，美国特工利用伊拉克购置的用于防空系统的打印机途经安曼的机会，将一套带有病毒的芯片换装到这批打印机中，并在美军空袭伊拉克的"沙漠风暴"行动开始，无线遥控装置激活潜伏的病毒，致使伊拉克的防空系统陷入瘫痪。然而，正当美国人为此沾沾自喜时，他们的计算机专家却只能眼睁睁地看着自己的军方网络系统遭到黑客骑士们的无情攻击。

1997 年 3 月 24 日，美国能源部的前计算机安全专家尤金·舒尔茨博士向英国广播公司BBC 透露，在海湾战争期间，曾经有数以百计的美国军事机密文件被从美国政府的计算机中偷出来，提供给了伊拉克方面。干此勾当的人是一批年青的计算机黑客，他们偷窃的文件数量之多，密级之高，都令人咋舌。文件的内容既有部队的调动情况，也有战术导弹的具体实力与部署方案。通过与联邦调查局的密切合作，舒尔茨博士最终准确地找到了那些黑客们的袭击出发点是荷兰城镇艾因德霍芬。那些荷兰黑客们一旦找到一个美军的站点，就不停地对系统密码进行无休止的猜测，直到系统最终被他们攻入为止。而他们一钻进去，就从系统里精心挑选出他们想要的有价值的东西，然后偷走。

泄露的情报内容令美国非常惊恐，那些荷兰黑客们对美国军队的确切位置和武器装备情况几乎了如指掌。他们既知晓爱国者导弹的战术技术性能，也对在海湾地区水面上游弋的美国军舰的情况清清楚楚。但当时萨达姆对这些情报的真实性十分怀疑，生怕受到欺骗和愚弄，所以并没有把这些文件当回事。假如时光回转，萨达姆认真研究了这些情报，又采取了相应的措施，那么战争过程又会如何呢？就这样，舒尔茨和他的同事们眼睁睁地看着黑客们在连续几个月内横扫美军 34 个基地的计算机站点，而他们却连一点阻止的办法都没有。

黑客窃取军事机密事件绝非凤毛麟角。据美国总审计局 1996 年一份调研报告透露，1995 年，美国国防部计算机系统总共受到了 25 万次"攻击"，其中有 60%左右的"攻击"行动得逞。1994 年，美国国防部特意组织了一批"黑客"从 Internet 向国防部的计算机系统发起"攻击"，以检测国防部计算机网络抵御信息战的能力。然而测试结果却把五角大楼里的将军们吓出了一身冷汗：在被"黑"攻击的 8900 台计算机中竟有 88%被"黑客"掌握了控制权，而这么多攻击行动只有 4%被国防部的计算机管理人员发现。黑客不仅窃密，而且还肆意将他们的征服对象玩弄于指掌间。

印度不顾国际社会的反对进行核试验后，一群自称"千足虫"的青少年网络"黑客"宣布，他们曾成功地进入了印度国家安全的要害部门——设在孟买的"巴巴原子研究中心"的网络，盗走了其中高度敏感的核武器机密，包括印度和以色列两位核专家之间的电子邮件及其他的绝密资料，并将该系统储存的部分资料清洗得干干净净，还在网站的主页上留下了反核信息。他们说，侵入印度军事系统是为了抗议印度连续进行 5 次核试验。美国有线电视新闻网（CNN）通过计算机网络对作案的"黑客"进行了一次采访并报道说，"千足虫"由六名 15～18 岁的青少年组成，他们称印度网络系统的安全防护水平太低，进网盗取资料轻而易举。他们还表示要继续威胁印度军用系统一周，然后将闯入巴基斯坦的军用系统，以抗议巴基斯坦也进行核试验。

1998 年春季，美国的一名黑客利用在新闻组中查到的普通技术手段，轻而易举地从多个商业站点中窃取了 86 326 个信用卡账号和密码，并标价 26 万美元将这些资料出售，直到联邦特工最终抓住这名黑客时，失窃站点的信息主管们甚至还不知道站点已经被黑客光顾。

近年来，利用计算机网络进行的各类违法行为在中国以每年 30%的速度递增。国内每年破获黑客攻击案超过百起，如贵州信息港被黑客入侵，主页被一幅淫秽图片替换；上海热线被侵入，多台服务器的管理员密码被盗，数百个用户和工作人员的账号和密码被窃取等。

这些例子只是代表了每年发生的成千上万次的对各国国防信息系统的"黑客"攻击。这些"网络骑士"像幽灵一样从一个无形的界面侵扰着各国的国家安全。美国国防科学局在一份分析报告中指出："黑客"的攻击如果具备了大规模结构化的战略，意味着可以使美国的战备和军事活动遭到严重破坏。尽管黑客们也有反对核扩散和核竞争的义举，但毫无疑问，成功地保护信息安全，侦测和对抗"黑客"们的攻击，已成为摆在各国国家安全部门面前的重大挑战。

2. 黑客分析

黑客不同于普通的电脑迷。他们掌握了高科技，专门用来窥视别人在网络上的秘密。例如政府和军队的核心机密、企业的商业秘密及个人隐私等全部在他们的窥视之中。黑客中有的截取银行账号、盗取巨额资金，有的盗用电话号码，使电话公司和客户蒙受巨大损失。有时，黑客搜索到被他们认为有"价值"的信息之后，就向信息管理者通常是大公司或银行发出威胁，扬言如果不定期给他们送钱，公司的计算机资料就会遭到破坏，或被植入计算机病毒，或重要资料被销毁、转移。因此，这些人也被称为"骇客"。

据《今日美国报》报道，黑客每年给全世界计算机网络带来的损失估计高达 100 亿美元。更为严重的是，许多大金融公司在发现有黑客闯入之后，通常采取自吞苦果的做法，宁可自己受损失也不举报、不声张。因为他们认为那样做的后果只会带来更大的损失，客户会感到该公司的网络不可靠，从而丧失消费者的信赖。有的则存有侥幸心理，认为黑客捞了一把就会转向别的公司或机构，姑息养奸的结果使黑客更加猖狂。

英国许多大公司每年得支付给计算机网络的蛀虫巨额资金，以求保护自己的网络软件不被破坏。有的采用将闯入者赶走的办法，还有的则把黑客引到自己的竞争对手那里，转嫁危机。这些公司均没有使用法律武器来保护自己。

事实上，要用现有法律来有效地防范计算机犯罪十分困难。此外，现有科技手段也难于侦察到电脑恐怖分子的行踪。

由于操作系统总不免存在这样那样的漏洞，一些人就利用系统的漏洞，进行网络攻击，其主要目标就是访问和破坏系统数据。被称为"黑客"的人利用计算机终端进行远程登录，窃取合法用户密码，冒充合法用户，肆意修改、伪造、添加、套取数据信息，他们一般都是对计算机系统比较熟悉的计算机或网络高手，作案手法通常比较隐蔽，故对系统的破坏也比较严重，令人防不胜防。曾几何时，"黑客"的称呼可以说是一种荣耀，它代表着拥有超人的智慧和毅力。而现在这个称呼却已变成了电子窃贼的代名词。目前，黑客活动几乎覆盖了所有的操作系统，包括 UNIX、Windows、Linux。

提起黑客，你也许会想到《黑客帝国》中变幻莫测的高手，其实，现在功能强大且简便易用的黑客软件数不胜数，即便是刚刚上网的初级网虫也能够利用这些现成的攻击软件变成为颇具杀伤力的黑客大侠。不过，不要对黑客产生过分的恐惧，完全可以做好防范，让黑客无从下手。

3. 对付黑客攻击的简单办法

（1）发现黑客。一般来说，很难发现网络是否被人入侵。即使有黑客入侵，也可能永远不被发现。如果黑客破坏了网络的安全性，则应追踪他们。可以用一些工具帮助发现黑客，如利用工具程序定时浏览检查网络系统中的文件或程序是否被修改。但是这不足以阻止黑客的入侵，而且有些操作系统平台上还没有类似的工具。

另外一种方法是对可疑行为进行快速检查，检查访问及错误登录文件。在 Windows 平台上，可以定期检查事件日志中的安全日志，以寻找可疑行为。

查看那些屡次失败的访问密码或访问受密码保护的部分的企图。所有这些表明有人企图进入我们的网络。

（2）应急操作。面对黑客的攻击，首先应当考虑这将对网络或用户产生什么影响，然后考虑如何能阻止黑客的进一步入侵。

① 估计黑客形势。当证实遭到黑客侵入时，采取的第一步行动是尽可能快地估计黑客侵入造成的破坏程度。黑客是否已成功闯入网络？果真如此，则不管黑客是否还在那里，必须

迅速行动。但是主要目的不是抓住他们，而是保护网络用户、文件和系统资源。

黑客是否还滞留在系统中？当系统已被黑客侵入时，应全盘考虑新近发生的事情，需尽快阻止他们的攻击，例如，关闭系统或停止有影响的服务（FTP、Web、Telnet 等），甚至可能需要关闭 Internet 连接。若不在，则在他们下次侵入之前，判断黑客侵入带来的安全威胁，用一段时间做好防范准备，例如，对已识别的安全漏洞进行修补。

② 切断连接。一旦了解黑客的攻势之后，就应着手去采取行动，至少是一个短期行动。首先应切断连接，能否关闭服务器？需要关闭它吗？若有能力，可以这样做。若不能，也可关闭一些服务。若关闭服务器，是否能承受得起失去一些必须的有用系统信息的损失？是否追踪黑客？若打算如此，则不要关闭 Internet 连接，因为这样会失去黑客的踪迹。

③ 分析问题。必须有一个修复安全漏洞、恢复系统的计划。通常，首先通过日志寻找问题所在，然后采用相应的技术手段来阻止攻击和恢复系统，最后从中吸取经验教训并编档保存。

当系统已被"黑"时，应全盘考虑新近发生的事情，当已识别安全漏洞并将进行修补时，要保证修补不会引起另一个安全漏洞。

④ 抓住侵入者。抓住侵入者是很困难的，特别是当他们故意掩藏行迹的时候。机会在于我们是否能准确跟踪黑客的轨迹。这将是偶然的，而非有把握的。然而，尽管跟踪黑客需要等待机会，遵循如下原则会大有帮助。

● 注意经常定期检查登录文件。特别是那些由系统登录服务和日志文件生成的内容。
● 注意不寻常的主机连接及连接次数，通知用户，将使消除侵入可能性变得更为容易。
● 注意那些原不经常使用却突然变得活跃的账户。禁止或干脆删去这些不用的账户。
● 预计黑客经常在周六、周日和节假日下午 6 点至上午 8 点之间光顾。但他们也可能随时光顾。在这些时段里，每隔 10 分钟运行一次脚本文件，记录所有的过程和网络连接。

8.1.2 思考与讨论

1. 阅读案例并思考以下问题

（1）黑客攻击对网络系统有哪些安全威胁？

参考：
① 获得访问权，修改或删除网络用户的数据。
② 获得访问权，恶意修改网站页面内容或链接。
③ 获得访问权，非法使用网络连接服务，滥用和盗用网络资源。
④ 获得访问权，捕获系统一部分或整个系统控制权，拒绝拥有特权的用户的访问。
⑤ 使用不良的网络程序实行"轰炸"，引起网络持久性或暂时性的运行失败、重新启动、挂起或其他无法操作的状态。

（2）为了提高安全防范能力，如何站在黑客的角度审查网络系统呢？

参考： 网络攻击和网络安全是一对矛盾体，没有黑客高手就不会有好的安全系统。这听起来有些悲哀，可惜这是事实。黑客的攻击种类已超过计算机病毒的种类，总数成千上万，而且很多种都是致命的。全球有几十万个黑客网址，并在不断增加。Internet 是跨越时空的，网络安全问题也是跨越时空的。每当有一种新的攻击手段产生，这种攻击方法能够在一周内传遍全世界，使我们的网络在第二天就可能遭到攻击。黑客们具有相当高的职业水准，他们能在一天之内学到最新的攻击方法。

从 Internet 上学习和获得黑客攻击方式是轻而易举的。目前有这样的说法："攻击工具日益强大，攻击者的技能日益下降"，这说明网络攻击的普遍性与容易性。因为现在网络攻击的软件和程序很多，而且很多都是傻瓜级的，拿过来就可以用，正所谓知己知彼，方能百战百胜。

（3）你想成为一名黑客吗？

参考：黑客利用技术手段非法进入其权限以外的计算机系统，他们具有高超的编程技术，强烈的解决问题和克服限制的欲望。

涉及网络安全的问题很多，但最主要的问题还是人为攻击，黑客就是最具有代表性的一类群体。黑客在世界各地四处出击，寻找机会袭击网络，几乎到了无孔不入的地步。有不少黑客袭击网络时并不是怀有恶意，他们多数情况下只是为了表现和证实自己在计算机方面的天分与才华，但也有一些黑客的网络袭击行为是有意地对网络进行破坏。

在虚拟的网络世界里，活跃着这批特殊的人，他们是真正的程序员，有过人的才能和乐此不疲的创造欲。技术的进步给了他们充分表现自我的天地，同时也使计算机网络世界多了一份灾难，一般人们把他们称之为黑客（Hacker）或骇客（Cracker），前者更多指的是具有反传统精神的程序员，后者更多指的是利用工具攻击别人的攻击者，具有明显贬义。但无论是黑客还是骇客，都是具备高超计算机知识的人。

如果你想知道如何成为一名黑客，态度和技术这两方面是重要的。

2．专题讨论

（1）根据你的了解，说明网络面临的几种安全攻击。

提示：① 在线游戏账号被窃取。2007 年上半年许多常见的恶意软件，是设计用来窃取游戏玩家的账号、密码以及虚拟宝物的，因此游戏玩家不断面临恶意软件的围攻。而窃取游戏角色以及在地下网站进行虚拟宝物交易所获得的利润，有时甚至比盗取真实银行账户更高。

② 身份窃取问题引发"鱼叉式网络钓鱼"。所谓"鱼叉式网络钓鱼"是黑客锁定个人的网络钓鱼方法。据统计，约有 325 万名美国人的个人信息被利用来申请信用卡。网络钓鱼者已经从单纯的随机作案，转为根据年龄、社会经济状况等内容来锁定特定的个人。

③ 恶意软件增长 132%，木马程序位居首位。2007 年 1 月至 6 月之间发现的恶意软件威胁中高达 65% 都是木马程序、18% 是计算机蠕虫、4% 是计算机病毒，其余的 13% 则是其他类型的恶意软件。

④ Mozilla Firefox 不再比 Microsoft Internet Explorer 更安全，Apple Mac OS X 也不比 Microsoft Windows 更安全。Explorer 与 Firefox 的表现不相上下，2007 年出现的漏洞分别是 52 个和 53 个，超越了 2006 年所报的漏洞数量。上半年，Mac OS X 被找出的漏洞就有 51 个，Windows XP 则有 29 个，Windows Vista 为 19 个。

⑤ 越来越多的网络罪犯使用"多步骤"方法来建立以及散布恶意软件。如寄发内含木马程序的垃圾邮件的多组件恶意软件，能够让恶意软件进行最佳调校，也使得安全软件产品更难辨识。过去用来避开安全软件的罕见技巧，包括"封包程序"或"加密程序"，已经变得越来越常见。

⑥ 互联网犯罪集团如同正规的软件企业。现在的黑客已经不单纯只想吸引关注，而是通过网络进行犯罪，因此组织化的黑客越来越多。

⑦ 随着僵尸网络的发展，提供受害者相关行为信息作为人口统计式营销的风险也已经提升。类似目标锁定的做法足可与最大型的正规营销活动相媲美。根据目前的估算，现在已有数以千百万计的计算机都被僵尸网络所控制。

⑧ 广告软件与劫持程序在减少，间谍软件将由木马程序与下载工具主宰。木马程序的多变性，成为恶意软件制作者的首选工具。下载工具也成为新宠，它不只可以用来散布间谍软件，还能免于被删除。

⑨ 犯罪者越来越多地锁定一些实用软件，例如，Adobe Acrobat Reader 与 Macromedia Flash。攻击者利用这些软件的安全漏洞来进行攻击。在 Reader 与 Flash 中发现的漏洞，预计将是目前的两倍。

⑩ 社交网络面临安全薄弱的危机。社交网络所隐藏的危机不只是网站常见的薄弱安全性，例如，数据隐码（SQL Injection）、跨网站指令码（Cross-Site Scripting）攻击与伪造，还包括在建网页时，遗留了让犯罪者植入恶意程序代码的漏洞。在社交网络中，由于每个人都相互连接，使得攻击也会变得更为迅速。移动社交网络也很容易遭受攻击，相关信息可被暗中追踪及其他犯罪使用。

（2）根据你的分析，说明黑客与入侵者的不同。

提示：黑客大都具有网络操作系统和程序设计方面的知识，知道系统中的漏洞及其原因所在；他们不断追求更深的知识，并公开他们的发现，与他人分享；并且从来没有破坏数据的企图。黑客在微观的层次上考察系统，发现软件漏洞和逻辑缺陷，他们编程去检查软件的完整性。黑客出于改进的愿望，编写程序去检查远程机器的安全体系，这种分析过程是创造和提高的过程。他们遵从的信念是：计算机是大众的工具、信息属于每个人、源代码应当共享、编码是艺术、计算机是有生命的。

入侵者（攻击者）指怀着不良的企图，闯入甚至破坏远程机器系统完整性的人。入侵者利用获得的非法访问权，破坏重要数据，拒绝合法用户服务请求，或为了自己的目的制造麻烦。入侵者的行为是恶意的。入侵者可能技术水平很高，也可能是个初学者。

有些人可能既是黑客，也是入侵者，这种人的存在模糊了对这两类群体的划分。而在大多数人的眼里，黑客就是入侵者。在以后的讨论中不再区分黑客、入侵者，将他们视为同一类。

黑客指利用通信软件，通过网络非法进入他人系统，截获或篡改计算机数据，危害信息安全的计算机入侵者或入侵行为。随着计算机网络在政府、军事、金融、医疗卫生、交通和电力等各个领域发挥的作用越来越大，黑客的各种破坏活动也随之猖獗。

黑客们或者通过猜测程序对截获的用户账号和密码进行破译，以便进入系统后做更进一步的操作；或者利用服务器对外提供的某些服务进程的漏洞获取有用信息、进入系统；或者利用网络和系统本身存在的或设置错误引起的薄弱环节和安全漏洞，实施如安放特洛伊木马的电子引诱，以获取进一步的有用信息；或者通过系统应用程序的漏洞获得用户密码，侵入系统；当然绕过防火墙进入系统更是他们的拿手好戏。政府、军事、邮电和金融网络是他们攻击的主要目标。尤其是我国的许多网络在建网初期较少或者根本就没有考虑安全防范措施，网络交付使用后，网络系统管理员的管理水平又不能及时跟上，留下了许多安全隐患，给黑客入侵造成许多可乘之机。黑客只需要一台计算机、一条电话线、一个调制解调器就可以远距离作案。

另一方面，信息犯罪属跨国界的高技术犯罪，要用现有的法律来有效地防范十分困难，现有的高科技黑客防范手段由于没有大面积推广也只能望"黑"兴叹。如何建构安全网络和信息系统便成为了当前热点。

8.2 技术视角

8.2.1 网络攻击的三个阶段

1. 信息收集

信息收集的目的是为了进入所要攻击的目标网络的数据库。黑客会利用如表 8.1 所示的公开协议或工具，收集驻留在网络系统中的各个主机系统的相关信息。

表 8.1 收集驻留在网络中主机信息的协议或工具

协议或工具	说 明
SNMP 协议	用来查阅网络系统路由器的路由表，从而了解目标主机所在网络的拓扑结构及其内部细节
TraceRoute 程序	能够用该程序获得到达目标主机所要经过的网络数和路由器数
Whois 协议	该协议的服务信息能提供所有有关的 DNS 域和相关的管理参数
DNS 服务器	该服务器提供了系统中可以访问的主机的 IP 地址表和它们所对应的主机名
Finger 协议	用来获取一个指定主机上的所有用户的详细信息（如用户注册名、电话号码、最后注册时间以及他们有没有读邮件等）
Ping 实用程序	可以用来确定一个指定的主机的位置
自动 Wardialing 软件	可以向目标站点一次连续拨出大批电话号码，直到遇到某一正确的号码使其 Modem 响应

2. 系统安全弱点的探测

在收集到攻击目标的一批网络信息之后，黑客会探测网络上的每台主机，以寻求该系统的安全漏洞或安全弱点，黑客可能使用下列方式自动扫描驻留在网络上的主机。

① 自编程序。对于某些产品或者系统，已经发现了一些安全漏洞，该产品或系统的厂商或组织会提供一些"补丁"程序给予弥补。但是用户并不一定及时使用这些"补丁"程序。黑客发现这些"补丁"程序的接口后会自己编写程序，通过该接口进入目标系统。这时该目标系统对于黑客来讲就变得一览无余了。

② 利用公开的工具。像 Internet 的电子安全扫描程序 ISS（Internet Security Scanner）、审计网络用的安全分析工具 SATAN（Security Analysis Tool for Auditing Network）等，这样的工具可以对整个网络或子网进行扫描，寻找安全漏洞。这些工具有两面性，就看是什么人在使用它们。系统管理员可以使用它们，以帮助发现其管理的网络系统内部隐藏的安全漏洞，从而确定系统中哪些主机需要用"补丁"程序去堵塞漏洞。而黑客也可以利用这些工具，收集目标系统的信息，获取攻击目标系统的非法访问权。

3. 实施攻击

黑客使用上述方法，收集或探测到一些"有用"信息之后，就可能对目标系统实施攻击。黑客一旦获得了对攻击的目标系统的访问权后，有可能有下述几种选择。

● 可能试图毁掉攻击入侵的痕迹，并在受到损害的系统上建立另外的新的安全漏洞或后门，以便在先前的攻击点被发现之后，继续访问这个系统。

● 可能在目标系统中安装探测器软件，包括特洛伊木马程序，用来窥探所在系统的活动，收集黑客感兴趣的一切信息，如 Telnet 和 FTP 的账号名和密码等。

● 可能进一步发现受损系统在网络中的信任等级，这样黑客就可以通过该系统信任级展开对整个系统的攻击。

如果该黑客在这台受损系统上获得了特许访问权,那么它就可以读取邮件,搜索和盗窃私人文件,毁坏重要数据,从而破坏整个网络系统的信息,造成不堪设想的后果。

网络攻击是指可能导致一个网络受到破坏、网络服务受到影响的所有行为。攻击的动机和目的是为了谋取超越目标网络安全策略所限定的服务,或者为了使目标网络服务受到影响甚至停止。

(1)攻击的动机。对国家机密、商业秘密的企图,对领导的不满,对网络安全技术的挑战;银行账号、信用卡号等金钱利益的诱惑;利用攻击网络站点而出名的动机,以及好奇心、恶作剧等都可引起攻击者的蓄意攻击行为。

(2)攻击的来源。网络攻击主要的四种来源依次是国外政府、竞争对手、黑客和对老板不满的职员。其中,出于政治目的和商业竞争目的的网络攻击日益增多。例如,我国驻南斯拉夫大使馆被炸、中美撞机事件等引发的"红黑客网络大战",以及报载的某高级工程师制造的大型电力变压器系统监控软件人为逻辑故障等事件可见此一斑。

(3)攻击的方法和类型。

① 假冒欺骗。常用方法有两种。一是采用源 IP 地址进行欺骗性攻击,即伪装成来自内部主机的一个外部地点传送信息包,这些信息包中包含有内部信息的源 IP 地址;二是在电子邮件服务器使用报文传输代理冒取他人之名窃取信息。

② 指定路由。发送方指定了信息包到达的路由,此路由是经过精心设计的,可以绕过设有安全控制的路由。

③ 否认服务。指对信息的发布和接收不予承认。

④ 数据截取。网络上"黑客"和"间谍"常用的方法,他们先截取大量的信息包,而后加以分析,并进行解密,获取合法的密码。

⑤ 修改数据。非法改变数据的内容。

8.2.2　网络攻击的手段与防范

1. 密码破解攻击与防范

所谓密码破解攻击,是指使用某些合法用户账号和密码登录到目的主机,然后再实施攻击。

(1)密码攻击原理。攻击者攻击目标时常常把破译用户密码作为攻击的开始。只要攻击者能猜测或者确定用户的密码,他就能获得机器或者网络的访问权,并能访问到用户能访问到的任何资源。如果这个用户有域管理员权限,这是极其危险的。这种方法的前提是必须先得到该主机上的某个合法用户的账号,然后再破译合法用户的密码。获得用户账号的方法很多,如利用目标主机的目录数据服务,有些主机没有关闭目录查询服务,给攻击者提供了获得信息的一条简易途径;又如从电子邮件地址中收集,有些用户电子邮件地址常会透露其在目标主机上的账号;还有查看主机是否有习惯性的账号,很多系统会使用一些习惯性的账号,造成账号的泄露。

(2)破解用户的密码。

① 通过网络监听非法得到用户密码,这类方法有一定的局限性,但危害性极大。监听者往往采用中途截击的方法获取用户账号和密码。因为很多协议根本就没有采用任何加密或身份认证技术,如在 Telnet、FTP、HTTP、SMTP 等传输协议中,用户账号和密码信息都是以明文格式传输的,此时若攻击者利用数据包截取工具便可很容易地收集到账号和密码。还有一种中途

截击攻击方法，它在同服务器端完成"三次握手"建立连接之后，在通信过程中扮演"第三者"的角色，假冒服务器身份欺骗，再假冒用户向服务器发出恶意请求，其造成的后果不堪设想。另外，攻击者有时还会利用软件和硬件工具时刻监视系统主机的工作，等待记录用户登录信息，从而取得用户密码；或者编制有缓冲区溢出错误的程序来获得超级用户权限。

② 在知道用户的账号后（如电子邮件@前面的部分），利用一些专门软件强行破解用户密码，这种方法不受网段限制，但攻击者要有足够的耐心和时间。如采用字典穷举法来破解用户的密码。攻击者可以通过一些工具程序，自动地从计算机字典中取出一个单词，作为用户的密码，再输入给远端的主机，申请进入系统；若密码错误，就顺序取出下一个单词，进行下一个尝试，并一直循环下去，直到找到正确的密码或字典的单词试完为止。由于这个破译过程由计算机程序来自动完成，因而几个小时就可以把上十万条记录的字典里所有单词都尝试一遍。

③ 由于为数不少的操作系统都存在许多安全漏洞或一些其他设计缺陷，这些缺陷一旦被找出，黑客就可以长驱直入。黑客们获取密码文件后，就会使用专门的破解 DES 加密法的程序来解密码。例如，Windows 系统所开设的后门就是 Windows 的设计缺陷。

（3）密码攻击类型。

① 字典攻击。多数人使用普通词典中的单词作为密码，使用词典攻击通常是闯入机器的最快方法。词典攻击使用一个包含大多数单词的词典文件，用这些单词猜测用户密码。使用一部 1 万个单词的词典一般能猜测出系统中 70%的密码。

② 强行攻击。许多人认为如果使用足够长的密码，或者使用足够完善的加密模式，就能有一个攻不破的密码。事实上没有攻不破的密码，这只是个时间问题。如果有速度足够快的计算机能尝试字母、数字、特殊字符所有的组合，将最终破解所有的密码。这种类型的攻击方式叫强行攻击。使用强行攻击，先从字母 a 开始，尝试 aa、ab、ac 等，然后尝试 aaa、aab、aac 等。

③ 组合攻击。词典攻击只能发现词典单词密码，但是速度快。强行攻击能发现所有的密码，但是破解时间很长。鉴于很多管理员要求用户使用字母和数字，用户的对策是在密码后面添加几个数字，如把密码 ericgolf 变成 ericgolf55。错误的看法是认为攻击者不得不使用强行攻击，这会很费时间，而实际上密码很弱。有一种攻击使用词典单词，但是在单词尾部串接几个字母和数字，这就是组合攻击。基本上，它介于词典攻击和强行攻击之间。

（4）密码的防范。防范的办法很简单，只要使自己的密码不在英语字典中，且不可能被别人猜测出就可以了。一个好的密码应当至少有 8 个字符长，不要用个人信息（如生日，名字等），密码中要有一些非字母（如数字，标点符号，控制字符等），还要好记一些，不能写在纸上或计算机中的文件中，选择密码的一个好方法是将两个不相关的词用一个数字或控制字符相连，并截断为 8 个字符，例如，zh8.GD23。保持密码安全的要点如下所述。

● 不要将密码写下来。
● 不要将密码存于计算机文件中。
● 不要选取显而易见的信息作密码。
● 不要让别人知道。
● 不要在不同系统上使用同一密码。
● 为防止眼明手快的人窃取密码，在输入密码时应确认无人在身边。
● 定期改变密码，至少 6 个月要改变一次。

最后这点是十分重要的，永远不要对所设置的密码过于自信，也许就在无意当中泄露了密码。定期改变密码，会使自己遭受黑客攻击的风险降到一定限度之内。

2．特洛伊木马攻击与防范

在古希腊人同特洛伊人的战争期间，古希腊人佯装撤退并留下一匹内部藏有士兵的巨大木马，特洛伊人大意中计，将木马拖入特洛伊城。夜晚木马中的希腊士兵出来与城外战士里应外合，攻破了特洛伊城，特洛伊木马的名称也就由此而来。在计算机领域里，有一类特殊的程序，黑客通过它来远程控制别人的计算机，把这类程序称为特洛伊木马程序。从严格的定义来讲，凡是非法驻留在目标计算机里，在目标计算机系统启动的时候自动运行，并在目标计算机上执行一些事先约定的操作，比如窃取密码等，这类程序都可以称为特洛伊木马程序。

特洛伊木马程序一般分为服务器端和客户端。服务器端是攻击者传到目标机器上的部分，用来在目标机器上实施监听；客户端是用来控制目标机器的部分，放在攻击者的机器上。

特洛伊木马程序常被伪装成工具程序或游戏，一旦用户打开了带有特洛伊木马程序的邮件附件或从网上直接下载，或执行了这些程序之后，当用户连接到 Internet 上时，这个程序就会把用户的 IP 地址及被预先设定的端口通知黑客。黑客在收到这些资料后，再利用这个潜伏其中的程序，就可以肆意修改用户的计算机设定，复制文件，窥视用户整个硬盘内的资料等，从而达到控制用户计算机的目的。现在有许多这样的程序，国外的此类软件有 BackOriffice、Netbus 等，国内的此类软件有 Netspy、冰河、广外女生等。

注意：木马除了拥有强大的远程控制功能外，还包括极强的破坏性。学习它，只是为了了解它的技术与方法，而不是用于盗窃密码等破坏行为，希望读者好自为之。

防范重于治疗，在计算机还没有中木马前，需要做很多必要的工作防范木马的攻击。

（1）提高防范意识，定时备份硬盘上的文件，不运行来路不明的软件和打开来路不明的邮件。

（2）如果网速变得很慢，这是因为入侵者使用的木马占用带宽。这时可以仔细观察任务栏右下角的图标"已发送字节"项，如果数字比较大，几乎可以确认有人在下载硬盘的文件，除非在使用 FTP 等协议进行文件传输。

（3）查看本机的连接，在本机上通过 netstat –an 查看所有的 TCP/UDP 连接，当某些 IP 地址的连接使用不常见的端口（一般大于 1024）与主机通信时，这一连接需要进一步分析。

（4）木马可以通过注册表启动，通过检查注册表可以发现木马在注册表里留下的痕迹。

（5）使用杀毒软件和安装网络防火墙，及时更新病毒库以及系统的安全补丁。

3．拒绝服务攻击与防范

拒绝服务（Denial of Service，DoS），利用协议或系统的缺陷，采用欺骗的策略进行网络攻击，最终目的是使目标主机因为资源全部被占用而不能处理合法用户提出的请求，即对外表现为拒绝提供服务。最常见的 DoS 攻击有网络带宽攻击和连通性攻击。带宽攻击指以极大的通信量冲击网络，使得所有可用网络资源都被消耗殆尽，最后导致合法的用户请求无法通过。连通性攻击是指用大量的连接请求冲击计算机，使得所有可用的操作系统资源都被消耗殆尽，最终计算机无法再处理合法用户的请求。

（1）Smurf 攻击。Smurf 攻击的过程是这样的：Woodlly Attacker 向一个具有大量主机和 Internet 连接的网络的广播地址发送一个欺骗性 ping 分组（echo 请求），这个目标网络被称为反弹站点，而欺骗性 ping 分组的源地址就是 Woolly 希望攻击的系统。

这种攻击的前提是，路由器接收到这个发送给 IP 广播地址（如 206.121.73.255）的分组后，会认为这就是广播分组，并且把以太网广播地址 FF:FF:FF:FF 映射过来。这样路由器将 Internet 接收到的该分组，对本地网段中的所有主机进行广播。

（2）SYN Flood 攻击。SYN Flood 攻击是发送大量伪造的 TCP 连接请求，从而使得被攻击方资源耗尽（CPU 满负荷或内存不足）的攻击方式。

首先，请求端（客户端）发送一个包含 SYN 标志的 TCP 报文，SYN 即同步（Synchronize），同步报文会指明客户端使用的端口以及 TCP 连接的初始序号；第二步，服务器在收到客户端的 SYN 报文后，将返回一个 SYN+ACK 的报文，表示客户端的请求被接受，同时 TCP 序号被加一，ACK 即确认（Acknowledgement）；第三步，客户端也返回一个确认报文 ACK 给服务器端，同样 TCP 序列号加一，到此一个 TCP 连接完成。

（3）Land 攻击。在 Land 攻击中，一个特别打造的 SYN 包中的源地址和目标地址都被设置成某一个服务器地址，这时将导致接收服务器向它自己的地址发送 SYN-ACK 消息，结果这个地址又发回 ACK 消息并创建一个空连接，每一个这样的连接都将保留，直到超时结束。对 Land 攻击的反应不同，有的系统将崩溃，有的会变得极其缓慢。

（4）UDP Flood 攻击。UDP 是一种无连接的协议，而且它不需要用任何程序建立连接来传输数据。当攻击者随机地向受害系统的端口发送 UDP 数据包的时候，就可能发生 UDP 淹没攻击。当受害系统接收到一个 UDP 数据包的时候，它会确定目的端口正在等待中的应用程序。当它发现该端口中并不存在正在等待的应用程序时，它就会产生一个目的地址无法连接的 ICMP 数据包发送给该伪造的源地址。如果向受害者计算机端口发送了足够多的 UDP 数据包，整个系统就会瘫痪。

（5）分布式拒绝服务攻击。分布式拒绝服务（Distributed Denial of Service，DDoS）攻击是指借助于客户机/服务器技术，将多个计算机联合起来作为攻击平台，对一个或多个目标发动 DDoS 攻击，从而成倍地提高拒绝服务攻击的威力。通常，攻击者使用一个偷窃账号将 DDoS 主控程序安装在一个计算机上，在一个设定的时间，主控程序将与大量代理程序通信，代理程序已经被安装在 Internet 上的许多计算机上。代理程序收到指令时就发动攻击。利用客户机/服务器技术，主控程序能在几秒钟内激活成百上千次代理程序的运行。这样，DDoS 利用合理的服务请求来占用过多的服务资源，从而使合法用户无法得到服务的响应。

4．端口扫描攻击与防范

所谓端口扫描，就是利用 Socket 编程与目标主机的某些端口建立 TCP 连接、进行传输协议的验证等，从而侦知目标主机的扫描端口是否处于激活状态、主机提供了哪些服务、提供的服务中是否含有某些缺陷等。

（1）端口扫描。网上很容易找到远程端口扫描的工具，如 Superscan、IP Scanner、Fluxay 等，如图 8.1 所示就是用 Fluxay 对试验主机 172.17.23.100 进行端口扫描后的结果。从中可以清楚地了解，该主机的哪些端口是打开的，是否支持 FTP、Web 服务以及 IIS 版本，是否有可以被成功攻破的 IIS 漏洞。

图 8.1　Fluxay 对主机 172.17.23.100 端口的扫描结果

（2）阻止端口扫描。

① 关闭闲置和有潜在危险的端口。将所有用户需要用到的正常计算机端口外的其他端口都关闭掉。因为就黑客而言，所有的端口都可能成为攻击的目标。换句话说，"计算机的所有对外通信端口都存在潜在的危险"，而一些系统必要的通信端口，如访问网页需要的 HTTP（80 端口）、QQ（5000 端口）等不能被关闭。

在 Windows 系统中要关闭掉一些闲置端口是比较方便的，可以采用"定向关闭指定服务的端口"和"只开放允许端口的方式"。计算机的一些网络服务会由系统分配默认的端口，将一些闲置的服务关闭掉，其对应的端口也会被关闭，如图 8.2 所示。进入"控制面板"→"管理工具"→"服务"项内，关闭掉计算机的一些没有使用的服务，它们对应的端口也被停用了。

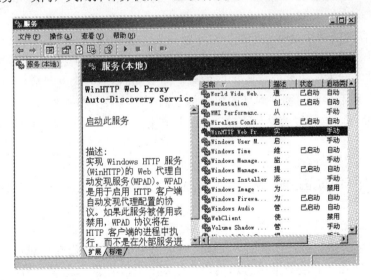

图 8.2　Windows 系统的服务窗口

② 检查各端口，有端口扫描的症状时，立即屏蔽该端口。这种预防端口扫描的方式显然用户自己手工是不可能完成的，或者说完成起来相当困难，需要借助网络防火墙。现在几乎所有网络防火墙都能够抵御端口扫描，在默认安装后，应该检查一些防火墙所拦截的端口扫

描规则是否被选中，否则它会放行端口扫描，而只是在日志中留下信息而已。

防火墙首先检查每个到达计算机的数据包，在这个包被计算机上运行的任何软件看到之前，防火墙有完全的否决权，可以禁止计算机接收 Internet 上的任何东西。当第一个请求建立连接的包被计算机回应后，一个 "TCP/IP 端口" 被打开；端口扫描时，对方计算机不断地和本地计算机建立连接，并逐渐打开各个服务所对应的 "TCP/IP 端口" 及闲置端口，防火墙经过自带的拦截规则判断，就能够知道对方是否正进行端口扫描，并拦截掉对方发送过来的所有扫描需要的数据包。

5. 网络监听攻击与防范

（1）网络监听的基本原理。网络监听原本是提供给网络管理员，监视网络的状态、数据流动情况以及网络上传输的信息等。当信息以明文的形式在网络上传输时，使用监听技术进行攻击并不是一件难事，只要将网络接口设置成监听模式，便可以源源不断地将网上传输的信息截获。网络监听可以在网络上的任何一个位置实施，如一台主机、网关或远程网的调制解调器之间等。

（2）网络监听的简单实现。要使主机工作在监听模式下，需要向网络接口发出 I/O 控制命令，将其设置为监听模式。要实现网络监听，可以使用相关的计算机语言和函数编写出功能强大的网络监听程序，也可以使用一些现成的监听软件，在很多黑客网站或从事网络安全管理的网站上都有。

网络监听是主机的一种工作模式，在这种工作模式下，主机可以接收到本网段在同一条物理通道上传输的所有信息，而不管这些信息的发送方和接收方是谁。此时，若两台主机进行通信的信息没有加密，只要使用某些网络监听工具就可以轻而易举地截取包括密码和账号在内的信息资料。Sniffer 是一个著名的监听工具，它可以监听到网上传输的所有信息。

（3）如何检测并防范网络监听。网络监听是很难被发现的，因为运行网络监听的主机只是被动地接收在网上传输的信息，不主动与其他主机交换信息，也没有修改在网上传输的数据包。

① 对可能存在的网络监听的检测。对于怀疑运行监听程序的机器，用正确的 IP 地址和错误的物理地址 ping，运行监听程序的机器会有响应。这是因为正常的机器不接收错误的物理地址，处理监听状态的机器能接收，但如果他的 IPstack 不再次反向检查的话，就会响应。

向网上发大量不存在的物理地址的包，由于监听程序要分析和处理大量的数据包，会占用很多的 CPU 资源，这将导致性能下降。通过比较该机器前后的性能加以判断。这种方法难度比较大。

使用反监听工具，如 Antisniffer 等进行检测。

② 对网络监听的防范措施。从逻辑或物理上对网络分段，网络分段通常被认为是控制网络广播风暴的一种基本手段，但其实也是保证网络安全的一项措施。其目的是将非法用户与敏感的网络资源相互隔离，从而防止可能的非法监听。

使用加密技术，数据经过加密后，通过监听仍然可以得到传送的信息，但显示的是乱码。使用加密技术的缺点是影响数据传输速度以及使用一个弱加密术比较容易被攻破。系统管理员和用户需要在网络速度和安全性上进行折中。

划分 VLAN，运用 VLAN（虚拟局域网）技术，将以太网通信变为点到点通信，可以防止大部分基于网络监听的入侵。

6. 缓冲区溢出攻击与防范

（1）缓冲区溢出攻击的原理。缓冲区是程序运行的时候机器内存中的一个连续块，它保存了给定类型的数据，随着动态分配变量会出现问题。大多数时候，为了不占用太多的内存，一个有动态分配变量的程序在程序运行时才决定给它们分配多少内存。这样下去的话，如果说要给程序在动态分配缓冲区放入超长的数据，它就会溢出了。

缓冲区溢出是非常普遍和危险的漏洞，在各种操作系统、应用软件中广泛存在。产生缓冲区溢出的根本原因在于，将一个超过缓冲区长度的字符串复制到缓冲区，就会溢出。它会造成两种后果。一是过长的字符串覆盖了相邻的存储单元，引起程序运行失败，严重的可引起死机、系统重新启动等；二是利用这种漏洞可以执行任意指令，甚至可以取得系统特权，使用一类精心编写的程序，可以轻易地取得系统的超级用户权限。

缓冲区溢出攻击指的是一种系统攻击的手段，通过往程序的缓冲区写入超出其长度的内容，造成缓冲区的溢出，从而破坏程序的堆栈，使程序转而执行其他指令，以达到攻击的目的。据统计，通过缓冲区溢出进行的攻击占所有系统攻击总数的80%以上。

一个程序在内存中通常分为程序段、数据段和堆栈三部分。程序段里放着程序的机器码和只读数据，数据段存放程序中的静态数据，堆栈存放动态数据。在内存中，它们的位置如图8.3所示。

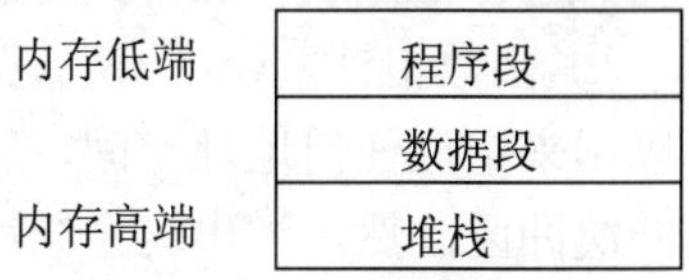

堆栈的一个特性就是后进先出（LIFO），即先进入堆栈的对象会在最后出来，进入堆栈的最后一个对象会第一个出来。堆栈的两个最重要的操作就是入栈和出栈。入栈操作把对象放入堆栈的顶端；出栈操作实现的是一个逆向过程，把顶端的对象取出来。

内存低端	程序段
	数据段
内存高端	堆栈

图8.3　数据在内存中的存放位置

在内存中，对象是一块连续的内存段。一般来说，堆栈的上面有更低的内存地址，在入栈操作中，堆栈向内存的低端发展。有一个寄存器叫做堆栈指针（SP）。SP存放的是堆栈的顶端地址。入栈和出栈操作都要修改SP的值，使得SP常常指向堆栈的顶端。除了SP寄存器，系统还设计一个寄存器叫做基址寄存器（LB）。LB寄存器用来存放堆栈中一个固定的地址。由于入栈和出栈操作不会修改LB的值，因此可以通过LB指向的位置读取堆栈中的参数。

当程序中发生函数调用时，计算机做如下操作：先把参数压入堆栈，保存指令寄存器（IP）中的内容作为返回地址（RET），再把当前的基址寄存器（LB）压入堆栈保存，然后把当前的堆栈指针（SP）复制到LB，作为新的基地址，最后为本地变量留出一定的空间，把SP减去适当的数值。

缓冲区是内存中存放数据的地方。在程序试图将数据放到机器内存中的某一个位置的时候，因为没有足够的空间就会发生缓冲区溢出。而人为的溢出则是有一定企图的，黑客写一个超过缓冲区长度的字符串，然后植入到缓冲区。缓冲区溢出成为远程攻击的主要手段，其原因在于缓冲区溢出漏洞给予了黑客所想要的一切：植入并且执行攻击代码。被植入的攻击代码以一定的权限运行有缓冲区溢出漏洞的程序，从而得到被攻击主机的控制权。大多数造成缓冲区溢出的原因是程序中没有仔细检查用户输入的参数。

（2）缓冲区溢出攻击的方法。缓冲区溢出攻击的目的在于扰乱具有某些特权的运行程序的运行，这样可以让黑客取得程序的控制权，如果该程序具有足够的权限，那么整个主机就被控制了。为了达到这个目的，黑客必须在程序的地址空间里安排适当的代码或通过适当的初始化寄存器和存储器，让程序跳转到安排好的地址空间执行。

在被攻击程序地址空间安排攻击代码有两种方法可以实现。

一是黑客向被攻击的程序输入一个字符串，程序会把这个字符串放到缓冲区里。这个字符串包含的数据是可以在这个被攻击的硬件平台上运行的指令序列。在这里，黑客用被攻击程序的缓冲区来存入攻击代码。攻击者可以找到足够的空间来放置攻击代码，不必为达到此目的而溢出任何缓冲区，也可以将缓冲区设在任何地方，如堆栈（自动变量）、堆（动态分配、静态数据区、已被初始化或者未被初始化的数据）。

二是利用已经存在的代码。有时候，攻击者想要的代码已经在被攻击的程序中了，攻击者所要做的只是对代码传递一些参数，然后使程序跳转到我们的目标。

在控制程序转移到攻击代码方面，主要是寻求改变程序的执行流程，使之跳转到攻击代码。最基本的就是溢出一个没有边界检查或者存在其他弱点的缓冲区，这样就扰乱了程序的正常执行顺序。通过溢出一个缓冲区，黑客可以改写相邻的程序空间而直接跳过系统的检查。这类程序的程序空间突破和内在空间定位不同，控制程序转移到攻击代码的方法可以分为以下几种。

① 激活记录。每当一个函数调用发生时，调用者会在堆栈中留下一个激活记录，它包含了函数结束时返回的地址。攻击者通过溢出这些自动变量，使这个返回地址指向攻击代码，通过改变程序的返回地址，当函数调用结束时，程序就跳转到攻击者设定的地址，而不是原先的地址。这类的缓冲区溢出被称为 Stack smashing attack，是目前常用的缓冲区溢出攻击方式。

② 函数指针。void（* foo）()声明了一个返回值为 void 函数指针的变量 foo。函数指针可以用来定位任何地址空间，所以攻击者只需在任何空间内的函数指针附近找到一个能够溢出的缓冲区，然后溢出这个缓冲区来改变函数指针。在某一时刻，当程序通过函数指针转到被溢出的缓冲区后，继续按当前缓冲区的程序流程执行，就使黑客的攻击意图实现了！它的一个攻击范例就是在 Linux 系统下的 Superprobe 程序。

③ 长跳转缓冲区。在 C 语言中包含了一个简单的检验/恢复系统，称为 setjmp/longjmp。意思是在检验点设定 setjmp（buffer），用 longjmp（buffer）来恢复检验点。然而，如果攻击者能够进入缓冲区的空间，那么 longjmp（buffer）实际上是跳转到攻击者的代码。像函数指针一样，longjmp 缓冲区能够指向任何地方，所以攻击者所要做的就是找到一个可供溢出的缓冲区。一个典型的例子就是 perl 5.003，攻击者首先进入用来恢复缓冲区溢出的 longjmp 缓冲区，然后诱导进入恢复模式，这样就使 PERL 的解释器跳转到攻击代码上了。

最简单和常见的缓冲区溢出攻击类型就是在一个字符串里综合了代码植入和激活记录。攻击者定位一个可供溢出的自动变量，然后向程序传递一个很大的字符串，在引发缓冲区溢出改变激活记录的同时植入了代码。因为 C 语言在习惯上只为用户和参数开辟很小的缓冲区，所以这种漏洞攻击的实例很多。

代码植入和缓冲区溢出不一定要在一次动作内完成。攻击者可以在一个缓冲区内放置代码，这时不能溢出缓冲区。然后攻击者通过溢出另外一个缓冲区来转移程序的指针。这种方法一般用来解决可供溢出的缓冲区不够大（不能放下全部的代码）的问题。如果攻击者试图使用已经常驻的代码而不是从外部植入的代码，则他们通常必须把代码作为参数。例如，库函数中的部分代码段会执行 xexc（something），其中 something 就是参数。攻击者使用缓冲区溢出改变程序的参数，然后利用另一个缓冲区溢出使程序指针指向 libc 中的特定代码段。

（3）缓冲区溢出攻击的防范技术。缓冲区溢出是由于软件的开发者在编写软件时缺乏全面的考虑，对一些函数参数的长度及范围没有过细的限制。当程序做成软件产品以后，用户即使发现了其中存在的漏洞也无能为力，他们一方面可以关闭软件受影响部分的功能，另一方面可以向软件的发行商求助，索取补丁程序。这就要求软件的作者编写补丁程序来完善软件，以提高自己的服务质量。作为软件的开发者，为了尽量避免亡羊补牢的事情发生，应在编写源代码时多方面考虑，仔细设计。目前有四种基本的方法保护缓冲区免受缓冲区溢出的攻击和影响。

① 编写正确的代码。编写正确的代码是一件耗时的工作，如 C 语言，虽然语法灵活，功能强大，代码的执行性能较好，但是太过灵活就非常容易出错。尽管花了很多时间去完善程序的完整性和安全性，但是具有安全漏洞的程序依旧容易出现。因此，人们研究了一些方法和工具来帮助经验不足的程序员编写安全正确的程序。最简单的方法就是用 GREP 来搜源代码中容易产生漏洞的库的调用，比如对 strcpy 和 sprintf 的调用，这两个函数都没有检查输入参数的长度。

为了应对在编程时会忽略这些问题，人们开发了一些高级的查错工具，利用这些工具的目的是人为随机地产生缓冲区溢出来寻找代码的安全漏洞。还有一些静态分析工具用于检测缓冲区溢出的存在。这些工具可以帮助程序员开发更安全的程序，但是由于 C 语言的特点，这些工具只能用来减少缓冲区溢出的可能，不可能找出所有的缓冲区溢出漏洞。

② 非执行的缓冲区。通过使被攻击程序的数据段地址空间不可执行，从而使得黑客不可能执行被攻击程序输入缓冲区的代码，这种技术被称为非执行的缓冲区技术。

非执行堆栈的保护可以有效地对付把代码植入自动变量的缓冲区溢出攻击，而对于其他形式的攻击则没有效果。通过引用一个驻留程序的指针，就可以跳过这种保护措施，其他的攻击可以把代码植入堆栈或者静态数据段中来跳过保护。

③ 数组边界检查。黑客可以通过植入代码引起缓冲区溢出，也可以通过一些方法来扰乱程序的执行流程。但是可以通过对非执行的缓冲区保护、数组边界检查来完全防止缓冲区溢出的产生和攻击。这样，只要数组不能溢出，溢出攻击也就无从谈起。为了实现数组边界检查，所有的对数组的读写操作都应当被检查以确保对数组的操作在正确的范围内。最直接的方法是检查所有的数组操作，不过这样可能会降低程序的运行效率。

④ 程序指针完整性检查。程序指针完整性检查和边界检查相似，它在程序指针被引用之前首先检测到它的改变。即使一个黑客成功地改变了程序的指针，由于系统事先检测到了指针的改变，这个指针将不会被使用。与数组边界检查相比，这种方法不能解决所有的缓冲区溢出问题，不过采用一些其他的缓冲区溢出方法就可以避免这种检测。但是，这种方法在性能上有很大的优势，而且兼容性较好。

8.3 常用攻击和防御软件的应用实验

8.3.1 流光软件的使用

1. 实验目的

通过实验，学会使用流光软件 Fluxay5，了解端口扫描和密码破解的途径，学会采用模拟攻击方法，对目标主机系统进行攻击性的安全漏洞扫描。

2. 实验条件

在虚拟机环境下，一台虚拟机系统装有流光 Fluxay5 软件作为攻击者（Windows 2000 pro 做客户机，IP 为 192.168.1.2），另一台虚拟机系统作为被攻击者（Windows Server 2003 做服务器，IP 为 192.168.1.1）。

3．实验内容和步骤

使用流光 Fluxay5 软件扫描主机漏洞。

① 在 Windows 2000 pro 虚拟机上启动流光软件 Fluxay5，扫描 Windows Server 2003 虚拟机，设置要扫描的主机 IP 地址为 192.168.1.1，准备开始扫描主机漏洞，如图 8.4 所示。

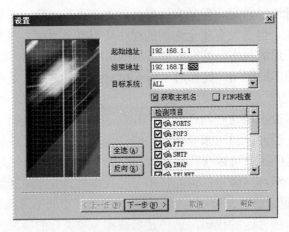

图 8.4　设置要扫描的主机

② 对 Windows Server 2003 虚拟机的端口和用户开始进行扫描，查看端口漏洞。然后查看流光软件 Fluxay5 的扫描报告，如图 8.5 所示为扫描的界面，右上角可以看到扫描到哪里，下面可以看到探测的结果。

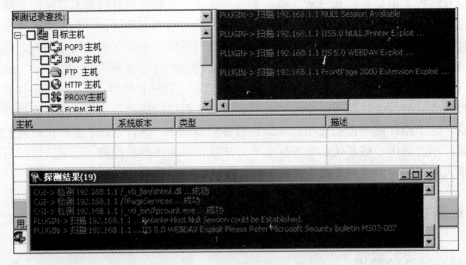

图 8.5　扫描端口和用户

查看流光 IV 扫描报告，可以查看到 IPC 扫描中的用户列表，以及猜解成功用户账号。

③ 对 Windows Server 2003 虚拟机的 FTP 漏洞分析，查看是否可以匿名登录。如果扫描结果中发现 FTP 不可以匿名登录，则猜测用户账号和密码。

④ 添加可能的用户账名，准备探测用户密码，编辑字典，添加字典进行强制破解 FTP 用户密码。如果能够破解到用户密码，则输入破解到的用户账名和密码尝试登录 FTP 站点，

如图 8.6 所示；如果登录成功，即可访问 Windows Server 2003 虚拟机的 FTP 站点文件内容。

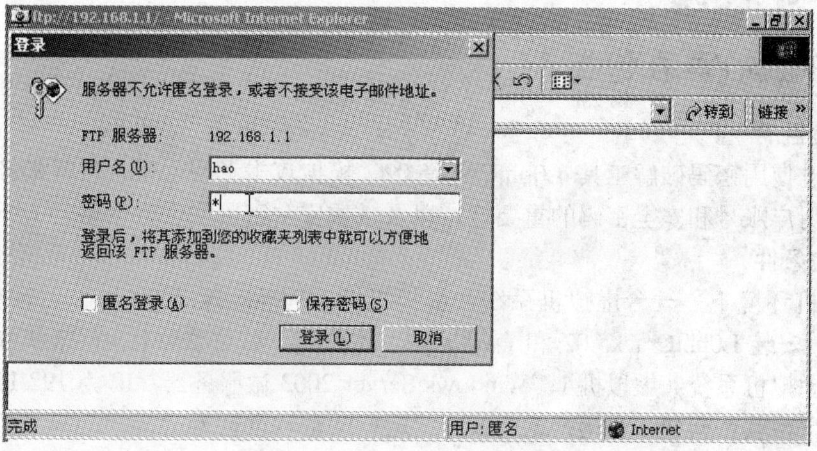

图 8.6　输入破解到的用户账名和密码尝试登录

⑤ 对 IPC$漏洞分析，如果可以建立空连接，使用 net use \\IP 地址\ipc$ " 密码 " /user:" 用户名 " 进行连接，并将事先创建的 zps.txt 文件复制到服务器的 C 盘。

假若前面探测到一个用户名为 Administrator，密码为空，可以使用 net 命令与目标主机（Windows Server 2003 虚拟机）建立连接，即 net use\\192.168.1.1\ipc$ "" /user: "administrator"，如图 8.7 所示。

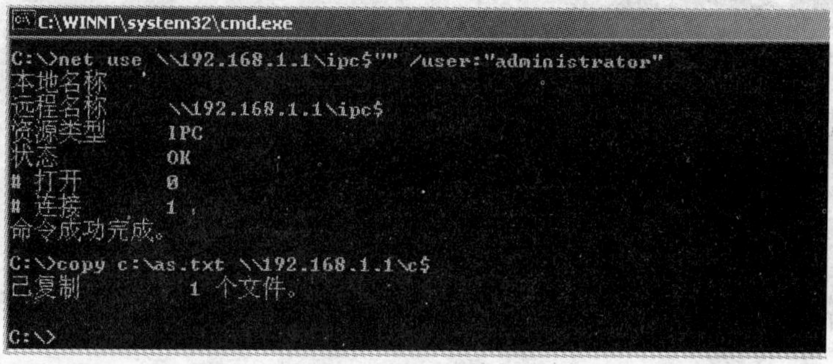

图 8.7　使用 net 命令与目标主机建立连接

使用 copy zps.txt \\192.168.1.1\c$，把在 Windows 2000 pro 虚拟机的 zps.txt 文件复制到目标主机的 C 根目录上。如果在 Windows Server 2003 虚拟机上的 C 根目录中查看到 zps.txt 文件，说明攻击成功。接下来做一些安全防范再次攻击，观察和上一次有什么不同。

⑥ 为禁止建立空连接和防止 IPC$漏洞，对服务器的注册表进行修改。

重启 Windows Server 2003，为禁止建立空连接和防止 IPC$漏洞，需要对注册表进行修改，修改或添加下面的键值：

将 HKEY_LOCAL_MACHINE\SYSTEM\CurrentControlSet\Control\LSA 中 restrict anonymous 的键值修改为 DWORD:00000002；

将 HKEY_LOCAL_MACHINE\SYSTEM\CurrnetControlSet\Services\LanmanServer\Parameters 中添加主键 AutoShareServer，键值为 DWORD:00000000。

修改注册表之后，使用 net share 命令，发现不能再看到 C$、D$等共享磁盘。

⑦ 在 Windows 2000 pro 虚拟机上，使用命令 copy zps.txt \\192.168.1.1\c$进行测试，发现

"找不到网络名"，说明不能将文件 zps.txt 复制到 IP 地址为 192.168.1.1 的服务器上，即安全防范生效。

8.3.2 密码破解工具的使用

1. 实验目的
实验通过使用密码破解工具 L0phtCrack5.02，模拟攻击者闯入系统破解账号和密码的过程，来认识用户账号和安全密码的重要性，以及掌握安全密码的设置策略。

2. 实验条件
在虚拟机环境下，一台虚拟机系统（虚拟机 2，Windows 2000 pro 做客户机，IP 为 192.168.1.2）安装 L0phtCrack5.02 和 Pwdump4，主要用于破解 SAM 文件来获取用户名和密码，另一台虚拟机系统（虚拟机 1，Windows Server 2003 做服务器，IP 为 192.168.1.1）作为被破解的对象，其中新建一个用户名为 test 的用户，密码设置为空。

3. 实验内容和步骤
（1）使用 L0phtCrack5.02 破解密码。

① 在虚拟机 2 用 Pwdump4 获取虚拟机 1 的加密文件，首先在"开始"菜单的"附件"内，单击"命令提示符"，并输入命令 Pwdump4 192.168.0.2 /o:pw1，以获取其他主机加密文件 pw1，如图 8.8 所示。

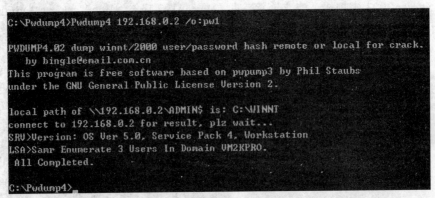

图 8.8　执行命令 Pwdump4 192.168.0.2

② 执行命令完成后，启动 LC5 作相关设置，进入主界面并运行，新建一个破解任务。

③ 选择"Session"→"Import"→"From PWDUMP file"命令，在弹出的对话框中单击"Browse"按钮，如图 8.9 所示，导入欲破解的加密密码文件。

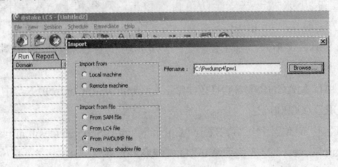

图 8.9　选择导入文件

④ 完成破解并显示，如图 8.10 所示。由于开始设置用户密码为空，所以这里显示的密码是空的。

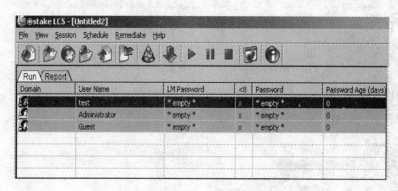

图 8.10　用户密码破解结果

这里，先使用 Pwdump4 获取 Windows Server 2003 虚拟机的加密文件，然后在 Windows 2000 pro 虚拟机上，通过 LC5 导入文件进行密码破解。L0phtCrack5 可以从本地系统、其他文件系统、系统备份中获取 SAM 文件，从而破解出用户密码。

（2）修改用户密码再次进行测试。

① 在虚拟机 1 上修改用户名为 test 用户，将密码设置为 123123。然后，通过在虚拟机 2 上使用命令 Pwdump4 192.168.0.2 /o:pw2，获取加密文件 pw2。

启动 LC5 进入主界面，新建一个破解任务，导入加密文件 C:\Pwdump4\pw2，破解用户 test 的密码。结果显示用户 test 的密码为 123123。

② 在虚拟机 1 上修改用户名为 test 用户，将密码设置为 security。然后，通过在虚拟机 2 上使用命令 Pwdump4 192.168.0.2 /o:pw3，获取加密文件 pw3。

启动 LC5 进入主界面，新建一个破解任务，导入加密文件 C:\Pwdump4\pw3，破解用户 test 的密码。结果显示用户 test 密码为 security。

③ 在虚拟机 1 上修改用户名为 test 用户，将密码设置为 security123。然后，通过在虚拟机 2 上使用命令 Pwdump4 192.168.0.2 /o:pw4，获取加密文件 pw4。

启动 LC5 进入主界面，新建一个破解任务，导入加密文件 C:\Pwdump4\pw4，破解用户 test 的密码。由于 test 用户的密码长度大于 8 位，所以 LC5 显示不了密码 8 位以后的数字，如图 8.11 所示。

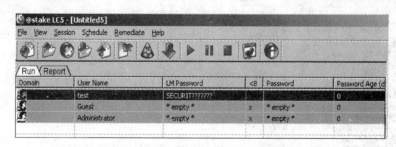

图 8.11　密码 8 位以后的数字不能显示

（3）设置密码策略。

① 在虚拟机 1 上通过 "本地安全设置" → "安全设置" → "账户策略" → "密码策略" → "本地安全策略设置"，设置密码长度的最小值为 8 位，启用密码必须符合复杂性要求，如

图 8.12 所示。

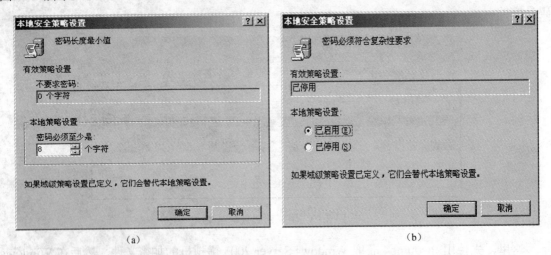

(a)   (b)

图 8.12　设置密码策略

② 在虚拟机 1 上重新启动，然后将用户名为 test 的密码修改为 1234567。由于密码不符合策略要求，所以出现报错提示，如图 8.13 所示。

（4）启动密钥来保护 SAM 文件中的账号信息。在默认情况下，启动密钥是一个随机生成的密钥，存储在本地计算机上。这个启动密钥在计算机启动后必须正确输入才能登录系统。通过在命令行界面输入命令 syskey，回车后即会启动 syskey 的设置界面，如图 8.14 所示。

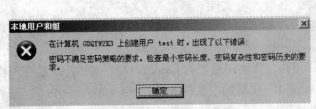

图 8.13　密码设置报错提示

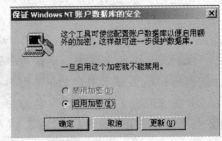

图 8.14　syskey 的设置界面

通过 syskey 保护，攻击者即使通过另外一个操作系统挂上我们的硬盘，偷走计算机上的一个 SAM 文件的拷贝，这份 SAM 文件的拷贝对于他们也是无意义的，因为 syskey 提供了非常好的安全保护。要防止攻击者进入系统后对本地计算机启动密码的搜索，可以通过配置 syskey 时，将启动密码存在软盘上实现启动密码与本地计算机的分隔，如图 8.15 所示。

8.3.3　"冰河"木马攻击与防范

1. 实验目的

通过实验，了解"冰河"的配置及使用方法，以及木马对远程目标主机进行控制的过程，理解和掌握木马传播和运

图 8.15　设置启动密码的存储地方

行的机制；通过手动删除木马，掌握检查木马和删除木马的技巧，学会防御木马攻击的相关知识。

2．实验条件

在虚拟机环境下，一台虚拟机系统（Windows 2000 pro，IP 为 192.168.1.2）安装冰河 2004，主要用于运行 G_Client，作为控制端，另一台虚拟机系统（Windows Server 2003，IP 为 192.168.1.1）运行 G_Server，作为服务器端。

冰河是一个国产特洛伊木马程序，具有简单的中文使用界面，且只有少数流行的反病毒软件、防火墙才能查出它的存在。冰河可以自动跟踪目标计算机的屏幕变化，可以完全控制键盘及鼠标输入，即使在攻击者屏幕变化和攻击端产生同步的同时，被攻击端的一切键盘及鼠标操作也将反映在攻击端的屏幕上。它可以记录各种密码信息，包括开机密码、屏幕保护密码、文件夹共享密码以及绝大多数在对话框中出现过的密码信息；它可以获取系统信息；它还可以进行注册表操作，包括对注册表主键的浏览、增删、复制、重命名和对键值的读写等所有注册表操作。

G_Server.exe：被监控端后台监控程序（运行一次即自动安装，可任意改名），在安装前可以先通过 G_Client 的配置本地服务器程序功能进行一些特殊配置，例如，是否将动态 IP 发送到指定信箱，改变监听端口，设置访问密码等。

G_Client.exe：监控端执行程序，用于监控远程计算机和配置服务器程序。"冰河" Client 主界面如图 8.16 所示。

图 8.16 "冰河" Client 主界面

该软件主要用于远程监控，具体功能包括以下几方面。

（1）自动跟踪目标机屏幕变化，同时可以完全模拟键盘及鼠标输入，即在同步被控端屏幕变化的同时，监控端的一切键盘及鼠标操作将反映在被控端屏幕（局域网适用）上。

（2）记录各种密码信息，包括开机密码、屏保密码、各种共享资源密码及绝大多数在对话框中出现过的密码信息，且 1.2 以上的版本中允许用户对该功能自行扩充，2.0 以上的版本还同时提供了击键记录功能。

（3）获取系统信息，包括计算机名、注册公司、当前用户、系统路径、操作系统版本、当前显示分辨率、物理及逻辑磁盘信息等多项系统数据。

（4）限制系统功能，包括远程关机、远程重启计算机、锁定鼠标、锁定系统热键及锁定注册表等多项功能限制。

（5）远程文件操作，包括创建、上传、下载、复制、删除文件或目录、文件压缩、快速浏览文本文件、远程打开文件（提供了四种不同的打开方式——正常方式、最大化、最小化和隐藏方式）等多项文件操作功能。

（6）注册表操作，包括对主键的浏览、增删、复制、重命名和对键值的读写等所有注册表操作功能。

（7）发送信息，以四种常用图标向被控端发送简短信息。

（8）点对点通信，以聊天室形式同被控端进行在线交谈。

3．实验内容和步骤

（1）各模块简要说明。安装好服务器端监控程序后，运行客户端程序就可以对远程计算机进行监控了，如图8.17所示，客户端执行程序的各模块功能如下所述。

图 8.17 "冰河"功能模块

①"添加主机"。将被监控端IP地址添加至主机列表，同时设置好访问密码及端口，设置将保存在"Operate.ini"文件中，以后不必重输。如果需要修改设置，可以重新添加该主机，或在主界面工具栏内重新输入访问密码及端口，并保存设置。

②"删除主机"。将被监控端IP地址从主机列表中删除（相关设置也将同时被清除）。

③"自动搜索"。搜索指定子网内安装有"冰河"的计算机。例如，欲搜索IP地址"192.168.1.1"至"192.168.1.255"网段的计算机，应将"起始域"设为"192.168.1"，将"起始地址"和"终止地址"分别设为"1"和"255"。

④"捕获屏幕"。查看被监控端屏幕（相当于命令控制台中的"控制类命令\捕获屏幕\查看屏幕"）。

⑤"屏幕控制"。远程模拟鼠标及键盘输入（相当于命令控制台中的"控制类命令\捕获屏幕\屏幕控制"）。其余同"查看屏幕"。

⑥"冰河信使"。点对点聊天室，也就是传说中的"二人世界"。

⑦"升级1.2版本"。通过"情人节专版"的冰河来升级远程1.2版本的服务器程序。

⑧"修改远程配置"。在线修改访问密码、监听端口等服务器程序设置，不需要重新上传整个文件，修改后立即生效。

⑨"配置服务器程序"。在安装前对"G_Server.exe"进行配置（例如是否将动态IP发送到指定信箱、改变监听端口、设置访问密码等），如图8.18所示。

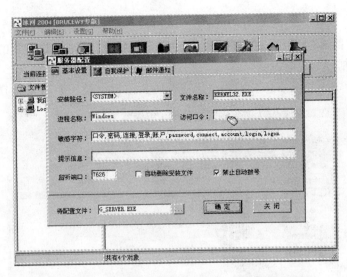

图 8.18　"配置本地服务器程序"基本设置界面

（2）文件管理器操作说明。文件管理器对文件操作提供了下列鼠标操作功能。

① 文件上传。右击欲上传的文件，选择"复制"，在目的目录中粘贴即可。也可以在目的目录中选择"文件上传自"，并选定欲上传的文件。

② 文件下载。右击欲下载的文件，选择"复制"，在目的目录中粘贴即可。也可以在选定欲下载的文件后选择"文件下载至"，并选定目的目录及文件名。

③ 打开远程或本地文件。选定欲打开的文件，在弹出菜单中选择"远程打开"或"本地打开"，对于可执行文件，若选择了"远程打开"，可以进一步设置文件的运行方式和运行参数（运行参数可为空）。

④ 删除文件或目录。选定欲删除的文件或目录，在弹出菜单中选择"删除"，如图 8.19所示。

图 8.19　删除文件或目录

⑤ 新建目录。在弹出菜单中选择"新建文件夹"，输入目录名即可。

⑥ 文件查找。选定查找路径，在弹出菜单中选择"文件查找"，并输入文件名即可（支

持通配符）。

⑦ 复制整个目录（只限于被监控端本机）。选定源目录并复制，选定目的目录并粘贴即可。

（3）命令控制台主要命令。

① 密码类命令。系统信息及密码、历史密码、击键记录，如图 8.20 所示。

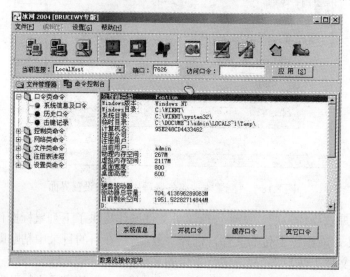

图 8.20 "密码类命令"界面及展示信息

② 控制类命令。捕获屏幕、发送信息、进程管理、窗口管理、鼠标控制、系统控制、其他控制（如"锁定注册表"等），如图 8.21 所示。

图 8.21 "控制类命令"界面及发送信息演示

③ 网络类命令。创建共享、删除共享、查看网络信息，如图 8.22 所示。

图 8.22 "网络类命令"界面

④ 文件类命令。目录增删、文本浏览、文件查找、压缩、复制、移动、上传、下载、删除和打开（对于可执行文件则相当于创建进程）。

⑤ 注册表读写。注册表键值读写、重命名、主键浏览、读写重和命名。

⑥ 设置类命令。更换墙纸、更改计算机名、读取服务器端配置、在线修改服务器配置。

（4）使用技巧。

① 用"查看屏幕"命令抓取对方屏幕信息后，若希望程序自动跟踪对方的屏幕变化，在右键弹出菜单中选中"自动跟踪"项即可。

② 在文件操作过程中，鼠标双击本地文件将在本地打开该文件；双击远程文件将先下载该文件至临时目录，然后在本地打开；也可用右键菜单对远程文件做相应操作。

③ 写入注册表启动项就是把"在开机时自动启动"这一项设置写入 Windows 注册表，如图 8.23 所示。文件关联一旦选中，会更改注册表，关联所选择的文件，默认的是 txt 文件，用户在打开 txt 文件时会再次运行服务端，起到巩固控制的效果。

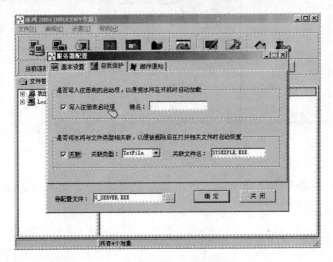

图 8.23 如何配置以巩固"冰河"控制

④ 在使用"网络共享创建"命令时，如果不希望其他人看到新创建的共享名，可以在共享名后加上"$"符号。自己欲浏览时，只要在 IE 的地址栏或"开始菜单"的"运行"对话框内输入"\\[机器名]\[共享名（含'$'符号）]"即可。

⑤ 在 1.2 以后的版本中，允许用户设定捕获图像的色深（1～7 级），图像将按设定保存为 2^N 种颜色（N＝2 的[1～7]次方），即 1 级为单色，2 级为 16 色，3 级为 256 色，依次类推。

⑥ 在命令行状态下输入"netstat －an"将列出相应信息，找到所需控制远程机器的 IP，如图 8.24 所示。

图 8.24　得到 IP 为 61.54.52.237 的信息

⑦ 在 Client 端选择添加计算机，输入刚才得到的 IP 地址 61.54.52.237，便可以对其实行控制，如图 8.25 所示。

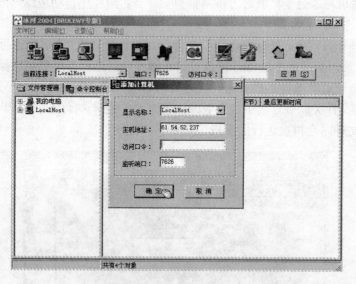

图 8.25　添加计算机

⑧ 可以在控制类命令中选择清除远程机器上的"冰河"，如图 8.26 所示。

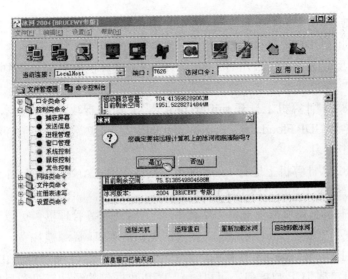

图 8.26 清除远程计算机上的"冰河"

（5）手动清除"冰河"方法。

① 删除 C:\Windows\system 下的 Kernel32.exe 和 sy***plr.exe 文件。

② 删除注册表 HKEY_LOCAL_MACHINE\software\microsoft\Windows\CurrentVersion\Run 下的键值 C:\Windows\system\Kernel32.exe。

③ 删除注册表 HKEY_LOCAL_MACHINE\software\microsoft\Windows\CurrentVersion\ Runservices 下的键值 C:\Windows\system\Kernel32.exe。

8.3.4　拒绝服务的攻击练习

1．实验目的

通过实验，了解 DoS/DDoS 工具对目标主机攻击的方法；理解 DoS/DDoS 攻击的原理及其实施过程；掌握检测和防范 DoS/DDoS 攻击的措施。

2．实验条件

在虚拟机环境下，一台虚拟机系统（Windows 2000 pro，IP 为 192.168.1.2）安装 DoS 软件，主要用于防范攻击；另一台虚拟机系统（Windows Server 2003，IP 为 192.168.1.1）作为被攻击的对象，其中安装 sniffer 软件；两台虚拟机通过 VMnet2 实现网络连接。

3．实验内容和步骤

（1）UDP Flood 攻击练习。UDP Flood v2.0 是一种采用 UDP Flood 攻击方式的 DoS 软件，它可以向特定的 IP 地址和端口发送 UDP packet 进行拒绝服务攻击。

① 在 IP/hostname 和 port 窗口中指定目标主机的 IP 地址和端口号，Max duration 设定最长的攻击时间，在 speed 窗口中可以设置 UDP 包发送的速度，在 data 框中，定义 UDP 数据包中包含的内容，默认情况下为 UDP Flood Server stress test 的 text 文本内容。单击 Go 按钮即可对目标主机发起 UDP Flood 攻击。如果从 192.168.1.2 主机向 192.168.1.1 主机发起 UDP Flood 攻击，发包的速率为 250 包/秒。虽然只有一台攻击计算机，对网络带宽的占用率影响不大，但攻击数量很多时，对网络带宽的影响就不容忽视了。

一对一是没有多大的效果的，当大量的被控制的傀儡机同时向目标机发送请求时，效果就会很明显。目标主机的大量资源被占用，合法用户却无法使用。

② 在 192.168.1.1 计算机中可以查看收到的 UDP 数据包，需要事先对系统监视器进行配置，使之对接收到的 UDP 包进行计数。

③ 入侵者发起 UDP Flood 攻击时，在 192.168.1.1 计算机的系统监视中查看检测 UDP 数据包的信息。

④ 在 192.168.1.1 计算机上打开 sniffer pro 工具，来捕捉攻击者发到本地计算机的 UDP 包，可以看到内容为 UDP Flood.Server stress text 的大量 UDP 数据包。

（2）Land 攻击练习。

① 在 192.168.1.2 计算机上运行 Land 洪水攻击的工具 LAND Attack v1.5，对 192.168.1.1 计算机进行攻击。命令为：land15 192.168.1.1 80。

② 攻击过程中，在被攻击计算机 192.168.1.1 上启动任务管理器，可以看到 CPU 的使用率迅速达到了 100%，说明 Land 攻击造成被攻击主机的 CPU 资源被耗费。

③ 在被攻击主机 192.168.1.1 计算机上打开 sniffer pro 工具，可以捕捉由攻击者的计算机发到本地计算机的异常 TCP 数据包，可以看到 TCP 数据包的源计算机和目标计算机 IP 地址都是 192.168.1.1，这正是 Land 攻击的明显特征。

（3）DDoS 攻击练习。

① 生成 DDoS 攻击程序。下载 DDoSer.zip，打开 DDoSMaker.exe 程序，生成一个 DDoSer.exe 可执行性文件，运行后驻入系统，之后随系统启动，事先设定好攻击目标（192.168.1.1）以及设置"并发连接线程数"、"最大 TCP 连接数"等参数。

② 观察运行 DDoSer.exe 结果。在主机（192.168.1.2）上运行 DDoSer.exe 后，该主机就成了攻击者的代理端，主机会自动发出大量的半连接 SYN 请求，在命令符的提示下输入 netstat 查看网络状态。可以看到，主机自动地向目标服务器发送大量的 SYN 请求，这就说明主机开始利用 SYN Flood 攻击目标了。

8.3.5 安全保护工具的使用

1. 实验目的

通过实验，了解系统安全保护工具 RegRun 的使用方法，以及检测隐藏在系统中的木马、病毒或其他来路不明程序的过程；学会通过严格监控来防止系统被木马程序攻击。

2. 实验条件

在虚拟机环境下，一台虚拟机系统（Windows 2000 pro，IP 为 192.168.1.2）安装冰河 2004，主要用于运行，作为控制端；另一台虚拟机系统（Windows Server 2003，IP 为 192.168.1.1）运行 RegRun，这个软件能够较好地控制诸如由注册表、系统文件、下载或用户定义载入的自动运行程序、同时通过对系统所有进程进行实时监测，能够有效地检测到隐藏在系统中的木马程序、病毒或其他来路不明的程序。RegRun 在其他程序启动前激活它的功能，如果有变化发生则向用户发出警告。

3. 实验内容和步骤

（1）启动 RegRun，如图 8.27 所示。单击"木马分析器"后出现如图 8.28 所示的界面，可以选择要分析的可疑进程，并通过分析报告来判断该进程是否对系统做出了恶意的修改、增删等操作。

图 8.28 中选定了 ccApp.exe 进程，分析结果如图 8.29 所示，可以看出该程序对系统做了哪些操作。

图 8.27　RegRun 主菜单　　　　　　　　　　图 8.28　木马分析器界面

图 8.29　木马分析器分析结果

（2）单击"运行防卫器"后出现如图 8.30 所示的配置界面，在"运行防卫器"中可以设置禁止运行的程序，当一些恶意程序，如木马的后门程序运行时，RegRun 就会提示警告信息。

在跳出警示页面后，可以查看该文件的详细信息及路径，可以选择允许还是禁止程序的运行，以达到防范目的，如图 8.31 所示。

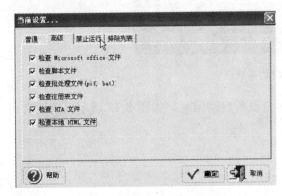

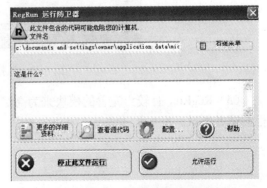

图 8.30　运行防卫设置界面　　　　　　　　图 8.31　运行防卫器警告信息

（3）单击"文件保护器"后，RegRun 会列出比较重要的系统文件，并将这些文件保存在一个备份的目录里，RegRun 会通过比较知道这些文件是否被篡改过，如果被改动过，可以通过备份目录恢复原来的文件，如图 8.32 所示。

（4）单击"注册表追踪器"后，可以在菜单中增加需要监控保护的软件，当该软件被恶意程序试图修改时，RegRun 会发出警告以达到保护目的，如图 8.33 所示。

图 8.32　文件保护器界面

图 8.33　注册表追踪器设置界面

一般的木马程序会在系统启动时自动加载后门程序以达到攻击的目的，所以，严格地监控系统的启动设置可以有效地防范攻击。RegRun 也有比较完善的功能来监控启动设置。

如图 8.34 所示，设置时间为 1 分钟，则软件每过一分钟就检查程序的启动组选项，如果被恶意程序修改，RegRun 会发出警告。

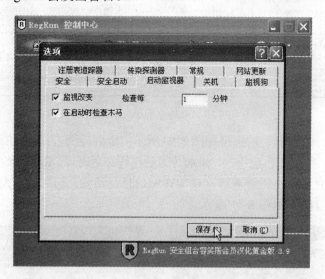

图 8.34　监控启动菜单设置

（5）RegRun 有较为完善的模块来为高级用户设置启动信息，如图 8.35 所示。请读者自行尝试并测试。

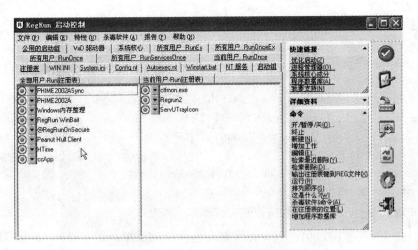

图 8.35　监控启动菜单详细设置

上面是 RegRun 的一些基本的设置，RegRun 软件还有许多其他功能，读者可以自己去使用和体会。应该说，有了 RegRun 提供的系统监控及保护功能，基本可以防范一般的黑客攻击。

8.4　超越与提高

8.4.1　黑客对系统识别的基本方法

黑客入侵的基本过程：判断入侵对象的操作系统→扫描端口，判断开放了哪些服务（这两步有可能同时进行）→根据操作系统和所开放的服务选择入侵方法，通常有"溢出"和"弱口猜测"两种方法→获得系统的最高权力→安放后门、清除日志。

由上面可以知道，在整个过程中，对操作系统类型的判断识别是最基本也是很关键的一步。了解操作系统是要了解系统内存的工作状态，了解它是以什么方式、基于什么样的技术来控制内存的，以及怎样来处理输入与输出的数据。世上任何东西都不可能是尽善尽美的，作为复杂的系统更是如此，它在控制内存与处理数据的过程中总是有可能出错的，系统本身也会存在各种各样的弱点与不足之处。黑客之所以能够入侵，就是利用了这些弱点与错误。现在网上流行的各种各样的入侵工具，都是黑客在分析了系统的弱点及存在的错误之后编写出来的，如缓冲区溢出攻击。

1.　用 ping 来识别操作系统

```
C:\>ping 10.1.1.2
Pinging 10.1.1.2 with 32 bytes of data:
Reply from 10.1.1.2: bytes=32 time<10ms TTL=128
Reply from 10.1.1.2: bytes=32 time<10ms TTL=128
Reply from 10.1.1.2: bytes=32 time<10ms TTL=128
Reply from 10.1.1.2: bytes=32 time<10ms TTL=128
Ping statistics for 10.1.1.2:
Packets: Sent = 4, Received = 4, Lost = 0 (0% loss),
Approximate round trip times in milli-seconds:
Minimum = 0ms, Maximum = 0ms, Average = 0ms
```

```
C:\>
C:\>ping 10.1.1.6
Pinging 10.1.1.6 with 32 bytes of data:
Request timed out
Reply from 10.1.1.6: bytes=32 time=250ms TTL=237
Reply from 10.1.1.6: bytes=32 time=234ms TTL=237
Reply from 10.1.1.6: bytes=32 time=234ms TTL=237
Ping statistics for 10.1.1.6:
Packets: Sent = 4, Received = 3, Lost = 1 (25% loss),
Approximate round trip times in milli-seconds:
Minimum = 234ms, Maximum = 250ms, Average = 179ms
```

根据 ICMP 报文的 TTL 值，就可以大概知道主机的类型。如 TTL=125 左右的主机应该是 Windows 系列的计算机，TTL=235 左右的主机应该是 UINX 系列的计算机。如上面的两个例子，10.1.1.2 就是 Windows 2000 的计算机，而 10.1.1.6 则是 UINX（SunOS 5.8）的计算机。这是因为不同操作系统的计算机对 ICMP 报文的处理与应答是有所不同的，TTL 值每过一个路由器会减 1，所以造成了 TTL 回复值的不同。对于 TTL 值与操作系统类型的对应，还要靠大家平时多注意观察和积累。

2. 直接通过连接端口根据其返回的信息来判别操作系统

这种方法应该说是用得最多的一种方法，下面来看几个实例。

（1）如果计算机使用了 80 端口，可以远程登录 telnet 的 80 端口。

```
C:\>telnet 10.1.1.2 80
```

输入 get 回车，如果返回：

```
HTTP/1.1 400 Bad Request
Server: Microsoft-IIS/5.0
Date: Fri, 11 Jul 2003 02:31:55 GMT
Content-Type: text/html
Content-Length: 87

<html><head><title>Error</title></head><body>The parameter is incorrect. </body>
</html>
```

遗失对主机的连接。

```
C:\>
```

那么这台就肯定是 Windows 的计算机。

如果返回：

```
<!DOCTYPE HTML PUBLIC "-//IETF//DTD HTML 2.0//EN"> <HTML><HEAD> <TITLE>501
Method
    Not Implemented</TITLE> </HEAD><BODY> <H1>Method Not Implemented</H1> get to / not
    supported.<P> Invalid method in request get<P><HR> <ADDRESS>Apache/1.3.27 Server at
gosiuniversity.com Port 80</ADDRESS>
    </BODY></HTML>
```

遗失对主机的连接。

```
C:\>
```

那么多数就是 UINX 系统的计算机了。

（2）如果计算机使用了 21 端口，可以直接登录 FTP。

```
C:\>ftp 10.1.1.2
```

如果返回：

```
Connected to 10.1.1.2.
220 sgyyq-c43s950 Microsoft FTP Service (Version 5.0).
User (10.1.1.2none):
```

那么这就肯定是一台 Windows 2000 的计算机了，还可以知道主机名，主机名就是 sgyyq-c43s950。这个 FTP 是 Windows 的 IIS 自带的一个 FTP 服务器。

如果返回：

```
Connected to 10.1.1.3.
220 Serv-U FTP Server v4.0 for WinSock ready...
User (10.1.1.3none):
```

也可以肯定它是 Windows 的计算机，因为 Serv-U FTP 是一个专为 Windows 平台开发的 FTP 服务器。

如果返回：

```
Connected to 10.1.1.3.
220 ready, dude (vsFTPd 1.1.0: beat me, break me)
User (10.1.1.3none):
```

那么这就是一台 UINX 的计算机了。

（3）如果开了 23 端口，这个就简单了，直接 telnet 上去。

如果返回：

```
Microsoft(R)Windows(TM) Version 5.00 (Build 2195)
Welcome to Microsoft Telnet Service
Telnet Server Build 5.00.99201.1
login:
```

那么这肯定是一台 Windows 的计算机了。

如果返回：

```
SunOS 5.8
login:
```

不用说了，这当然是一台 UINX 的计算机了，并且版本是 SunOS 5.8 的。

3．利用专门的软件来识别

这种有识别操作系统功能的软件，多数采用的是操作系统协议栈识别技术。这是因为，不同的厂家在编写自己的操作系统时，TCP/IP 协议虽然是统一的，但对 TCP/IP 协议栈是没有做统一的规定的，厂家可以按自己的要求来编写 TCP/IP 协议栈，从而造成了操作系统之间协议栈的不同。因此，可以通过分析协议栈的不同来区分不同的操作系统，只要建立起协议栈与操作系统对应的数据库，就可以准确地识别操作系统了。目前来说，用这种技术识别操作系统是最准确，也是最科学的。因此，也被称为识别操作系统的"指纹技术"。当然识别的能力与准确性，就要看各软件的数据库建立情况了。下面简单介绍具有识别功能的 **NMAP** 软件。**NMAP** 采用的是主动式探测，探测时会主动向目标系统发送探测包，根据目标机回应的数据包来判断对方机的操作系统。用法如下所示。

```
F:\nmap>nmap -vv -sS -O 10.1.1.5

Starting nmap V. 3.00 ( www.insecure.org/nmap )
Host IS~123456ADCD (10.1.1.5) appears to be up ... good.
Initiating SYN Stealth Scan against IS~123456ADCD (10.1.1.5)
Adding open port 139/tcp
Adding open port 7070/tcp
Adding open port 554/tcp
Adding open port 23/tcp
Adding open port 1025/tcp
Adding open port 8080/tcp
Adding open port 21/tcp
Adding open port 5050/tcp
Adding open port 9090/tcp
Adding open port 443/tcp
Adding open port 135/tcp
Adding open port 1031/tcp
Adding open port 3372/tcp
Adding open port 25/tcp
Adding open port 1433/tcp
Adding open port 3389/tcp
Adding open port 445/tcp
Adding open port 80/tcp
The SYN Stealth Scan took 1 second to scan 1601 ports
For OSScan assuming that port 21 is open and port 1 is closed and neither ar
rewalled
Interesting ports on IS~123456ADCD (10.1.1.5):
(The 1583 ports scanned but not shown below are in state: closed)
Port State Service
21/tcp open ftp
23/tcp open telnet
25/tcp open smtp
80/tcp open http
135/tcp open loc-srv
139/tcp open netbios-ssn
443/tcp open https
445/tcp open microsoft-ds
554/tcp open rtsp
1025/tcp open NFS-or-IIS
```

```
1031/tcp open iad2
1433/tcp open ms-sql-s
3372/tcp open msdtc
3389/tcp open ms-term-serv
5050/tcp open mmcc
7070/tcp open realserver
8080/tcp open http-proxy
9090/tcp open zeus-admin
Remote operating system guess: Windows 2000/XP/ME
OS Fingerprint:
Tseq(Class=RI%gcd=1%SI=21F8%IPID=I%TS=0)
T1(Resp=Y%DF=Y%W=FAF0%ACK=S++%Flags=AS%Ops=MNWNNT)
T2(Resp=Y%DF=N%W=0%ACK=S%Flags=AR%Ops=)
T3(Resp=Y%DF=Y%W=FAF0%ACK=S++%Flags=AS%Ops=MNWNNT)
T4(Resp=Y%DF=N%W=0%ACK=O%Flags=R%Ops=)
T5(Resp=Y%DF=N%W=0%ACK=S++%Flags=AR%Ops=)
T6(Resp=Y%DF=N%W=0%ACK=O%Flags=R%Ops=)
T7(Resp=Y%DF=N%W=0%ACK=S++%Flags=AR%Ops=)
PU(Resp=Y%DF=N%TOS=0%IPLEN=38%RIPTL=148%RIPCK=E%UCK=E%ULEN=134%DAT=E)

TCP Sequence Prediction: Class=random positive increments
Difficulty=8696 (Worthy challenge)
TCP ISN Seq. Numbers: 5B9022E2 5B914E12 5B92A495 5B93915A 5B94A9B5 5B95CC64
IPID Sequence Generation: Incremental

Nmap run completed -- 1 IP address (1 host up) scanned in 2 seconds
```

其中，Remote operating system guess: Windows 2000/XP/ME 这行就是 NMAP 对操作系统类型的判断。

8.4.2　对抗黑客的措施

1．防范黑客入侵的措施

（1）安全密码。如果使用 Windows 2000/2003 系统，不要忽视安全密码的设置，一旦别人获得系统的超级用户密码，其系统可就距离末日不远了。在设置密码的时候尽可能复杂，单纯的英文或者数字很容易被暴力破解。要注意，某些系统服务功能有内建账号，应及时修改操作系统内部账号密码的默认设置，防止别人利用默认的密码侵入系统。

根据多个黑客软件的工作原理，参照密码破译的难易程度，以破解需要的时间为排序指标设置密码。这里列出了常见的采用危险密码的方式：用户名（账号）作为密码；用户名（账号）的变换形式作为密码；生日作为密码；电话号码作为密码；常用的英文单词作为密码；五位或五位以下的字符作为密码。因此，用户在设置密码时应该含有大小写字母、数字，有控制符更好；不要用 Admin、guest、Server、生日、电话号码之类的便于猜测的字符组作为密码；并且应保守密码秘密并经常改变密码，间隔一段时间要修改超级用户密码，另外要管好这些密码，不要把密码记录在非管理人员能接触到的地方；应把所有的默认账户如 Administrator、guest 用户都从系统中去掉，然后建立一个用户，赋予超级用户权限来管理整个网络。在系统中如果接收到三个错误的密码，就应该断开这个账号与系统的连接；应及时取消调离或停止工作的用户的账号以及无用的账号；在验证过程中，密码不要以明文方式传输，以防黑客通过网络监听。

（2）实施存取控制。存取控制规定何种主体对何种实体有何种操作权力。存取控制是内部网络安全理论的重要方面，它包括人员权限、数据标识、权限控制、控制类型、风险分析等内容。管理人员应管好用户权限，在不影响用户工作的情况下，尽量减小用户对服务器的权限，以免一般用户越权操作。

（3）确保数据的安全。最好通过加密算法对数据处理过程进行加密，并采用数字签名及认证来确保数据的安全。同时，做好数据的备份工作，这是非常关键的一个步骤，有了完整的数据备份，当遭到攻击或系统出现故障时才可能迅速地恢复系统。

（4）定期分析系统日志。一般黑客在攻击系统之前都会进行扫描，管理人员可以通过记录来进行预测，做好应对准备。使用 Windows 2000/2003 的过程中，还需要经常查看系统日志文件，因为这个文件会完整记录一段时间之内所有的网络活动情况，通过查看系统日志能够得知是否有人对系统尝试攻击以及攻击的结果，便于进行针对性的弥补。

（5）不断完善服务器系统的安全性能。很多服务器系统都被发现有不少漏洞，服务商会不断在网上发布系统的补丁。为了保证系统的安全性，应随时关注这些信息，及时完善自己的系统。

（6）进行动态监控。网络中的安全漏洞无处不在，即便旧的安全漏洞补上了补丁，新的安全漏洞又将不断涌现，需要及时发现网络遭受攻击情况并加以追踪和防范，避免对网络造成更大的损失。

（7）用安全管理软件测试。测试网络安全的最好方法是自己定期地尝试进攻自己的系统，最好能在入侵者发现安全漏洞之前自己先发现。还有，请第三方评估机构或专家来完成网络安全的评估，把未来可能的风险降到最小。

借助系统扫描软件来查找安全漏洞。就拿 TCP 端口扫描器 SuperScan V4.0 来说，它可以采用多线程方式对所有的端口进行安全漏洞检测，并且将扫描结果以文件方式保存起来，这样就可以寻找到计算机网络的漏洞，并且程序还会给出一些已知漏洞的细节描述，利用程序及解决方案，就能够直接对漏洞进行修补来增强网络系统的安全性。

（8）配置与使用防火墙。防火墙是控制对网络系统进行访问的有效方法。防火墙不仅可以防 ping、防止恶意连接，而且在遇到恶意攻击的时候还会有独特的警告信息来引起我们的注意，并且把所有的入侵信息记录下来，使其有案可查。事实上，在 Internet 的 Web 网站中，超过 1/3 的 Web 网站都是由某种形式的防火墙加以保护的，这是对黑客防范最严、安全性较强的一种方式，任何关键性的服务器，都建议放在防火墙之后。任何对关键服务器的访问都必须通过代理服务器，这虽然降低了服务器的交互能力，但为了安全，这点牺牲是值得的。不过需要注意的是，安装了防火墙并不意味着万事大吉，为了避免防火墙变成徒有虚名的防线，最好每隔一段时间在线升级更新，这样网络防火墙才能更好地抵御最新的网络攻击。

2. 封死黑客入侵的"后门"

在一个网络服务器的操作系统中，由于开放了许多网络服务，所以可以作为黑客攻击"后门"的有许多，在此仅介绍几种最主要的类型。

（1）禁用 Guest 账户和更改管理员账户名。有很多入侵都是通过 Guest（来宾）账户进一步获得管理员密码或者权限，进而实现他们攻击的目的。Guest 账户可以为用户之间文件共享提供方便，因为它可以使其他用户以匿名方式访问自己的共享文件，而无须输入正确的用户名和密码。也正因如此，它给我们留下了相当大的安全隐患，有些黑客可以通过这个账户先登录系统，然后通过账户复制功能，把管理员权限复制到这个来宾账户上，这样黑客们就可以为所欲为了。

① 从用户列表中禁用或删除这个不再使用的账户，如图 8.36 所示。

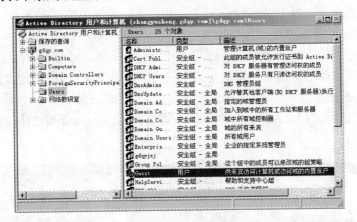

图 8.36　在"Active Directory 用户和计算机"中禁用或删除 Guest 账户

② 把 Guest 账户访问此文件夹的权限仅设置为"列出文件夹目录"或"读取"之类较低的权限。为了保险起见，给 Guest 加一个复杂的密码，选择"Guest"，选择"重设密码"，结果如图 8.37 所示。

③ 修改 Guest 账号的属性，设置拒绝远程访问，如图 8.38 所示。

图 8.37　重设密码

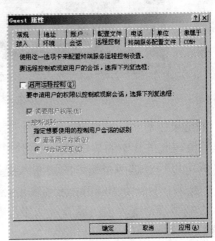

图 8.38　设置拒绝远程控制

（2）给系统管理员账号改名。系统管理员（Administrator）账户拥有最高的系统权限，一旦该账户被人利用，后果不堪设想。黑客入侵的常用手段之一就是试图获得 Administrator 账户的密码，所以要重新配置 Administrator 账号。首先是为 Administrator 账户设置一个强大复杂的密码，然后重命名 Administrator 账户，不要使用 Admin 之类的名字，这样的话等于没改，而尽量把它伪装成普通用户，如改成 pszhang。然后再创建一个名为"Administrator"的本地用户，把它的权限设置成最低，什么事也干不了的那种，并且加上一个超过 10 位的超级复杂密码，欺骗入侵者（注意，要对相应的账户重新描述，以蒙骗那些非法用户）。这样一来，入侵者就很难搞清哪个账户真正拥有管理员权限，也就在一定程度上减少了危险性。

（3）删掉不必要的协议。对于服务器和客户机来说，一般只安装 TCP/IP 协议就够了，因为现在主流的操作系统都是采用 TCP/IP 协议进行网络通信的。如果安装了其他协议，可以删除那些暂且不用的协议。对于 Windows 而言，可以去除系统中的 NWLink、IPX/SPX 传输协议，同时在 TCP/IP 协议属性里启用安全机制。

（4）关闭不必要的端口。系统安装好后会开启许多服务，每个服务都会对应一个或者多个端口，但是往往这些服务也会使系统变得不安全，所以为了安全，可以关闭一些不必要的服务来保障系统安全性。

① 使用扫描软件来扫描系统开启的端口，这里使用 Superscan 来扫描系统的端口，扫描结果如图 8.39 所示。

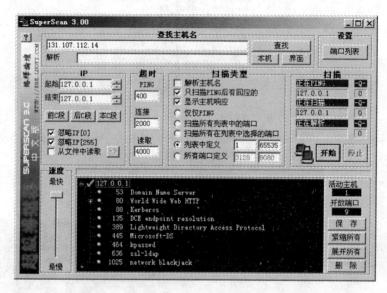

图 8.39　扫描端口

从扫描结果中看到，系统开启了 9 个主要端口，但是这 9 个主要端口中可能存在着不安全的因素，黑客通过其中的端口来入侵到计算机中，从而获取计算机中的信息，如 445 与 135 端口，黑客可以通过这两个端口的漏洞入侵计算机。

② 关闭其中不需要的端口。黑客攻击必须使用计算机开放的端口，如果关闭了无用的端口，就大大减少了遭受攻击的风险。如果没有诸如 ICQ、Real 在线播放之类特别的需求，建议将所有 UDP 端口关闭。

右击"网上邻居"图标，选择"属性"按钮，在出现的网络连接窗口中选择"本地连接"，右击选择"属性"，在弹出的"本地连接属性"窗口中选择"Internet 协议（TCP/IP）"，然后单击"属性"按钮，在常规中选择"高级"，在出现的窗口中将选项卡切换到选项，如图 8.40 所示。

选择 TCP/IP 筛选，单击"属性"按钮，在弹出的窗口中选中"启用 TCP/IP 筛选"，如图 8.41 所示。设置时，"只允许"系统的一些基本网络通信需要的 TCP、UDP 端口即可。

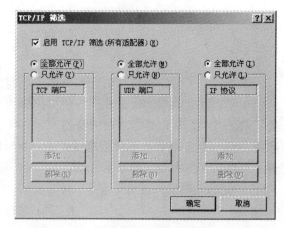

图 8.40　高级 TCP/IP 设置　　　　　　　　　　　图 8.41　TCP/IP 筛选

（5）关闭无用的服务。在系统安装完成后会打开一些常用的服务，然而有些服务会给系统带来漏洞，使黑客有机可乘，所以可以关闭一些不必要的服务来提高系统的安全性。例如，在 Windows 2000/2003 中可将打印共享、路由与远程访问等用不到的服务关闭，不仅节约了更多系统资源，同时也减少了黑客入侵的机会。

单击"开始"→"运行"，在运行框中输入 services.msc，打开服务控制台，然后在服务控制台中找到需要关闭的服务，右击选择"属性"，然后将启动类型设置为禁用或者手动，再单击"停止"按钮来停止服务的运行，如图 8.42 所示。

下面是系统默认开启的并且可以关闭的服务。

Computer Browser、Task Scheduler、Routing and Remote Access、Removable Storage、Remote Registry Service、Print Spooler、IPSEC Policy Agent、Distributed Link Tracking Client、Com+ Event System。

（6）隐藏 IP 地址。黑客对计算机发起攻击之前，首先要确认计算机的 IP 地址，因此，需要防止别人通过 ping 方式来探测服务器，或者借助代理服务器来隐藏自己的真实 IP 地址。例如，可在防火墙的设置中选中"防止别人用 ping 命令探测"，这样不管别人通过域名还是 IP 地址方式进行 ping 测试，都无法确认服务器是否处于开启状态，自然也就减少了黑客攻击的机会。

图 8.42　禁用服务

本 章 小 结

本章讨论了网络攻击与防范的一些安全问题，包括黑客与入侵者的定义、黑客攻击的目的及步骤、常见的黑客攻击方法与防御措施等，使读者对黑客攻击方法与防御措施有了一定的了解。其中，从网络管理员的身份出发，实践操作了流光软件、密码破解工具、黑客软件冰河 2004、DoS 软件、系统安全保护工具 RegRun 等，了解了常见黑客攻击的伎俩，初步掌握了一些防御黑客攻击的基本方法。

本 章 习 题

1. 每题有且只有一个最佳答案，请把正确答案的编号填在每题后面的括号中。

（1）不属于黑客攻击的常用手段是（   ）。

A. 密码破解   B. 邮件群发 C. 网络扫描 D. IP 地址欺骗

（2）为了防御网络监听，最常用的方法是（   ）。

A. 采用物理传输（非网络） B. 信息加密 C. 无线网 D. 使用专线传输

（3）黑客要想控制某些用户，需要把木马程序安装到用户的机器中，实际上安装的是（   ）。

A. 木马的控制端程序   B. 木马的服务器端程序

C. 不用安装   D. 控制端、服务端程序都必须安装

（4）下面关于密码的安全描述中，错误的是（   ）。

A. 密码要定期更换   B. 密码越长越安全

C. 容易记忆的密码不安全   D. 密码中使用的字符越多越不容易被猜中

（5）黑客进入系统的目的是（   ）。

A. 为了窃取和破坏信息资源   B. 主要出于好奇

C. 进行网络系统维护   D. 管理软件与硬件

（6）DDoS 攻击是利用（   ）进行攻击。

A. 中间代理   B. 通信握手过程问题

C. 其他网络   D. 电子邮件

（7）扫描的目的是利用扫描工具在指定的 IP 地址或地址段的主机上寻找漏洞，所以说扫描工具（   ）。

A. 只能作为防范工具   B. 既可作为攻击工具，也可以作为防范工具

C. 只能作为攻击工具   D. 作为其他用途

（8）一名攻击者向一台远程主机发送特定的数据包，但是不想远程主机响应这个数据包。它采用的攻击手段可能是（   ）。

A. 地址欺骗   B. 缓冲区溢出

C. 强力攻击   D. 拒绝服务

2. 选择合适的答案填入空白处。

（1）进行网络监听的工具有多种，既可以是_____，也可以_____。

（2）在运行 TCP/IP 协议的网络系统中，存在着_____、_____、

_____、_____、_____五种类型的威胁和攻击。

（3）安全漏洞存在不同的类型，包括_____、_____、_____。

（4）缓冲区溢出既是_____漏洞，也是_____漏洞。

（5）黑客攻击的三个阶段是_____、_____、_____。

（6）特洛伊木马程序分为服务器端和客户端，服务器端是攻击者传到目标机上的部分，用来在目标机上_____；客户端是用来控制目标机的部分，放在_____的机器上。

3．简要回答下列问题。

（1）什么是黑客？常见的黑客技术有哪些？

（2）简述网络监听的原理。

（3）常见的端口扫描技术有哪些？它们的特点是什么？请从网络安全角度分析，为什么在实际应用中要开放尽量少的端口？

（4）从网上查找监控工具、Web 统计工具各两种，简要描述其功能。

（5）利用端口扫描程序，查看网络上的一台主机，这台主机运行的是什么操作系统？该主机提供了哪些服务？

（6）简述特洛伊木马的攻击过程。

第 9 章   虚拟专用网技术

现在，一般有一定规模的企业，基本都在其他地区有一些分公司、分厂或者办事处等机构，如何高效、安全、低投入地将这些分支机构的局域网与总部的局域网相互连接，成为企业网络的一个重要需求。在这一章中，将学习一种操作简单、实现容易的虚拟专用网（Virtual Private Network，VPN）连接技术来帮助企业解决这一需求。

你将学习

◇ 虚拟专用网的基本概念，作用和特性。
◇ 虚拟专用网的隧道技术和采用的协议。
◇ 虚拟专用网的连接技术。

你将获取

△ 虚拟专用网服务器安装与配置的技能。
△ 虚拟专用网客户端连接的配置的方法。
△ 建立一个允许连接的账号来测试连接的技能。

9.1 案例问题

9.1.1 案例说明

1. 背景描述

在新一代的市场环境下，超市、便利店的生命力也逐渐强大起来。作为一种新型的市场形态，在物流、采购等形态逐渐成熟的带动下，连锁机构经营能力日渐显现出来，连锁网络的便利性和集中经营形成的价格优势，使连锁机构比传统机构更具吸引力。在连锁超市、便利店这种流动数据量极大的经营方式下，要实现连销的优势，就必须做好总部与分店间信息数据的管理，但是，现在很多连锁超市的分店众多且都分布在不同的地区，要做到互动的信息化，就要在其间建立一个强大的信息系统平台，这就需要依靠网络传送来实现了。这时，总部与分店间更紧密的即时联系及互动显得尤为重要。由于目前网络环境还不是很完善，网络应用也不是很成熟，以 ADSL 或无线方式进行连接仍然会受到网络安全、传输速度无法保证、应用实施难等问题的困扰。如果以增加专线的形式来解决问题，其投入与维护成本相对较高，对分店极多的连锁企业来说，确实难以负担。可以看到，连锁超市、便利店业迫切需要一种新的联机方式，来实现网点间的互联互动。

某商贸有限公司创建于 1994 年，是××地区最早创立的连锁超市公司之一。目前，拥有18 家直营店和 1 家配送中心，总营业面积 20 000 余平方米，员工 1300 人，年销售额 10 亿元。2000 年、2001 年、2002 年连续三年被国家内贸局评为连锁百强企业。公司组建以来，恪守

"老老实实做人，实实在在办店"的经营宗旨，以稳健踏实的经营风格，赢得了广大消费者的信任和喜爱，销售业绩连年增长。在这样的发展状态下，其信息系统在运作过程中受到了网络的影响，无论是网络连接质量还是安全方面，都不能达到最佳效果，不可避免地影响了超市信息系统的正常、有效运作。

2．需求分析

作为大型连锁超市，其经营中所涉及的信息是多方面的，超市本身已安装了超市信息管理系统，完整介入了连锁超市的整个管理，不仅采集数据，而且分析数据，为管理大规模的连锁超市提供了相当好的信息系统平台，可实现商品管理、卖场管理、供应商管理等操作。在这种庞大的信息系统的带动下，总部要及时掌握各分店公司的销售情况和配送中心的库存情况，子公司也要及时了解总部的调价信息、库存和配送情况等，并需要上传大量销售、财务等方面的数据及报表。而且，超市信息管理系统还引入了用友 ERP 软件，作为财务管理的处理系统。原有的 ADSL 或无线方式已不能满足连锁超市总部与分店间的传输需要了，但亦不希望为此支付高昂的专线费用，因此，超市提出了各分店和总公司能互相通信，具有稳定性、安全性，可保证时时联机的网络需求。

在这样的需求下，对解决方案就有着使用方便、价格低廉、拥有高稳定性的即时连接、高安全性的需求。因此，经过多方调查比较，公司最后决定在超市总部、配送中心与分店间搭建一个虚拟专用网，使公司的个人办公、公文系统、综合业务、行政管理、综合信息等资源共享，让公司管理更加统一规范，保证物流、信息流的实时更新，确保市场信息的及时传递，营销方案的及时执行，提高公文流转的时效性和安全性。

3．解决方案

如何在超市总部、配送中心与分店间搭建一个虚拟专用网呢？超市分布于各地，现要把各个配送中心与分店的计算机相互连接，使公司分散在各地的计算机通过虚拟专用网连接起来，从而高效、安全地访问公司内部资源，甚至任意两台计算机都可互相访问。

用什么设备可以连接超市总部、配送中心与分店间的局域网呢？这些局域网应该能够彼此连接，交互读取计算机上的文件。只需要在超市总部、配送中心与分店分别放置 VPN 网关，通过 ADSL 或其他方式接入 Internet，就可以为公司构建廉价、稳定的虚拟专用网。公司领导在家或出差在外时，可以采用 ADSL 或无线方式上网，实现与总部的互联，方便地远程办公。

可以从服务提供商购买可管理的 VPN 服务。服务提供商会采取措施，允许两个局域网间进行通信，没有他人的介入。服务提供商采取按月收费来提供所有关于网络配置和维护的任务。如果两个局域网已经拥有宽带接入点，可以自己搭建虚拟专用网。购买两个防火墙装置（每个局域网一个）并进行配置，以在两者之间建立一个 IPsec 通道，或者使用路由器供应商提供的防火墙功能来完成 VPN 连接。如果用来连接 Internet 的路由器已经存在于两个位置处，这种方法可能最快捷。为了实现最佳的互操作性，并且更加容易建立，两个装置最好来自相同的制造商。采用这两种方法的任意一种，数据包在发送到 Internet 之前均经过加密，这就保护了个人隐私，使外人无法窥探我们的数据。一个分支机构中的所有计算机能够获取另一分支机构中的服务和资源，其方便程度就如同彼此相邻一样。

如图 9.1 所示为在超市总部、配送中心与分店之间架设虚拟专用网的网络拓扑图。

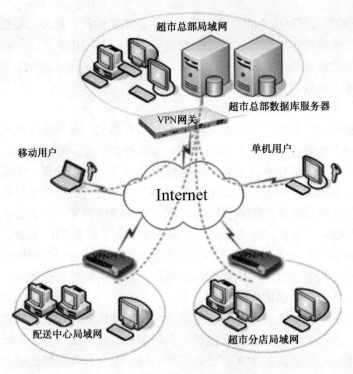

图 9.1 某商贸有限公司的网络拓扑图

（1）超市总部。超市总部一般来讲是公司信息存放、处理的中心，网络内部主机数量多，数据流量大，安全性和实时性要求高，因此推荐采用高性能的路由器。对于实时要求很高的公司用户，可以在总部采用两台路由器做双机备份，保证数据传输。

（2）配送中心与分店。它们分布在全国各地，都组建有中小规模的局域网，同时通过当地 ISP 提供的宽带接入方式接入 Internet。安装一台路由器，作为客户端接入超市总部。

（3）移动办公用户。采用 PPTP 或 L2TP 协议，接入总部，可支持 CDMA/GPRS 及 802.11b 等无线移动接入，用户即使在乘坐车船甚至飞机的途中，可随时随地实现移动办公。

9.1.2 思考与讨论

1. 阅读案例并思考以下问题

（1）上网搜索关键字"虚拟专用网"或 VPN，总结归纳"虚拟专用网"的定义特征。

参考：虚拟专用网是基于 Internet 公共网络基础设施而构建的一种安全的专用网络。通过加密和验证等安全机制建立虚拟的数据传输通道，以保障在公共网上传输私有数据信息不被窃取、篡改，从而向用户提供相当于专用网络的安全服务，是目前广泛应用于电子商务、电子政务等应用安全保护的安全技术。上述 VPN 的概念揭示了 VPN 的四个本质特征。

① 公用信道。VPN 是基于公共的 IP 网络环境的。由于像 Internet 这样的 IP 网络环境建构在诸多的 TCP/IP 标准协议簇之上，有着工业界最广泛的支持，所以，使得利用 VPN 技术组网，经济、便利、可靠、可用，同时组网灵活，具有良好的适应性和可扩展性。

② 安全性。由于是构建在像 Internet 这样的公用 IP 网络环境之上，所以，要采用网络安全技术，来保证网络信息的机密性、完整性、可鉴别性和可用性，这样才能达到 IP-VPN 的"专用"，这也是 VPN 的关键所在。

③ 独占性。这是用户对构建在公用网络上的 IP-VPN 的一种感觉，其实是在与其他用户或其他企业共享公用网络。

④ 自成一体。VPN 同专用网一样，自成一体，可以拥有自己的地址空间，可以使用非 IP 协议如 IPX 等。换句话说，VPN 具有网络地址翻译（NAT）和多协议支持的能力。

（2）案例中所描述的虚拟专用网需要解决的主要问题是什么？根据你的理解，构建虚拟专用网的关键点是什么？

参考：要为连锁超市建立一个信息化网络传输解决方案，最佳方案就是在总部、配送中心与各分店之间建立一个 VPN 网，使得连锁超市总部和各分店间能够在一个复杂的网络中安全地进行业务数据传递。

综合各方的使用情况来看，VPN 的组网方式比较适合连锁超市在实际中的应用，其原因有三：第一，连锁超市拥有 18 家直营店和一家配送中心，单个用户数量比较多；第二，总公司、配送中心与各个直营店分布范围广泛，彼此之间的距离相对较远；第三，连锁超市对网络线路的保密性和可用性有相对高的要求。况且，VPN 技术由于利用了网际网络这个高速、普及的网络作为建立企业内网的载体，所以具有速度快、安全、易于扩展的特点，能为连锁超市提供一种低成本的网络基础设施，并加强了其他网络功能，扩大了其专用网的使用范围。目前，这种 VPN 的组网方式已经得到了大部分企业用户的一致认同。

根据解决方案，超市总部安装一台路由器，可支持多条 IPSec VPN 隧道，完全可以满足总部对分店管理的需要；各分支连锁超市及配送中心分别安装路由器，通过设置，轻易地在复杂的 IP 设定下建立 VPN 隧道进行连接互通，加上在各路由器上均实现网关防火墙保护，可确保传输数据的安全，即使通过 ERP 传递财务报表也不用怕被截取了。

为保证网络联机的稳定性及不掉线，可以选用多 WAN 端口的产品连接，实际应用中以一条光缆接入作为主线路，一条 ADSL 作为备份线路，当 VPN 连接因主线路问题断开后，可使用备份功能快速重建，有力地保护了 VPN 网络的不间断连接性，这样就不用担心因线路掉线而造成的数据上传不完整的情况，实现了用户的需求。

（3）公司的经理层需要随时随地的办公，无论是出差在外还是在家中，都希望从连锁超市查询相关的报表和资料；而业务人员必须每天都能及时回复客户的电子邮件，同样也希望调用公司相关的数据和资料。假若你作为公司的网络管理员，为了使经理们和业务人员可以远程访问公司的网络，你有什么样的建议？

参考：公司总部以一台路由器作为 VPN 网关，经理们和业务人员以 ADSL 上网，通过 VPN 网关的 WAN 口联机，他们通过笔记本计算机内建的 Windows IPSec 用户端软件，连接到公司总部的服务器上。与此同时，配置对远程计算机的访问，包括配置 VPN 连接，配置和使用远程桌面。配置采用 IPSec VPN 协议，IPSec VPN 协议为公认的最安全的协议。许多市面上的网络设备都支持，所以日后扩展不是问题。而 IPSec 提供的保密功能则可确保传输数据不会被中途拦截，免遭有心人士利用。

2．专题讨论

（1）虚拟专用网有哪些特点？

提示：说得通俗一点，虚拟专用网 VPN 实际上是"线路中的线路"，类型于城市大道上的"公交专用线"，所不同的是，由 VPN 组成的"线路"并不是物理存在的，而是通过技术手段模拟出来，是"虚拟"的。不过，这种虚拟的专用网络技术却可以在一条公用线路中为两台计算机建立一个逻辑上的专用"通道"，它具有良好的保密和不受干扰性，使双方能进行自由安全的点对点连接。具体来说，虚拟专用网有以下特点。

① 降低成本费用。虚拟专用网技术的出现及成熟，为企业分支机构、移动办公提供了最佳的解决方案。一方面，VPN 利用现有 Internet，在 Internet 上开拓隧道，充分利用企业现有的上网条件，无须申请昂贵的 DDN 专线，运营成本低。

② 用户远程访问局域网的安全性。用户远程访问局域网的安全性主要包括两个方面：一是不允许非授权用户访问内部局域网，如通过用户身份识别 ID 和密码验证用户，或采用 RADIUS 等安全协议验证用户等；二是保证授权用户安全连接、访问内部局域网，即远程用户连接内部局域网，访问内部局域网资源的信道是安全的，防止别有用心的人的窃听、对信息的截获和篡改等操作。

虚拟专用网技术利用 IPSec 等加密技术，使在通道内传输的数据，有着高达 168 位的加密措施，充分保证了数据在 VPN 通道内传输的安全性。

在 VPN 应用中，通过远端用户验证以及隧道数据加密等技术，使得通过 Internet 传输的私有数据的安全性得到了很好的保证。

③ 模拟点到点专用链路。对于广域网连接，传统的通信方式是通过远程拨号和专线连接来实现的，而 VPN 是利用 Internet 服务提供商所提供的公共网络来实现远程的广域连接。在虚拟专用网中，任意两个节点之间的连接并没有传统专网所需的端到端的物理链路，而是利用 Internet 的资源动态组成的，它通过私有的隧道技术在 Internet 上仿真一条点到点的专线。

VPN 客户机可以利用电话线或者局域网接入本地的 Internet。当数据传输时，利用 VPN 协议对数据进行加密鉴别，这样 VPN 客户机和服务器之间经过的传输好比在安全的"隧道"中进行。使用 VPN 技术的前提是，VPN 服务器必须在客户端访问的时候连接到 Internet，一般 VPN 服务器都采用 24 小时在线的专线接入方式。当客户端离开公司在异地时，先连接到 Internet，然后再连接到局域网的 VPN 服务器上。

（2）简要说明建立 VPN 所需要的基本条件包括哪些？

提示：对用户而言，虚拟专用网可以非常方便地替代租用线来连接计算机或局域网，同时还可以提供租用线的备份、冗余和峰值负载分担等，大大降低了成本费用；对服务提供商而言，虚拟专用网则是帮助企业或公司扩大业务范围、保持竞争力和客户忠诚度、降低成本和增加利润的重要手段。

① 所有的远程终端用户能够接入 Internet。

② 至少有一个局域网使用公共 IP 地址接入 Internet。

③ 各个局域网所使用的内部网段必须彼此独立；移动用户终端的 IP 地址既不能彼此相同，也不能属于某个局域网所使用的网段。

通常情况下，需要建立 VPN 的单位都有一个总部、若干个分支机构，以及一定数量的移动用户，建立 VPN 的目的在于实现总部局域网与分支机构局域网之间互联，并保证移动用户随时能够访问到单位的内部局域网资源，即访问运行在总部局域网或分支机构局域网内的应用服务程序及数据资源。与此相对应，可以将 VPN 划分为三种网络节点：总部局域网、分支机构局域网、远程终端（移动用户和只有单终端的分支机构），也就是说，利用 VPN 可实现各个分支机构局域网与总部局域网的相互访问、各个分支机构局域网之间的相互访问、远程终端访问总部局域网、远程终端访问各个分支机构局域网。

9.2 技术视角

9.2.1 虚拟专用网技术的概述

1. 虚拟专用网的两种隧道协议

隧道技术是构建 VPN 的关键技术，类似于点对点连接技术，它在公用网上建立一条数据通道（隧道），让数据包通过这条隧道传输。它主要利用网络隧道协议来实现两个网络协议之间的传输。现有两种类型的隧道协议。一种是二层隧道协议，用于传输二层网络协议，它主要应用于构建访问虚拟专用网（Access VPN）；另一种是三层隧道协议，用于传输三层网络协议，它主要应用于构建企业内部虚拟专用网（Intranet VPN）和扩展的企业内部虚拟专用网（Extranet VPN）。

（1）二层隧道协议。第二层隧道协议是先把各种网络协议封装到 PPP 中，再把整个数据包装入隧道协议中。这种双层封装方法形成的数据包靠第二层协议进行传输。第二层隧道协议有 L2F、PPTP、L2TP 等。L2TP 协议是目前 IETF 的标准，由 IETF 融合 PPTP 与 L2F 而形成。

① 微软、Ascend、3COM 等公司支持的点到点隧道协议（Point to Point Tunneling Protocol，PPTP），Windows 操作系统中有支持。PPTP 是 PPP（Point-to-Point Protocol，点对点协议）的扩展，它增加了一个新的安全等级，并且可以通过 Internet 进行多协议通信，它支持通过公共网络（如 Internet）建立的多协议的虚拟专用网络。

② Cisco、北方电信等公司支持的 L2F（Layer 2 Forwarding，二层转发协议），在 Cisco 路由器中有支持。

③ 由 IETF 起草，微软、Ascend、Cisco、3COM 等公司参与的第二层隧道协议（Layer 2 Tunneling Protocol，L2TP），它结合了上述两个协议的优点，已成为 IETF 有关二层隧道协议的工业标准。

L2TP 和 PPTP 的功能大致相同。L2TP 也会压缩 PPP 的帧，从而压缩 IP、IPX（Internetwork Packet eXchange，网间数据包传递）或 NetBEUI（NetBIOS Extended User Interface，NetBIOS 扩展用户接口）协议，同样允许用户远程运行依赖特定网络协议的应用程序。但与 PPTP 不同的是，L2TP 使用新的网际协议安全（IPSec）机制进行身份验证和数据加密。

（2）三层隧道协议。用于传输三层网络协议的隧道协议叫三层隧道协议。三层隧道协议是把各种网络协议直接装入隧道协议中，形成的数据包依靠三层协议进行传输。三层隧道协议有 VTP 协议、IP 层加密标准协议 IPSec 等。IPSec 协议不是一个单独的协议，它给出了应用于 IP 层上网络数据安全的一整套体系结构，它包括网络安全协议 Authentication Header（AH）协议和 Encapsulating Security Payload（ESP）协议、密钥管理协议 Internet Key Exchange（IKE）协议和用于网络验证及加密的一些算法等。IPSec 规定了如何在对等层之间选择安全协议、确定安全算法和密钥交换，向上提供了访问控制、数据源验证、数据加密等网络安全服务。

2. 虚拟专用网的可用性

通过 VPN，企业可以以更低的成本连接远程办事机构、出差人员以及业务合作伙伴。VPN 组成之后，远程用户只需拥有本地 ISP 的上网权限，就可以访问企业内部资源，这对于流动性大、分布广泛的企业来说很有意义，特别是当企业将 VPN 服务延伸到合作伙伴方时，便能极大地降低网络的复杂性和维护费用。通常，可以采用以下两种方式使用 VPN 远程连接到局域网。

（1）通过 Internet 远程访问局域网。与使用专线拨打长途或市话连接局域网接入服务器不同，远程移动用户不需要使用价格昂贵的长距离专用电路，而是首先拨通本地 ISP，建立与本地 ISP 的连接，然后通过本地 ISP 连通局域网，如图 9.2 所示。这样，在远程终端用户与局域网之间创建一个跨越 Internet 的安全隧道。在隧道的 VPN 服务器端，用户的私有数据通过封装和加密之后在 Internet 上传输，到达隧道的接收端（远程终端），接收到的数据经过拆封和解密之后安全地到达用户端。所以说，虚拟专用网是以安全的方式通过 Internet 远程访问局域网资源的。

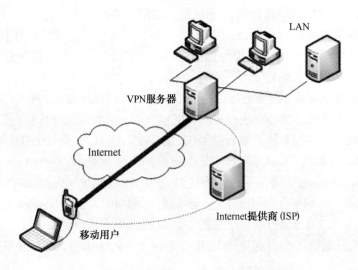

图 9.2　通过 Internet 远程拨号访问局域网

（2）通过 Internet 实现局域网互联。可以通过两个具有发起 VPN 连接能力的服务器，在两个局域网之间创建一个跨越 Internet 的虚拟专用网。这样，既能够实现与整个局域网的连接，又可以保证保密数据的安全性。网络管理人员通过 VPN 服务器，可以指定符合特定身份要求的用户连接 VPN 服务器，获得访问敏感信息的权限。

如图 9.3 所示，隧道连接了两个远端局域网，每个局域网上的用户都可以访问另一个局域网上的资源。

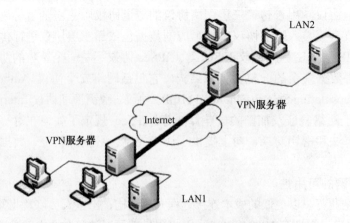

图 9.3　使用 VPN 连接两个局域网

3. 虚拟专用网的可管理性

随着技术的进步，各种 VPN 软硬件解决方案都包含了路由、防火墙、VPN 网关三方面的功能，企业或政府通过购买 VPN 设备，达到一物多用的功效，既满足了远程互联的要求，而且还能在相当程度上防止黑客的攻击，并能根据时间、IP 地址、内容、Mac 地址、服务内容、访问内容等多种服务来限制公司内部员工上网时的行为，一举多得。

VPN 设备的安装调试、管理、维护都极为简单，而且都支持远程管理，大多数 VPN 硬件设备甚至可通过中央管理器进行集中式的管理维护。可以通过客户端软件与中心的 VPN 设备建立 VPN 通道，从而达到访问中心数据等资源的目的。让互联无处不在，极大地方便了企业及政府的数据、语音、视频等方面的应用。

9.2.2 VPN 服务器的安装与配置

1. 安装 Windows Server 2003 的 VPN 服务器

（1）启动"路由和远程访问"管理应用程序。单击"开始"→"程序"→"管理工具"，运行"路由和远程访问"管理应用程序，打开"路由和远程访问"管理控制台窗口。

（2）设置服务器状态。在控制台左窗格中单击与本地服务器名称匹配的服务器图标。如果该图标左下角有一个红圈，则说明尚未启用"路由和远程访问"服务。如果该图标左下角有一个指向上方的绿色箭头，则说明已启用"路由和远程访问"服务。如果已启用"路由和远程访问"服务，则需要重新配置服务器。重新配置服务器，需要完成下列操作步骤。

① 右击服务器对象，单击"禁用路由和远程访问"，单击"是"按钮继续。

② 右击服务器图标，在弹出的快捷菜单中，选择"配置并启用路由和远程访问"，如图9.4 所示。启动"路由和远程访问服务器安装向导"，单击"下一步"按钮继续。

③ 在出现如图 9.5 所示的向导对话框中，单击"远程访问（拨号或 VPN）"选项，以允许远程客户端通过拨号或安全的虚拟专用网络连接到此服务器，单击"下一步"按钮继续。

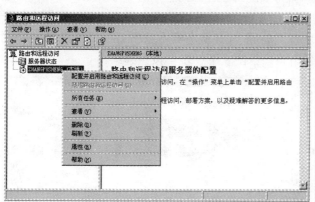

图 9.4　启用"路由和远程访问"　　　　图 9.5　启用该服务器为"远程访问"

（3）选择远程访问服务器模式。在出现如图 9.6 所示的向导对话框中，根据应用模式选择服务器的角色，选择"VPN"或"拨号"，这里选择"VPN"。然后单击"下一步"按钮。

（4）配置远程访问服务器外网连接地址。在如图 9.7 所示的向导对话框中，系统要求选择一个此服务器所使用的 Internet 连接，在其下的列表中选择所用的连接方式（如已经建立好的拨号连接或通过指定的网卡进行连接等），在"网络接口"列表框中，选择连接到 Internet 的网络接口，然后单击"下一步"按钮。

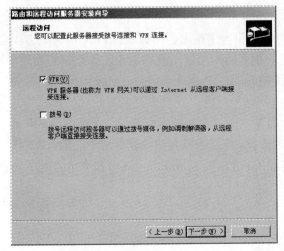

图 9.6　配置服务器接受 VPN 连接　　　　　图 9.7　配置外网接口

（5）对远程客户指派 IP 地址。如图 9.8 所示，如果要使用 DHCP 服务器给远程客户端分配地址，在 IP 地址指定设置对话框中选择"自动"，路由远程访问服务向网络中的 DHCP 服务器借用 10 个 IP 地址分配给客户端，当 10 个 IP 地址分配完后，会再向 DHCP 服务器借用 10 个，依次类推；如果给远程客户端分配静态 IP 地址，选择"来自一个指定的地址范围"，这样就可以手动输入一个 IP 地址段。当客户拨号到服务器时，服务器会将此段地址内的 IP 地址分配给客户端。采用 DHCP 管理分配 IP 地址更简单方便，但若局域网中没有安装 DHCP 服务，则必须指定一个地址范围。单击"下一步"按钮继续。

（6）指定地址范围。如果选择了"来自一个指定的地址范围"，出现如图 9.9 所示地址范围指定对话框，提示输入要分配给客户端使用的起始 IP 地址和结束 IP 地址，单击"新建"按钮，输入"起始 IP 地址"和"结束 IP 地址"，Windows 将自动计算地址的数目，单击"确定"按钮以返回到地址范围指定对话框。本例中，为远程访问客户分配了从 192.168.1.1 至 192.168.1.20 共 20 个 IP 地址。远程访问客户在 VPN 客户端设置时，可以选择该范围中的任何一个 IP 地址分配。注意，指定的 IP 地址范围要同 VPN 服务器本身的 IP 地址处在同一个网段中，即前面的"192.168.1"部分一定要相同！单击"下一步"按钮继续。

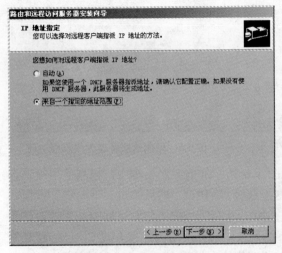 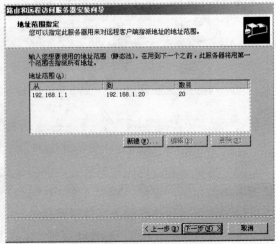

图 9.8　IP 地址的指定　　　　　　　　图 9.9　IP 地址范围的设定

（7）身份验证。在如图 9.10 所示的"管理多个远程访问服务器"对话框中，需要选择是否想设置此服务器与 RADIUS 服务器一起工作。这里选择默认选项"否，使用路由和远程访问来对连接请求进行身份验证"，此时远程访问用户使用本服务器中管理的用户账号连接本VPN 服务器，并且该账号已经授予远程访问权限。如果网络中存在 RADIUS 服务器，可以集成该服务器验证远程访问客户。然后单击"下一步"按钮，在出现的对话框中，单击"完成"按钮，结束安装。系统启用路由和远程访问服务，并将该服务器配置为远程访问服务器。

2. 配置 Windows Server 2003 的 VPN 服务器

（1）配置远程访问控制策略。远程访问控制策略可以更有效地控制用户的访问，可以制定出更加灵活的条件。例如，只能在某一个时间段访问远程访问服务器，或者允许某一个组的成员访问远程访问服务器。

在一台远程访问服务器上可以同时建立多个远程访问策略，每个远程访问策略都可以设置一个或多个条件，并配置允许或拒绝访问权限。当用户拨入时，会首先判断是否符合第一条远程访问策略的条件，如果符合条件，就执行事先设置好的允许或拒绝访问远程服务器的权限。如果不符合条件，就跳过当前策略，判断下一条策略的条件，直到遇到一个符合条件的位置。如果不符合所有策略的条件，就拒绝访问。

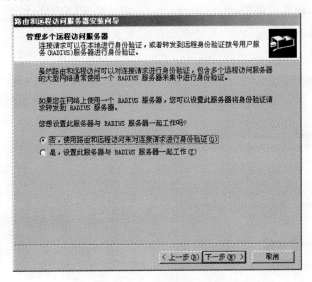

图 9.10 身份验证模式设置

在默认情况下，Windows Server 2003 已经建立了两条远程访问策略，当所有用户的远程访问权限都设置为"通过远程访问策略控制访问"时，这两条策略将拒绝任何用户访问远程服务器。

通过远程访问策略可以达到以下目的。

● 通过时间来控制客户端访问。例如，只允许用户在每周的周一至周五的 9 点至 18 点访问服务器。

● 通过组来控制客户端的访问。例如，只允许某一个组或多个组可以访问远程服务器。

● 通过配置文件可以限定客户端访问远程服务器的时间。如用户访问远程服务器的时间不能超过 2 小时，空闲时间不能超过 30 分钟。

配置远程访问策略遵循如下步骤。

① 单击"开始"→"程序"→"管理工具"，运行"路由和远程访问"应用程序。

② 在出现如图 9.11 所示的窗口中，选择本地远程访问服务器，单击"远程访问策略"，在右边窗口中右击"到 Microsoft 路由选择和远程访问服务器的连接"，单击"属性"菜单项。

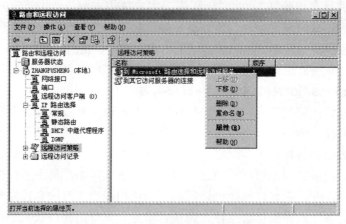

图 9.11　配置远程访问策略属性

③ 在出现的如图 9.12 所示的"属性"对话框中，可以对远程客户端的远程访问权限进行设置，如果允许远程客户端通过 Internet 访问该服务器，则选择"授予远程访问权限"；反之，选择"拒绝远程访问权限"。如果还需要对配置文件进行设置，单击"编辑配置文件"按钮，出现如图 9.13 所示的"编辑拨入配置文件"对话框。

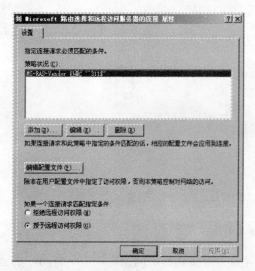

图 9.12　配置拨入权限

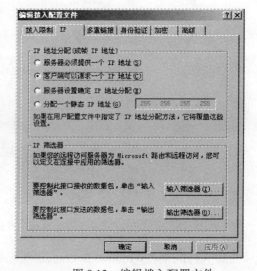

图 9.13　编辑拨入配置文件

④ 在"编辑拨入配置文件"对话框中，单击 IP 选项卡，根据需要选择 IP 地址的分配。共有四种选择，其含义如下所述。

● 选择"服务器必须提供一个 IP 地址"选项，则需要在用户"属性"对话框中给远程登录用户配置一个静态的 IP 地址。

● 选择"客户端可以请求一个 IP 地址"选项，VPN 客户可以设置使用 VPN 服务器地址池中的任意 IP 地址，此时 VPN 用户拥有固定的内网 IP 地址。

● 选择"服务器设置确定 IP 地址分配"选项，VPN 客户端无须配置内部网络 IP 地址，VPN 客户端软件连接 VPN 服务器时，自动从 VPN 服务器的 IP 地址池中获取一个内部 IP 地址。

● 选择"分配一个静态 IP 地址"选项，VPN 服务器只为 VPN 客户端提供一个固定的 IP 地址，因此，一个时刻只允许远端一台客户机登录 VPN 服务器。

对上述内容设置完成后单击"确定"按钮，完成对"远程访问策略"的设置。

（2）修改同时连接的数目。一台默认的 VPN 服务器可提供 128 个 PPTP 及 128 个 L2TP 端口，允许同时有 256 个连接。

VPN 连接不需要配置 Modem 等硬件设备来提供连接服务，只要有足够的带宽连接到 Internet 上，最多可以有 32 768 个 VPN 连接，用户可以通过如下方式配置端口数量。

在如图 9.11 所示的"路由和远程访问"控制台上，左边窗口中右击"端口"，在弹出菜单中选择"属性"，出现如图 9.14 所示的"端口属性"对话框。如果想配置 PPTP 端口，可选择"WAN 微型端口（PPTP）"，单击"配置"按钮，出现如图 9.15 所示的"配置设备-WAN 微型端口（PPTP）"对话框，在此对话框中，可以为支持多重端口的设备设置最多端口数限制。

 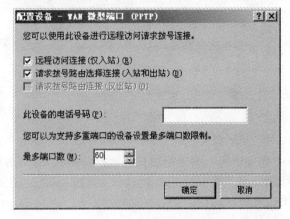

图 9.14　"端口属性"对话框　　　　图 9.15　"配置设备"对话框

（3）配置用户的属性。默认状态下，所有用户账户都没有远程访问的权限。可以通过用户管理来设置用户账户具有远程访问的权限。设置用户账户具有远程访问权限的具体步骤如下所述。

① 选择"开始"→"控制面板"→"管理工具"→"Active Directory 用户和计算机"，打开"Active Directory 用户和计算机"窗口，展开域"gdqy.com"，单击"Users"按钮，如图 9.16 所示。

图 9.16　"Active Directory 用户和计算机"中选择用户属性

② 在用户窗口中选择要设置的用户，右击用户名，选择"属性"菜单项。

③ 在出现的"属性"窗口中单击"拨入"选项，如图 9.17 所示。

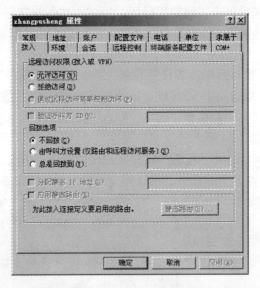

图 9.17　在"拨入"选项卡设置访问权限

远程访问权限（拨入或 VPN）有三个选项："允许访问"指允许用户具有远程访问的权限；"拒绝访问"指拒绝用户的远程访问权限；"通过远程访问策略控制访问"指当上面两项无法满足用户需求时，选中此项。例如，限定用户只能在周一至周五的工作时间内访问，这是可以利用远程访问策略来限制的。

"验证呼叫方"表示需要验证拨入用户的电话号码，如果启用了此属性，服务器将验证呼叫方的电话号码。如果拨入方的电话号码与设置的电话号码不匹配，连接将被拒绝。

呼叫方 ID 必须受呼叫方、呼叫方与远程访问服务器之间的电话系统以及远程访问服务器支持。这种功能类似于电话中的来电显示功能。

如果设置了用户的呼叫方 ID 电话号码，但是却不支持呼叫方 ID 信息从呼叫方传递到服务器端，连接也将被拒绝。

"回拨选项"则说明，如果启用了此属性，服务器将在连接进程期间回拨呼叫方。服务器使用的电话号码由呼叫方或网络管理员设置。

"分配静态 IP 地址"是指建立连接时，可以使用此属性为用户分配特定的 IP 地址。

"应用静态路由"说明可以使用此属性定义一系列静态 IP 路由，这些路由在建立连接时被添加到远程访问服务器的路由列表中。

这里，选择"允许访问"或"通过远程访问策略控制访问"，表明用户具有远程连接权力。反之，不允许用户远程访问该服务器。若选择"通过远程访问策略控制访问"，则需要配置"远程访问控制策略"，限于篇幅就不详述。单击"确定"按钮，完成用户属性的设置。

9.2.3　客户端 VPN 连接的配置

如果要连接到 VPN 服务器，客户端必须先连接到 Internet 上。当客户端连接到 Internet 后，然后再连接到 VPN 服务器上。所以，在客户机上，需要先确认与 Internet 的连接配置正确，然后再在客户机上新建"虚拟专用网络"连接。

1. 通过 Windows XP 进行 VPN 访问连接

（1）单击桌面左下角的"开始"按钮，再单击"控制面板"按钮，打开"网络连接"，在此窗口单击左侧的"创建一个新的连接"，进入"新建连接"对话框。无须做任何配置，单击"下一步"按钮，出现"网络连接类型"对话框。

（2）选择"连接到我的工作场所的网络"，单击"下一步"按钮，进入"网络连接"对话框。在此选择"虚拟专用网络连接"。

（3）单击"下一步"按钮，进入如图 9.18 所示的"连接名"对话框，在公司名文本框中，为连接输入一个描述性的名称，即对公司名称的一个简单描述，然后单击"下一步"按钮。

（4）单击"下一步"按钮，系统可以先确认公用网络是否已经连接好，选择"不拨初始连接"，如图 9.19 所示。

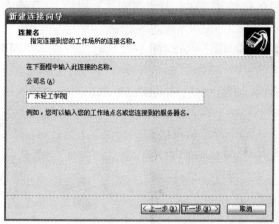
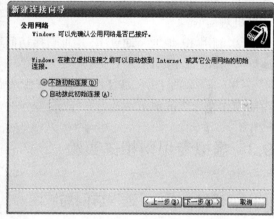

图 9.18　"连接名"对话框　　　　　　图 9.19　"公用网络"对话框

（5）单击"下一步"按钮，出现 VPN 服务器选择对话框，如图 9.20 所示。在主机名或 IP 地址处输入远程 VPN 服务器的主机名或 IP 地址。

（6）单击"下一步"按钮，出现如图 9.21 所示的"可用连接"对话框，如果要允许登录到该计算机的任何用户都能访问此连接，则选择"任何人使用"选项；如果限制此连接仅供当前登录用户使用，则选择"只是我使用"选项。选择"任何人使用"，单击"下一步"按钮，出现"摘要"对话框，单击"完成"按钮，保存新建的连接。

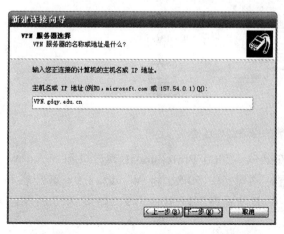
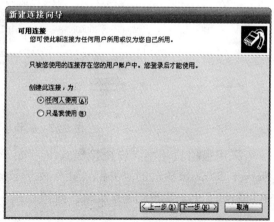

图 9.20　VPN 服务器的主机名或 IP 地址　　　　图 9.21　"可用连接"对话框

2．与 VPN 服务器的连接操作

经过上面的操作，完成了 VPN 连接配置。当客户端建立好拨号连接或者 VPN 连接后，就可以连接到服务器了。出现"连接 虚拟专用网"对话框，在此对话框中，如果想修改 VPN 服务器的 IP 地址和其他选项，单击"属性"按钮，在"属性"对话框中可以更改当前连接的所有设置。输入 VPN 服务端合法账户的用户名和密码，再单击"连接"按钮，即可连接 VPN 服务器，连接成功后在屏幕右下角状态栏会有连接图标显示，在网络连接窗口中也会显示其连接的状态。

也可以在"网络连接"窗口中，首先建立客户端与 Internet 连接，然后双击"虚拟专用网络"的连接名称或桌面上的快捷方式，拨通"广东轻工学院"连接。

当客户端和 VPN 服务器连接后，客户端可以通过下面两种方式访问 VPN 服务器的资源。

① 搜索计算机。右击"网上邻居"，从弹出的快捷菜单中选择"搜索计算机"，打开搜索计算机对话框。

② 利用 IP 地址。通过 IP 地址直接访问服务器，单击"开始"→"运行"→输入"\\IP 地址"，如\\192.168.1.1。

接下来，就是打开 VPN 服务器共享目录资源，浏览阅读，这其实已经跟在同一个局域网内的操作没什么区别了。

9.3 虚拟专用网相关实验

9.3.1 通过 Internet 远程访问局域网

1．实验目的

掌握在 Windows Server 2003 下 VPN 服务器的安装及设置访问远程用户，掌握在客户端建立访问 VPN 服务器连接以及访问服务器。

2．实验条件

（1）实验环境的配置要求。采用硬件环境，如图 9.22 所示，在 Windows Server 2003 操作系统的服务器上安装两块网卡，分别通过交叉双绞线连接 Windows 2000 Professional 操作系统的客户机和 Windows 98 操作系统的客户机。

图 9.22 实验环境的网络硬件连接

采用虚拟机环境，在桥接模式中，将 Windows 2000 Professional 客户机和 Windows Server 2003 服务器的"外网连接"网卡设置在网段 10.150.8，将 Windows 98 客户机和 Windows Server 2003 服务器的"内网连接"网卡设置在网段 10.150.9，如图 9.23 所示。

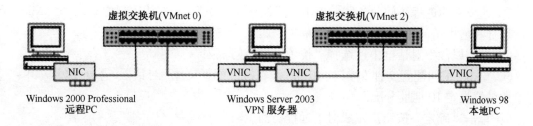

图 9.23 实验环境的虚拟网络搭建

（2）实验参数的要求。

Windows Server 2003 服务器：与 Windows 2000 Professional 客户机相连的网卡 IP 地址为 10.150.8.1，子网掩码为 255.255.255.0，网关为 10.150.8.1；与 Windows 98 客户机相连的网卡 IP 地址为 10.150.9.1，子网掩码为 255.255.255.0，网关为 10.150.9.1。

Windows 2000 Professional 客户机：IP 地址为 10.150.8.2，子网掩码为 255.255.255.0，网关为 10.150.8.1。

Windows 98 客户机：IP 地址为 10.150.9.2，子网掩码为 255.255.255.0，网关为 10.150.9.1。

3. 实验内容与步骤

（1）VPN 的安装与配置。

① 单击"开始"→"程序"→"管理工具"→"路由和远程访问"，打开"路由和远程访问"对话框，在"路由和远程访问"对话框中，右击服务器名，从弹出的快捷菜单中选择"配置并启用路由和远程访问"。

② 进入配置向导之后，在打开"配置"中，首先选择服务器启动哪些服务。由于路由和远程访问多种服务，可选择各种服务的组合，如选择"远程访问（拨号或 VPN）"单选按钮，以便让用户能通过 Internet 来访问此服务器，单击"下一步"按钮。

③ 打开"远程访问"的对话框，选择"VPN"，单击"下一步"按钮。

④ 打开"VPN 连接"对话框，选择一个此服务器所使用的 Internet 连接，单击"下一步"按钮。

⑤ 打开"IP 地址指定"对话框，选择 IP 地址的分配方案为"来自一个指定的地址范围"，单击"下一步"按钮。

⑥ 打开"地址范围指定"对话框，单击"新建"按钮，打开"新建地址范围"列表，输入一个起始 IP 地址和结束 IP 地址，单击"下一步"按钮。

⑦ 打开"管理多个远程服务器"对话框，选择是否使用验证服务器 RADIUS。这里选择"否"，单击"下一步"按钮。

⑧ 最后在总结信息窗口，单击"确定"按钮。

（2）设置远程访问用户。

① 右击"我的电脑"，从弹出的快捷菜单中选择"管理"，打开"计算机管理"窗口。

② 在"计算机管理"窗口中，选择"本地用户和组管理"，找到需要设置的用户。如果远程访问服务器是活动目录的成员，则打开"活动目录用户和计算机管理"进行用户的管理。

③ 双击用户，切换到"拨入"选项卡，选择"允许访问"或"通过远程访问策略控制访问"，不过，如果选择"通过远程访问策略控制访问"，还需要配置"远程访问控制策略"。

（3）远程访问控制策略。

① 单击"开始"→"程序"→"管理工具"，运行"路由和远程访问"应用程序。

② 选择本地远程访问服务器，单击"远程访问策略"，在右边窗口中右击"到 Microsoft 路由选择和远程访问服务器的连接"，单击"属性"按钮。

③ 在"属性"对话框中，选择"授予远程访问权限"。

④ 单击"编辑配置文件"按钮，出现"编辑拨入配置文件"对话框，单击 IP 选项卡，选择"服务器设定 IP 地址分配"。

⑤ 单击"确定"按钮，完成对"远程访问策略"的设置。

（4）建立访问 VPN 服务器连接。

① 右击"网上邻居"图标，从弹出的快捷菜单中选择"属性"菜单命令，打开"网络连接"对话框，右击"新建连接向导"图标。从弹出的快捷菜单中选择"新建连接"，打开"新建连接向导"对话框，单击"下一步"按钮。

② 打开"网络连接类型"对话框，选择"连接到我的工作场所的网络"单选按钮，单击"下一步"按钮。

③ 打开"网络连接"对话框，选择"虚拟专用网络连接"单选按钮，单击"下一步"按钮。

④ 打开"连接名"对话框，在"公司名"文本框中输入要连接的服务器名，单击"下一步"按钮。

⑤ 打开"VPN 服务器选择"对话框，在"主机名或 IP 地址"文本框中输入服务器的 IP 地址，单击"下一步"按钮。

⑥ 打开"可用连接"对话框，选择"只是我使用"单选按钮，单击"下一步"按钮。

⑦ 打开"完成新建连接向导"对话框，勾选"在我的桌面上添加一个到此连接的快捷方式"，单击"下一步"按钮，出现要求输入用户名和密码的对话框，输入访问 VPN 服务器的用户名和密码。

（5）客户机访问 VPN 服务器。作为远程客户端的计算机，通过"搜索计算机"或"IP 地址"访问 VPN 服务器和局域网客户机的资源。

9.3.2 Windows Server 2003 实现 NAT 地址转换和 VPN 服务器

1．实验目的

通过 Windows Server 2003 自带的路由和远程访问功能来实现 NAT 共享上网和 VPN 网关的功能，实现在异地通过 VPN 客户端访问总部局域网各种服务器资源。

2．实验条件

如图 9.24 所示是实验网络的拓扑图，服务器为双网卡，一块接外网，一块接局域网。在 Windows Server 2003 中 VPN 服务称之为"路由和远程访问"，默认状态已经安装。只需对此服务进行必要的配置使其生效即可。

实验前，首先确定是否开启了 Windows Firewall/Internet Connection Sharing （ICS）服务，如果开启了 Windows Firewall/Internet Connection Sharing（ICS）服务的话，在配置"路由和远程访问"时系统会弹出如图 9.25 所示的提示框。

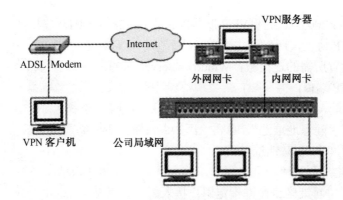

图 9.24　实验网络拓扑图

图 9.25　"路由和远程访问"提示框

需要单击"开始"→"程序"→"管理工具"→"服务"，把 Windows Firewall/Internet Connection Sharing（ICS）停止，并设置启动类型为禁用。

3．实验内容与步骤

（1）开启 VPN 和 NAT 服务。

① 单击"开始"→"程序"→"管理工具"→"路由和远程访问"，打开"路由和远程访问"服务窗口；再在窗口左边右击本地计算机名，选择"配置并启用路由和远程访问"，在弹出的"路由和远程访问服务器安装向导"中单击"下一步"按钮，出现对话框。

② 由于要实现 NAT 共享上网和 VPN 拨入服务器的功能，所以选择"自定义配置"选项，单击"下一步"按钮。

③ 选择"VPN 访问"和"NAT 和基本防火墙"选项，单击"下一步"按钮，在弹出的对话框中单击"完成"，系统会提示是否启动服务，单击"是"按钮，系统会按照配置启动路由和远程访问服务。

（2）配置 NAT 服务。

① 右击"NAT/基本防火墙"选项，选择"新增接口"，弹出对话框，根据自己的网络环境选择连接 Internet 的接口，选择"WAN"接口，单击"确定"，弹出"网络地址转换-WAN 属性"对话框，由于这个网卡是连接外网的，所以选择"公用接口连接到 Internet"和"在此接口上启用 NAT"选项，并选择"在此接口上启用基本防火墙"选项，这对服务器的安全是非常重要的。

② 单击"服务和端口"，设置服务器允许对外提供 PPTP VPN 服务，在"服务和端口"界面里，单击"VPN 网关（PPTP）"，在弹出的"编辑服务"对话框中，单击"确定"按钮，回到"服务和端口"选项卡，选中"VPN 网关（PPTP）"。

（3）根据需要设置 VPN 服务。

① 设置连接数。右击右边树形目录里的端口选项，选择"属性"按钮，弹出对话框。

Windows Server 2003 企业版 VPN 服务默认支持 128 个 PPTP 连接和 128 个 L2TP 连接，因为这里使用 PPTP 协议，所以双击"WAN 微型端口（PPTP）"选项，在弹出的对话框里，根据自己的需要设置所需的连接数；Windows Server 2003 企业版最多支持 30 000 个 L2TP 端口，16 384 个 PPTP 端口。

② 设置 IP 地址。右击右边树形目录里的本地服务器名，选择"属性"并切换到 IP 选项卡。这里我们选择"静态地址池"，单击"添加"按钮，根据需要接入数量，任意添加一个地址范围，但是不要和本地 IP 地址冲突。

③ 单击"确定"回到"IP"选项卡，单击"确定"，应用设置。

（4）设置远程访问策略，允许指定用户拨入。

① 新建用户和组。单击"开始"→"程序"→"管理工具"→"计算机管理"，弹出"计算机管理"对话框，选择"本地用户和组"，右击"用户"→"新用户"，单击"创建"，新增一个用户"TEST"。

在右边的树形目录中右击"组"→"新建组"，添入"组名"，单击"添加"在弹出的"选择用户"对话框中，单击"高级"→"立即查找"，选择刚才建立的"TEST"用户，把用户加入刚才建立的组。

② 设置远程访问策略。在"路由和远程访问"窗口，右击右面树形目录中的"远程访问策略"，选择"新建远程访问策略"，在弹出的对话框中单击"下一步"，填入方便记忆的"策略名"，单击"下一步"，选择"VPN"选项，单击"下一步"，单击"添加"把刚才新建的组加入到这里，单击"下一步"→"下一步"→"下一步"→"完成"，就完成了远程策略的设置，后面如果有新的用户需要 VPN 服务，只要为该用户新建一个账号，并加入刚才新建的"TEST"组就可以了。

（5）设置动态域名。一般企业接入 Internet 应该有固定的 IP，这样客户机便可随时随地对服务端进行访问；而如果是家庭用户采用的 ADSL 宽带接入的话，那一般都是每次上网地址都不一样的动态 IP，所以需要在 VPN 服务器上安装动态域名解析软件，才能让客户端在网络中找到服务端，并随时可以拨入。常用的动态域名解析软件为：花生壳，可以在 www.oray.net 上下载，其安装及注意事项请参阅相关资料，这里不再详述。

（6）VPN 客户端配置与操作。客户端配置相对简单得多，客户端接入 Internet，就可以建立一个到 VPN 服务端的专用连接。

① 右击桌面"网上邻居"图标，选择"属性"，之后双击"新建连接向导"，打开向导窗口后单击"下一步"；接着在"网络连接类型"窗口里，单击选中第二项"连接到我的工作场所的网络"，继续"下一步"，在网络连接方式窗口里选择第二项"虚拟专用网络连接"；接着为此连接命名，然后单击"下一步"。

② 在"VPN 服务器选择"窗口里，等待输入的是 VPN 服务端的固定内容，可以是固定 IP，也可以是由花生壳软件解析出来的动态域名（此域名需要在提供花生壳软件的 www.oray.net 网站上下载）；接着出现"可用连接"窗口，保持"只是我使用"的默认选项；最后，为方便操作，可以勾选"在桌面上建立快捷方式"选项，单击"完成"按钮，即会出现 VPN 连接窗口。输入访问 VPN 服务端合法账户后的操作就跟 XP 下"远程桌面"功能一样了。连接成功后，在右下角状态栏会有图标显示。

③ 连接后的共享操作，一种办法是通过"网上邻居"查找 VPN 服务端共享目录；另一种办法是在浏览器里输入 VPN 服务端固定 IP 地址或动态域名，也可打开共享目录资源。这

其实已经跟在同一个局域网内的操作没什么区别了，自然也就可以直接单击某个视频节目播放，省去下载文件所花费的时间了。

9.3.3　使用单网卡实现 VPN 虚拟专用网

1．实验目的

通过实验，掌握在 Windows Server 2003 中用单网卡来实现虚拟专用网，并学会从 Internet 访问具有 VPN 的局域网资源。

2．实验条件

多台 Windows 2000 Professional 或 Windows XP Professional 计算机，一台 Windows 2003 Server 操作系统的计算机，所有的计算机组建为私有地址为 192.168.0.0 的网络，如图 9.26 所示。局域网中计算机是通过交换机和 ADSL Modem 接入 Internet，作为客户机的计算机也是通过 ADSL Modem 访问 Internet，实验就是要通过客户机来访问局域网中 192.168.0.2 的机器。

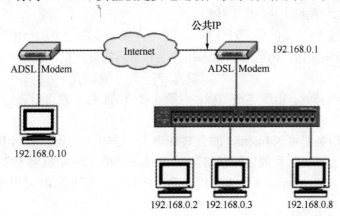

图 9.26　实验网络拓扑图

在局域网中，192.168.0.2 机器上设置好 VPN 服务，通过客户机 192.168.0.10 访问 192.168.0.2 机器，建立连接后，这两台机器通信时就像在局域网中一样，比如，要在客户机 192.168.1.10 中下载 192.168.0.2 机器的文件（假设该机器已经设置了 FTP 服务），可以直接在浏览器中输入 ftp://192.168.0.2 下载文件了。

实现 VPN 的方式非常多，用带 VPN 功能的路由器或用 Linux、Windows 操作系统等，在 Windows 系统下用双网卡建立 VPN 服务器更容易实现，但要增加一块网卡。这个实验是在 Windows Server 2003 中用单网卡来实现的。

3．实验内容和步骤

（1）在机器 192.168.0.2 上配置 VPN 服务。

① 单击"开始"→"程序"→"管理工具"→"路由和远程访问"，打开"路由和远程访问"对话框，在"路由和远程访问"对话框中，右击服务器名，从弹出的快捷菜单中选择"配置并启用路由和远程访问"，进入配置向导。

② 在"配置"对话框中，选择"自定义配置"，单击"下一步"按钮。

③ 在"自定义配置"对话框中，选择"VPN 访问"，单击"下一步"按钮。

④ 打开"选择摘要"对话框，单击"完成"，就完成了单网卡的 VPN 服务器端的设置。

⑤ 新建有拨入权限的用户。在 VPN 服务器上新建一个用户，并赋予该用户拨入的权限，

即在"远程访问权限"处选择"允许访问"。

（2）从客户机连接到 VPN 服务器。

① 右击"网上邻居"，从弹出的快捷菜单中选择"属性"菜单命令，打开"网络连接"对话框，右击"新建连接向导"图标。从弹出的快捷菜单中选择"新建连接"，打开"新建连接向导"对话框，单击"下一步"按钮。

② 打开"网络连接类型"对话框，选择"连接到我的工作场所的网络"单选按钮，单击"下一步"按钮。

③ 打开"网络连接"对话框，选择"虚拟专用网络连接"单选按钮，单击"下一步"按钮。

④ 打开"连接名"对话框，在"公司名"文本框中输入要连接的服务器名，单击"下一步"按钮。

⑤ 打开"VPN 服务器选择"对话框，在"主机名或 IP 地址"文本框中输入服务器的 IP 地址（192.168.0.2），单击"下一步"按钮。

⑥ 打开"完成新建连接向导"对话框，勾选"在我的桌面上添加一个到此连接的快捷方式"，单击"下一步"按钮，出现要求输入用户名和密码的对话框，输入访问 VPN 服务器的用户名和密码。

⑦ 单击"连接"按钮，出现连接图标，表示连接成功。这样就可以进行远程连接测试了。

（3）远程连接前的两个准备。

① 获得 VPN 服务器接入 Internet 的公共 IP 地址。如果是分配的静态 IP，那就简单了，如果是动态 IP，那必须在远程能随时获得这个 IP 地址，图 9.26 中机器 192.168.0.2 的公网 IP 实际上就是 ADSL 接入 Internet 时，ISP 给自动分配的，获得动态 IP 可以使用动态域名解析软件花生壳。

② 端口映射。从图 9.26 的网络拓扑可以看出，在 ADSL Modem 中是通过 NAT 转换接入 Internet 的，通过这种方式一定要在 ADSL 中作端口映射，由于 Windows Server 2003 的 VPN 服务用的是 1723 端口，如图 9.27 所示，将 1723 端口映射到设有 VPN 服务的机器 192.168.0.2。如果是直接拨号，在防火墙中将这个端口放开就行了。

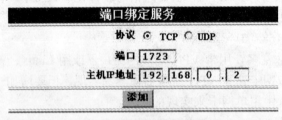

图 9.27　端口映射

（4）远程连接。服务器测试完成后，就可以进行远程连接了，其过程和在本机连接测试的过程一样。如果在计算机 192.168.1.10 中 ping 192.168.0.2 是通的，说明要访问机器 192.168.0.2 的资源，只要用 192.168.0.2 这个地址就行了，就可以通过终端服务等登录到机器 192.168.0.2 上，进而访问局域网中的其他计算机。

9.4 超越与提高

9.4.1 IPSec 与 SSL

1．IPSec 技术

IPSec 是目前唯一一种能为任何形式的 Internet 通信提供安全保障的协议。此外，IPSec 也允许提供逐个数据流或者逐个连接的安全，所以能实现非常细致的安全控制。对于用户来说，可以对不同的需要定义不同级别的安全保护（即不同保护强度的 IPSec 通道）。IPSec 为网络数据传输提供了数据机密性、数据完整性、数据来源认证、抗重播等安全服务，就使得数据在通过公共网络传输时，不用担心被监视、篡改和伪造。

IPSec 是通过使用各种加密算法、验证算法、封装协议和一些特殊的安全保护机制来实现这些目的的，而这些算法及其参数保存在进行 IPSec 通信两端的 SA（Security Association，安全联盟），当两端的 SA 中的设置匹配时，两端就可以进行 IPSec 通信了。IPSec 使用的加密算法包括 DES-56 位、Triple-Des-168 位和 AES-128 位；验证算法采用的也是流行的 HMAC-MD5 和 HMAC-SHA 算法。

IPSec 所采用的封装协议是 AH（Authentication Header，验证头）和 ESP（Encapsulating Security Payload，封装安全性有效负载）。

ESP 用于确保 IP 数据包的机密性（对第三方不可见）、数据的完整性以及对数据源地址的验证，同时还具有抗重播的特性。具体来说，是在 IP 头（以及任何 IP 选项）之后，在要保护的数据之前，插入一个新的报头，即 ESP 头。受保护的数据可以是一个上层协议数据，也可以是整个 IP 数据包，最后添加一个 ESP 尾。ESP 本身是一个 IP 协议，它的协议号为 50。这也就是说，ESP 保护的 IP 数据包也可以是另外一个 ESP 数据包，形成了嵌套的安全保护，ESP 头没有加密保护，只采用验证保护，但 ESP 尾的一部分则进行加密处理，这是因为 ESP 头中包含了一些关于加/解密的信息，所以 ESP 头自然就采用明文形式了。

AH 协议用于为 IP 数据包提供数据完整性、数据包源地址验证和一些有限的抗重播服务，与 ESP 协议相比，AH 不提供对通信数据的加密服务，同样提供对数据的验证服务，但能比 ESP 提供更加广的数据验证服务，它对整个 IP 数据包的内容都进行了数据完整性验证处理。在 SA 中定义了用来负责数据完整性验证的验证算法（即散列算法，如 AH-MD5-HMAC、AH-SHA-HMAC）来进行这项服务。

AH 和 ESP 都提供了一些抗重播服务选项，但是否提供抗重播服务，则是由数据包的接收者来决定的。

2．SSL VPN 技术

有两种基本类型的 VPN：IPSec（IP Security，IP 协议安全）和 SSL（安全套接层协议层）。既建立了网上安全的加密隧道，还允许网络保密通信。它与任何在网上的监听者都可以读取的明文传送方式不同，VPN 传输的看起来就像是一批乱码。不同之处就在于如何建立这种隧道。

基于 IPSec 方式的 VPN 就是远程用户拨号接入的一套硬件设备。这与任何网络连接都被接受的一般方式不同。IPSec VPN 设备只用来接受远程客户的连接。一个 IPSec VPN 的操作运行在协议栈的 IP 层。IPSec VPN 用户需要在客户端（无论是台式机或笔记本）上安装可以连接到 VPN 服务器的软件。

SSL VPN 也是一套进行远程连接的专用设备。但是，它更像一个 Web 服务器。它在协议栈的应用层（高于 IP 层），更像是应用程序的执行而非网络设备。SSL VPN 用户只需要一个网络浏览器来访问 VPN 连接。它们会进入到注册了的公司内部网页。

一个 IPSec VPN 把客户的机器连接到公司的网络。一个 SSL VPN 把一个单独的用户连接到特定的应用程序上。一个通过 IPSec VPN 进行连接的台式机或笔记本只不过是网络上的另外一台设备。一个 SSL VPN 是一个网络应用程序。用户通过浏览器访问的是网络上的特定应用程序，而不是整个网络。

在安全方面，IPsec VPN 和 SSL VPN 都有问题。尽管公司和用户之间的连接是安全的，两者都有弱点。如果连接到 IPSec VPN 网络的用户被植入了木马程序，他将影响整个网络。如一个公司的职员通过她或他家的没有安装防火墙或者防病毒软件的台式机进行连接，那么 VPN 就会变成从没有保护的家用计算机传播病毒、特洛伊程序、间谍软件和木马程序的安全渠道。而 SSL VPN 在安全方面有些不同。作为一个 Web 应用系统，如果没有正确配置，一个 SSL VPN 很容易受到各种网络的攻击，如 SQL 注入，跨站点脚本，弱认证和参数操纵的情况。

SSL VPN 方式便宜，容易维护，需要较少的培训。而 IPSec 方式需要在所有的远程客户端安装 VPN 网关、连接软件并进行相应的配置。它比 SSL VPN 的成本要高得多。但是，还应该根据实际的需求来作决策。

如果远程用户需要访问整个网络，那么 IPSec 方式是不可避免的。如果用户只需要运行一个很小的应用程序，比如电子邮件、电子表格和演示，并且不需要访问整个网络，那么选择 SSL VPN 就可以很好地工作。

3．IPSec 与 SSL 的区别

SSL VPN 网关作为一种新兴的 VPN 技术，与传统的 IPSec VPN 技术各具特色，各有千秋。SSL VPN 比较适合用于移动用户的远程接入，而 IPSec VPN 则在网络对网络的 VPN 连接中具备先天优势。两者有以下几大差异。

（1）IPSec VPN 多用于"网络—网络"的连接，SSL VPN 用于"移动客户—网络"的连接。SSL VPN 的移动用户使用标准的浏览器，无须安装客户端程序，即可通过 SSL VPN 隧道接入内部网络；而 IPSec VPN 的移动用户需要安装专门的 IPSec 客户端软件。

（2）SSL VPN 是基于应用层的 VPN，而 IPSec VPN 是基于网络层的 VPN。IPSec VPN 对所有的 IP 应用均透明；而 SSL VPN 保护基于 Web 的应用更有优势，当然也能支持 TCP/UDP 的 C/S 应用，例如，文件共享、网络邻居、FTP、Telnet、Oracle 等。

（3）SSL VPN 用户不受上网方式限制，SSL VPN 隧道可以穿透 Firewall；而 IPSec 客户端需要支持"NAT 穿透"功能才能穿透 Firewall，而且需要 Firewall 打开 UDP500 端口。

（4）SSL VPN 只需维护中心节点的网关设备，客户端免维护，降低了部署和支持费用。而 IPSec VPN 需要管理通信的每个节点，网管专业性较强。

（5）SSL VPN 更容易提供细粒度访问控制，可以对用户的权限、资源、服务、文件进行更加细致的控制，与第三方认证系统（如 radius、AD 等）结合更加便捷。而 IPSec VPN 主要是基于 IP 地址对用户进行访问控制。

9.4.2　动态 VPN 技术

1．动态 VPN 简介

所谓的动态 VPN，其实就像 ADSL 一样，VPN 客户端每次拨号上去就会在地址池里自动获取一个公网的 IP 地址，通过这个公网的 IP 地址访问 Internet，只是两者使用的协议是不一样的。

如何实现和配置动态 VPN 服务器实现拨号呢？理论上大概是这样的，首先服务器应该有两个地址池，一个内网地址池，一个外网地址池，客户端拨号到服务器时首先获取一个内网 IP，然后转换为公网 IP 实现上网。

作为一种网络接入技术，VPN 技术凭借其安全、可管理、低成本等特性被越来越多的用户所采纳，通过采用 GRE 隧道、L2TP、IPSec 等方式，VPN 技术综合了传统数据网络的性能优点和共享数据。

网络结构的优点，能够提供远程访问，外部网和内部网的连接，在降低成本的同时满足了对网络带宽、接入和服务不断增加的需求。但是，由于在构建传统 VPN 网络时，必须是按照事先的配置进行组网，在完成一个庞杂的网络时，由于要建立一对一的连接，结构和配置就变得复杂。于是，使动态 IP 地址之间建立 VPN 连接成为了当前网络领域发展的重点之一。

2．工作原理

动态 VPN 采用了 Client/Server 的方式，一台网关作为 Server，其他的网关作为 Client。每个 Client 都需要到 Server 进行注册，注册成功之后 Client 就可以互相通信了。Server 在一个 VPN 当中的主要任务就是获得 Client 的注册信息，当有一个 Client 需要访问另一个 Client 时，通知该 Client 所要到达目的地的真正地址。

动态 VPN 采用了隧道技术，即在每对互相通信的网关上都自动打通一条隧道，所有的数据都在隧道中传输，当该隧道没有数据流量的时候，又会自动切断该隧道以节约资源或成本。目前动态 VPN 支持两种隧道方式，即 GRE 隧道和 UDP 隧道。GRE 隧道方式属于标准协议的隧道；而 UDP 隧道方式则能解决穿透 NAT/防火墙问题。

3．关键技术

① 穿透 NAT/防火墙技术。动态 VPN 采用 UDP 方式建立隧道，使用这种技术建立隧道的最大好处就是能够穿透 NAT/防火墙，当网关使用 UDP 连接建立隧道，可以支持地址和端口的应用，当隧道通过 NAT/防火墙的时候，就会转换为对应的公网 IP 地址和相应的端口号，从而完成数据的穿越 NAT 网关。

② 动态 IP 地址构建 VPN 技术。动态 VPN 在同一个 VPN 内部构建隧道，不需要知道其他 Client 网关的任何信息，只需要配置自己的信息并指定相应的 Server 就完成了。所以，使用动态 VPN 时用户只需配置一次，不管其他 Client 设备怎么更改也都能够进行互相通信，同时用户也不用关心自己当前使用的 IP 地址是多少，更加适应现在动态 IP 地址的使用方式。

③ 自动建立隧道技术。动态 VPN 在两个网关之间建立隧道完全是自动建立的，每台作为 Client 的网关只需配置自己相关的东西，如本地的 IP 地址、UDP 方式下使用的端口号、所属的 VPN 和 Server 等；不需要知道其他 Client 端的任何信息就可以互相通信。在这种方式下，会比传统的 GRE 隧道方式减少大部分的工作量，如果是 N 台网关构建 VPN 网络的话，只需配置 N 台设备自己的信息就可以了，要比传统的方式减少 N×（N−2）的工作量，并且很大程度上减少了人为错误的发生。

④ 认证加密技术。VPN 的主要特点就是在公共网络构建一个属于企业自己的专用网络，使用了 VPN 技术之后，企业内部的设备都在一个 VPN 网络内部，不管各个分支机构所处何

地都像是公司内部网络，可以直接进行访问和数据传输。

同时，动态 VPN 使用了认证、加密等技术，最大程度地保证用户数据的安全，用户网络的安全。首先，动态 VPN 提供了注册认证机制，Client 端设备要想加入到某个特定的动态 VPN 内，必须首先经过 Server 的认证，只有通过 Server 认证的 Client 设备才能够接入企业的 VPN 网络，这样保证了非授权用户无法登录，同时也阻止了人为的破坏。其次，Client 和 Client 之间建立隧道时也必须经过认证，就是说必须两个 Client 都经过同一个 Server 的认证才允许建立隧道，这样就可以防止公网上非法用户的入侵。另外，在动态 VPN 的接口上可以启用 IPSec 进行加密，保证用户在公网上传输的数据的安全可靠。有了上述这些措施之后，动态 VPN 网络内部就是一个相对安全的区域，企业可以放心地在 VPN 内传输自己的数据了。

⑤ 支持多个 VPN 域。动态 VPN 允许用户在一台网关上支持多个 VPN 域，即一台网关不仅可以属于 VPN A，也可以属于 VPN B，并且可以在 VPN A 中作为 Client 设备，同时还可以在 VPN B 中作为 Server 设备使用。这样大大提高了组网的灵活性，也可以更加充分地使用网络设备资源，减少了用户的投资。

动态 VPN 技术使动态 IP 地址之间建立 VPN 成为可能，不但能够满足企业用户跨地域的互相访问，也能够满足移动的动态 IP 地址用户的企业网络访问。在低成本享受宽带 VPN 的同时，动态 VPN 将使用户对数据更加放心。

9.4.3　通过路由器配置 VPN 的实例

1. 配置说明

某商贸有限公司总部在北京，分公司在广州，如果租用光纤业务，费用会比较高，另外安全性也没有保证，特别是对内网的访问。要在公司总部和分公司之间建立有效的 VPN 连接。北京路由器名为 RT-BJ，通过 10.0.0.1/24 接口和广州路由器连接，另一个接口连接北京公司内部的计算机 172.16.1.0/24；广州路由器名为 RT-GZ，通过 10.0.0.2/24 接口和公司总部路由器连接，另一个接口连接分公司内部的计算机 172.16.2.0/24。

2. 配置命令

```
（1）公司总部路由器
crypto isakmp policy 1        //创建 ISAKMP 策略，优先级为 1
encryption des               //指定 ISAKMP 策略使用 DES 进行加密
hash sha                     //指定 ISAKMP 策略使用 MD5 进行 HASH 运算
authentication pro-share
//指定 ISAKMP 策略使用预共享密钥的方式对广州分公司路由器进行身份验证
group 1                      //指定 ISAKMP 策略使用 10 位密钥算法
lifetime 28800
//指定 ISAKMP 策略创建的 ISAKMP SA 的有效期为 28 800 秒，默认为 86 400 秒
crypto isakmp identity address
//指定 ISAKMP 与分部路由器进行身份认证时使用 IP 地址作为标志
crypto isakmp key cisco123 address 10.0.0.2
//指定 ISAKMP 与分部路由器进行身份认证时使用预共享密钥
crypto ipsec transform-set bjset esp-des esp-md5-hmac    //配置 IPSec 交换集
crypto map bjmap 1 ipsec-isakmp      //创建加密图
set peer 10.0.0.2     //指定加密图用于分支路由器建立 VPN 连接
set transform-set bjset     //指定加密图使用的 IPSec 交换集
```

```
        match address 101        //指定使用此加密图进行加密的通信，用访问控制列表来定义
        int fa0/0
        ip address 172.16.1.1 255.255.255.0
        设置内网接口
        int s0/0
        ip address 10.0.0.1 255.255.255.0
        no ip mroute-cache
        no fair-queue
        clockrate 64000
        crypto map bjmap
        //设置外网接口并指定在该接口上应用配置好的加密图
        access-list 101 permit ip 172.16.1.0 0.0.0.255 172.16.2.0 0.0.0.255
        access-list 101 permit ip 172.16.2.0 0.0.0.255 172.16.1.0 0.0.0.255
        //配置访问控制列表指定需要加密的通信
```

（2）广州分公司路由器

在总部上设置完后还需要在广州分公司进行设置，只有双方在加密等协议方面统一了标准才能正常通信

```
        crypto isakmp policy 1        //创建 ISAKMP 策略，优先级为 1
        encryption des                //指定 ISAKMP 策略使用 DES 进行加密
        hash sha                      //指定 ISAKMP 策略使用 MD5 进行 HASH 运算
        authentication pre-share      //指定 ISAKMP 策略使用预共享密钥的方式对北京总公司路由器进行
身份验证
        group 1                       //指定 ISAKMP 策略使用 10 位密钥的算法
        lifetime 28800                //指定 ISAKMP 策略创建的 ISAKMP SA 的有效期为 28 800 秒，默认为 86 400
秒
        crypto isakmp identity address        //指定 ISAKMP 与总部路由器进行身份验证时使用 IP 地址作为标识
        crypto isakmp key cisco123 address 10.0.0.1        //指定 ISAKMP 与总部路由器进行身份认证时使用
预共享密钥
        crypto ipsec transform-set shset esp-des esp-md5-hmac        //配置 IPSec 交换集
        crypto map shmap 1 ipsec-isakmp        //创建一个加密图，序号为 1，使用 ISAKMP 协商创建 SA
        set peer 10.0.0.1
        指定加密图用于广州分公司路由器建立 VPN 连接
        set transform-set shset        //指定加密图使用 IPSEC 交换集
        match address 101        //指定使用此加密图进行加密的通信，通过访问控制列表来定义
        int fa0/0
        ip address 172.16.2.1 255.255.255.0
        设置内网接口信息
        int s0/0
        ip address 10.0.0.2 255.255.255.0
        no ip mroute-cache
        no fair-queue
        clockrate 64000
        设置外网接口信息
        crypto map shmap        //指定在外网接口应用加密图
        access-list 101 permit ip 172.16.1.0 0.0.0.255 172.16.2.0 0.0.0.255
        access-list 101 permit ip 172.16.2.0 0.0.0.255 172.16.1.0 0.0.0.255
        //设置访问控制列表指定需要加密的通信
```

本 章 小 结

虚拟专用网允许用户利用 Internet 所提供的基础设施,通过网络访问,获取到达局域网服务器的一个远程连接。虽然是通过 Internet 进行通信,但整个过程都是加密的,就像是在 Internet 中贯穿了一条只有两台机器才能通过的隧道,从用户的角度来看,VPN 是一个在计算机、VPN 客户、机构服务器以及 VPN 服务器之间所建立的一个点到点连接。

本章学习了虚拟专用网的基本概念、作用、特性、隧道技术、采用的协议、连接技术,并且通过实验,安装并配置了 VPN 服务器、VPN 客户机,以及实现了 VPN 服务器和 VPN 客户端的连接。

本 章 习 题

1. 选择合适的答案填入空白处。

（1）虚拟专用网是在_____上构建的一种安全的专用网络。

（2）VPN 主要采用_____、_____、_____、_____四项技术来保证其安全性。

（3）使用 VPN 可以安全地通过 Internet_____局域网或者_____两个局域网。

（4）虚拟专用网协议分为三层和二层隧道协议。三层隧道协议有_____协议,二层隧道协议有_____和_____协议。

（5）二层隧道协议 L2TP 是一种基于 _____ 协议。

（6）SSL 协议利用_____技术和_____技术,在传输层提供安全的数据传递通道。

2. 简要回答下列问题。

（1）什么是虚拟专用网?

（2）虚拟专用网的特点有哪些?

（3）某公司设置 VPN 服务器,允许外地的公司员工通过 Internet 连接到公司内部网络,请问 VPN 使用的隧道协议可以有哪几类? 分别有哪些协议?

（4）某网络结构如图 9.28 所示,采用 L2TP 来实现网络安全。

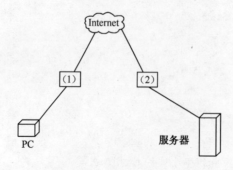

图 9.28　网络结构图

在由 L2TP 构建的 VPN 中,主要由（1）和（2）两种类型的服务器构成。请在图 9.28

中（1）和（2）的相应位置填写其名称。

  （5）相对于 L2TP，另一种构建 VPN 的方式是什么？

  （6）某路由器的部分配置信息如下所示，请在 "//" 后注明相关部分的含义。

```
...
!
username sp_lac password 7 104D000A0618
username Bob password 7 0605063241F41
!
vpdn etable     //
!
vpdn guoup1     //
!
accept dislin 12tp virtual-template 1 remote sp lac     //
local name Bob     //
!
lcp renegotiation always     //
!
no 12tp tunmel authentication     //
```

参 考 文 献

1. 杨云江. 计算机与网络安全实用技术. 北京：清华大学出版社，2007.8
2. 潘瑜. 计算机网络安全技术. 北京：科学出版社，2007.8
3. 张千里等. 网络安全新技术. 北京：人民邮电出版社，2007.7
4. 廖兴. 网络安全技术. 西安：西安电子科技大学出版社，2007.3
5. 杨茂云. 信息与网络安全实用教程. 北京：电子工业出版社，2007.2
6. 刘晓辉. 网络安全管理实践. 北京：电子工业出版社，2007.3
7. 钟乐海等. 网络安全技术（第2版）. 北京：电子工业出版社，2007.2
8. 闫宏生等. 计算机网络安全与防护. 北京：电子工业出版社，2007.8
9. 龚俭. 计算机网络安全导论. 南京：东南大学出版社，2007.9
10. 张越今. 网络安全与计算机犯罪勘查技术学. 北京：清华大学出版社，2003.1
11. 张仕斌等. 网络安全技术. 北京：清华大学出版社，2004.8
12. 戴宗坤. 信息安全实用技术. 重庆：重庆大学出版社，2005.5
13. 戴宗坤. 信息安全应用基础. 重庆：重庆大学出版社，2005.5
14. 戴宗坤. 信息安全法律法规与管理. 重庆：重庆大学出版社，2005.5
15. 蔡立军. 计算机网络安全技术. 北京：中国水利水电出版社，2005.7

反侵权盗版声明